普通高等教育"十一五"国家级规划教材

模拟电子技术

（第五版）

主　编　江晓安　付少锋

副主编　杨振江

课件·资源

西安电子科技大学出版社

内 容 简 介

本书是在第四版的基础上,广泛征求教学实施者的意见,再次修订而成的。

本书共 10 章,内容包括半导体器件、放大电路分析基础、放大电路的频率特性、场效应管放大电路、负反馈放大电路、集成运算放大器、集成运算放大器的应用、波形产生与变换电路、低频功率放大电路、直流电源等。作者在编写时力求精选内容,深入浅出,图文并茂,便于阅读。另外,本版增加了大量资源,方便学习。每章均有一定量的例题及思考题和习题。为便于读者自学,本书配有学习指导书。

本书是编者基于 50 多年之教学经验,综合有关专业的大纲要求编写而成的。

本书有较宽的专业适应面,适合高等学校电子信息类专业本科生及大专生使用,也可用作相关专业自考教材,还可供从事电子技术方面工作的工程技术人员参考。

另外,本书已入选国家级"十一五"规划教材。与本书一起入选国家级"十一五"规划教材的还有本书作者编写的《数字电子技术》一书,读者可配套使用。

图书在版编目(CIP)数据

模拟电子技术/江晓安,付少锋主编 . —5 版 . —西安:西安电子科技大学出版社,2021.9
(2024.3 重印)

ISBN 978 - 7 - 5606 - 6198 - 8

Ⅰ. ①模…　Ⅱ.①江…　②付…　Ⅲ.①模拟电路—电子技术　Ⅳ.①TN710

中国版本图书馆 CIP 数据核字(2021)第 178202 号

策　　划	李惠萍　毛红兵
责任编辑	李惠萍
出版发行	西安电子科技大学出版社(西安市太白南路 2 号)
电　　话	(029)88202421　88201467　　邮　编　710071
网　　址	www.xduph.com　　电子邮箱　xdupfxb001@163.com
经　　销	新华书店
印刷单位	陕西天意印务有限责任公司
版　　次	2021 年 9 月第 5 版　2024 年 3 月第 7 次印刷
开　　本	787 毫米×1092 毫米　1/16　印张 17
字　　数	395 千字
定　　价	43.00 元

ISBN 978 - 7 - 5606 - 6198 - 8/TN

XDUP 6500005 - 7

＊＊＊如有印装问题可调换＊＊＊

前　言

本书是在第四版的基础上修改、完善而成的。

第五版保留了前四版的特征。为适应现代教学的需要，本版不仅修改完善了相关内容，还提供了丰富的教学资源。进行本版修订的为付少锋老师。

教师在讲授这门课程时可根据各专业的教学需要，对书中内容进行适当取舍。讲授顺序上可以将运算放大器的应用放在第一章讲解，但必须介绍放大器的性能指标、放大倍数、输入电阻、输出电阻、失真、负反馈等基本概念。

由于"模拟电子技术"课程是一门主干专业基础课，故本科、专科对本门课程的基本要求是一致的，只是在深度和广度上有所区别。教师在讲授本门课程时应掌握好分寸。

本书适合作为高等院校电子信息类专业本科生"模拟电子技术"（或"线性电子电路"）课程的教材，专科学校相关专业也可将本书选作教材，同时本书还可作为自考、夜大、函大等相应专业的教材。

本书自第一版出版至今得到了许多使用单位老师和学生们的关心与支持，有几位老师还特地寄来了他们的宝贵意见、建议，还有的老师认真指正了书中的差错。在此，特向他们表示衷心的感谢。本书多次被评为出版社畅销书，并入选国家级"十一五"规划教材。作者和责编都对书稿再次进行了甄定，将外文字母进行了规范，细节问题进一步完善。希望读者多提宝贵意见，不妥及疏漏之处敬请读者批评指正。

注：本次修订时在书中增加仿真的地方作者均加了标注，读者登录出版社网站（www.xduph.com）即可查看相关资源。

编　者

2021 年 8 月

第 一 版 前 言

电子技术是目前发展最快的学科之一。随着科学技术的发展，高校许多专业相继开设了电子技术课程。

电子技术分为"模拟电子技术"和"数字电子技术"，它们均是学习其它有关课程的基础。本书只讨论"模拟电子技术"。

编写本书时我们注意精选内容，突出重点，加强基本概念、基本原理、基本分析方法、基本单元电路的训练和培养。由于本课程的工程性较强，因此在分析、计算时往往突出主要矛盾和主要问题，而忽略其次要因素，所以本书不追求数学上的严密性，而主要突出实用性，保证物理概念的清晰、准确。

全书共分九章。第一章主要讲述半导体器件的工作原理，为学习以后各章创造必要的条件；第二章主要讨论基本放大电路的组成原理、工作状态的分析以及放大电路的指标计算，这是本课程的重要基础；第三章为场效应管及其放大电路；第四章为负反馈放大电路，负反馈是改善放大电路性能的重要措施；第五章为直接耦合放大电路和集成运算放大电路；第六章为集成运算放大电路的应用；第七章为波形产生与变换电路；第八章为功率放大电路；第九章为直流电源。

为了方便读者自学，我们还编写了《模拟电子技术学习指导书》。书中讲述了学习本课程的要求和重点内容，并通过大量例题，讲述解题方法，使读者逐渐掌握分析问题、解决问题的思路和方法，书中还附有本教材中全部习题的解答。

本书适合作为高等工科院校有关专业本科生及大专生"模拟电子技术"（或"线性电子电路"）课程的教材，亦适用于自考、夜大、函大等作为相应课程的教材。

在本书的出版过程中，得到了西安电子科技大学吕建伟、王和平、付长进等同志的支持，在此表示感谢。

由于编者水平有限，加之时间仓促，本书一定会有不少问题，恳请读者和使用本书的教师批评、指正。

编　者

1993 年 1 月

目　　录

符 号 说 明

一、基本符号

q	电荷	L	电感	Φ, ϕ	磁通
C	电容	I, i	电流	M	互感
U, u	电压	Z	阻抗	P, p	功率
X	电抗	W, w	能量	Y	导纳
R, r	电阻	B	电纳	G, g	电导
A	放大倍数				

二、电压、电流

英文小写字母 $u(i)$，其下标若为英文小写字母，则表示交流电压（电流）瞬时值（例如，u_o 表示输出交流电压瞬时值）。

英文小写字母 $u(i)$，其下标若为英文大写字母，则表示含有直流的电压（电流）瞬时值（例如，u_O 表示含有直流的输出电压瞬时值）。

英文大写字母 $U(I)$，其下标若为英文小写字母，则表示正弦电压（电流）有效值（例如，U_o 表示输出正弦电压有效值）。

英文大写字母 $U(I)$，其下标若为英文大写字母，则表示直流电压（电流）（例如，U_O 表示输出直流电压）。

$\dot{U}、\dot{I}$	正弦电压、电流相量（复数量）
$U_m、I_m$	正弦电压、电流幅值
$U_Q、I_Q$	电压、电流的静态值
$U_f、I_f$	反馈电压、电流有效值
$U_{CC}、U_{EE}$	集电极、发射极直流电源电压
U_{BB}	基极直流电源电压
$U_{DD}、U_{SS}$	漏极和源极直流电源电压
$U_s、I_s$	直流电压源、电流源
$u_s、i_s$	正弦电压源、电流源
U_i	输入交流电压有效值
u_I	含有直流成分输入电压瞬时值
$u_i、u_o$	输入、输出电压瞬时值
$U_o、I_o$	输出交流电压、电流有效值
u_O	含有直流成分输出电压瞬时值
U_R	基准电压、参考电压、二极管最大反向工作电压
I_R	参考电流、二极管反向电流

U_+、I_+	运放同相端输入电压、电流		
U_-、I_-	运放反相端输入电压、电流		
U_{id}	差模输入电压信号		
U_{ic}	共模输入电压信号		
U_{oim}	整流或滤波电路输出电压中基波分量的幅值		
U_{CEQ}	集电极、发射极间静态压降		
U_{OH}	运放输出电压的最高电压		
U_{OL}	运放输出电压的最低电压		
I_{BQ}	基极静态电流		
I_{CQ}	集电极静态电流		
ΔU_{CE}	直流电压变化量		
Δi_c	电流瞬时值变化量		

三、电阻

R_s	信号源内阻	$R_i(R')$	运放输入端的平衡电阻
r_i	输入电阻	$R_P(R_w)$	电位器(可变电阻器)
r_o	输出电阻	R_c	集电极外接电阻
r_{if}	具有反馈时的输入电阻	R_b	基极偏置电阻
r_{of}	具有反馈时的输出电阻	R_e	发射极外接电阻
r_{id}	差模输入电阻	R_L	负载电阻

四、放大倍数、反馈系数

A_u	电压放大倍数 $A_u = U_o/U_i$
A_{us}	考虑信号源内阻时电压放大倍数 $A_{us} = U_o/U_s$,即源电压放大倍数
A_{ud}	差模电压放大倍数
A_{uc}	共模电压放大倍数
A_{od}	开环差模电压放大倍数
A_{usm}	中频电压放大倍数
A_{usl}	低频电压放大倍数
A_{ush}	高频电压放大倍数
A_f	闭环放大倍数
A_{uf}	具有负反馈的电压放大倍数,即闭环电压放大倍数
A_i	开环电流放大倍数
A_{if}	闭环电流放大倍数
A_r	开环互阻放大倍数
A_{rf}	闭环互阻放大倍数
A_g	开环互导放大倍数
A_{gf}	闭环互导放大倍数
F	反馈系数
A_p	功率放大倍数

五、功率

p	瞬时功率	λ	功率因数
P	平均功率(有功功率)	P_o	输出信号功率
Q	无功功率	P_c	集电极损耗功率
$\tilde{S}$	复功率	P_E、P_s	直流电源供给功率
S	视在功率		

六、频率

f　　　　频率

ω　　　　角频率

$f_H(f_h)$　　放大电路的上限截止频率。此时,放大电路的放大倍数为 $A_{ush}=0.707A_{usm}$

$f_L(f_l)$　　放大电路的下限截止频率。此时,$A_{usl}=0.707A_{usm}$

$f_{BW}(f_{bw})$　通频带(带宽)$f_{BW}=f_H-f_L$(或 $f_{bw}=f_h-f_l$)

$f_{Hf}(f_{hf})$　具有负反馈时放大电路的上限截止频率

$f_{Lf}(f_{lf})$　具有负反馈时放大电路的下限截止频率

$f_{BWf}(f_{bwf})$　具有负反馈时的通频带

f_{α}　　共基极接法时三极管电流放大系数的上限截止频率

f_{β}　　共射极接法时三极管电流放大系数的上限截止频率

f_T　　三极管的特征频率

ω_0　　谐振角频率、振荡角频率

f_0　　振荡频率

七、器件参数

$V_D(VD)$　　　二极管

V　　　　三极管

$V_{DZ}(V_{Dz})$　　稳压管

U_T　　　温度电压当量 $U_T=kT/q$,增强型场效应管的开启电压

I_D　　　二极管电流,漏极电流

I_S　　　反向饱和电流,源极电流

I_F　　　最大整流电流

U_{on}　　　二极管开启电压

U_B　　　PN 结击穿电压,基极直流电压

U_z　　　稳压管稳定电压值

I_z　　　稳压管工作电流

$I_{z\,max}$　　最大稳定电流

r_z　　　稳压管的微变电阻

b,B　　　基极

c,C　　　集电极

e,E　　　发射极

I_{CBO}　　　发射极开路时,集－基极间的反向饱和电流

I_{CEO}	基极开路时，集－射极间的穿透电流
I_{CM}	集电极最大允许电流
P	空穴型半导体
N	电子型半导体
n	电子浓度
p	空穴浓度
$r_{\text{bb}'}$	基区体电阻
$r_{\text{b}'\text{e}}$	发射结的微变等效电阻
r_{be}	共射极接法下，基－射极间的微变电阻
r_{ce}	共射极接法下，集－射极间的微变电阻
α	共基极接法下，集电极电流的变化量与发射极电流的变化量之比，即 $\alpha = \Delta I_{\text{C}} / \Delta I_{\text{E}}$
$\bar{\alpha}$	从发射极到达集电极的载流子的百分数，或 $\bar{\alpha} = I_{\text{C}} / I_{\text{E}}$
β	共射极接法下，集电极电流的变化量与基极电流的变化量之比，即 $\beta = \Delta I_{\text{C}} / \Delta I_{\text{B}}$
$\bar{\beta}$	共射极接法下，不考虑穿透电流时 I_{C} 与 I_{B} 的比值
g_{m}	跨导
BU_{EBO}	集电极开路时，e－b 间的击穿电压
BU_{CEO}	基极开路时，c－e 间的击穿电压
U_{IO}、I_{IO}	集成运放输入失调电压、失调电流
I_{IB}	集成运放输入偏置电流
S_{R}	集成运放的转换速率
D	场效应管漏极
G	场效应管栅极
S	场效应管源极
S	整流电路的脉动系数
U_{P}	场效应管夹断电压
r_{DS}	场效应管漏源间的等效电阻
I_{DSS}	结型、耗尽型场效应管 $U_{\text{GS}} = 0$ 时的 I_{D} 值
CMRR	共模抑制比
CMR	用分贝表示的共模抑制比，即 $20 \lg \text{CMRR}$
Q	静态工作点、LC 回路的品质因数
τ	时间常数
η	效率
$\varphi(\theta)$	相角
φ_{F}	反馈网络的相移

第一章

半 导 体 器 件

晶体管电子电路的核心器件是晶体管，而晶体管是由半导体制成的。因此，在讲具体的电子电路之前，应先讲晶体管原理，而要搞清晶体管原理，必须了解半导体的性质及其导电特性。

1.1　半导体基础知识

物质按导电性能可分为导体、绝缘体和半导体。

物质的导电特性取决于原子结构。导体一般为低价元素，如铜、铁、铝等金属，其最外层电子受原子核的束缚力很小，极易挣脱原子核的束缚而成为自由电子。因此，在外电场作用下，这些电子产生定向运动（称为漂移运动），形成电流，呈现出较好的导电特性。绝缘体一般为高价元素（如惰性气体）和高分子物质（如橡胶、塑料），其最外层电子受原子核的束缚力很强，极不易摆脱原子核的束缚而成为自由电子，所以其导电性极差。而半导体材料最外层电子既不像导体那样极易摆脱原子核的束缚而成为自由电子，也不像绝缘体那样被原子核束缚得那么紧，因此，半导体的导电特性介于导体与绝缘体二者之间。

1.1.1　本征半导体

纯净晶体结构的半导体称为本征半导体。常用的半导体材料是硅和锗，它们都是四价元素，在原子结构中最外层轨道上有 4 个价电子。为便于讨论，采用图 1-1 所示的简化原子结构模型。把硅或锗材料拉制成单晶体时，相邻两个原子的一对最外层电子（价电子）成为共有电子，它们一方面围绕自身的原子核运动，另一方面又出现在相邻原子所属的轨道上。即价电子不仅受到自身原子核的作用，同时还受到相邻原子核的吸引。于是，两个相邻的原子共有一对价电子，组成共价键结构。故晶体中，每个原子都和周围的 4 个原子用共价键的形式互相紧密地联系起来，如图 1-2 所示。

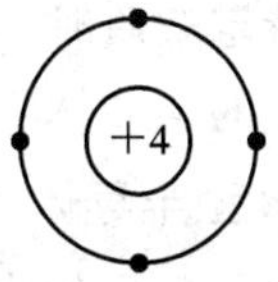

图 1-1　硅和锗的简化原子
结构模型

共价键中的价电子由于热运动而获得一定的能量，其中少数能够摆脱共价键的束缚而成为自由电子，同时必然在共价键中留下空位，称为空穴。空穴带正电，如图 1-3 所示。

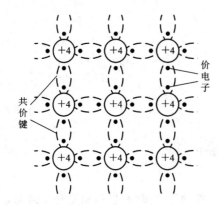
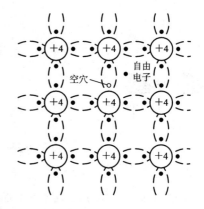

图 1-2　本征半导体共价键晶体结构示意图　　图 1-3　本征半导体中的自由电子和空穴

在外电场作用下，一方面自由电子产生定向移动，形成电子电流，另一方面，价电子也按一定方向依次填补空穴，即空穴产生了定向移动，形成所谓的空穴电流。

由此可见，半导体中存在着两种载流子：带负电的自由电子和带正电的空穴。本征半导体中，自由电子与空穴是同时成对产生的，因此，它们的浓度是相等的。我们用 n 和 p 分别表示电子和空穴的浓度，即 $n_i = p_i$，下标 i 表示为本征半导体。

价电子在热运动中获得能量产生了电子—空穴对。同时自由电子在运动过程中失去能量，与空穴相遇，使电子—空穴对消失，这种现象称为复合。在一定温度下，载流子的产生过程和复合过程是相对平衡的，载流子的浓度是一定的。本征半导体中载流子的浓度除了与半导体材料本身的性质有关以外，还与温度有关，而且随着温度的升高，其基本上按指数规律增加。因此，半导体中载流子的浓度对温度十分敏感。对于硅材料，大约温度每升高 8℃，本征半导体中载流子的浓度 n_i 增加 1 倍；对于锗材料，大约温度每升高 12℃，n_i 增加 1 倍。除此之外，半导体中载流子的浓度还与光照有关，人们正是利用此特性制成光敏器件的。可查看载流子浓度计算文件

1.1.2　杂质半导体

本征半导体中虽然存在两种载流子，但因本征半导体中载流子的浓度很低，所以，它们的导电能力很差。当我们人为地、有控制地掺入少量的特定杂质时，其导电特性将产生质的变化。掺入杂质的半导体称为杂质半导体。

1. N 型半导体

在本征半导体中，掺入微量 5 价元素，如磷、锑、砷等，则原来晶格中的某些硅（锗）原子被杂质原子代替。由于杂质原子的最外层有 5 个价电子，因此它与周围 4 个硅（锗）原子组成共价键时，还多余 1 个价电子。该价电子不受共价键的束缚，而只受自身原子核的束缚，因此，它只要得到较少的

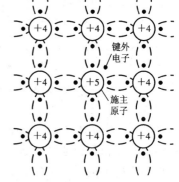

图 1-4　N 型半导体共价键结构

能量就能成为自由电子,并留下带正电的杂质离子,该离子不能参与导电,如图 1 - 4 所示。显然,这种杂质半导体的电子浓度远远大于空穴浓度,即 $n_n \gg p_n$(下标 n 表示是 N 型半导体),该类半导体主要靠电子导电,所以称为 N 型半导体。由于 5 价杂质原子可提供自由电子,故称其为施主杂质。N 型半导体中,自由电子称为多数载流子,空穴称为少数载流子。

杂质半导体中多数载流子的浓度主要取决于掺入的杂质浓度。由于少数载流子是半导体材料共价键提供的,因而其浓度主要取决于温度。此时电子浓度与空穴浓度之间,可以证明有如下关系:

$$n_n \cdot p_n = n_i p_i = n_i^2 = p_i^2$$

即在一定温度下,电子浓度与空穴浓度的乘积是一个常数,与掺杂浓度无关。

2. P 型半导体

在本征半导体中,掺入微量 3 价元素,如硼、镓、铟等,则原来晶格中的某些硅(锗)原子被杂质原子代替。由于杂质原子的最外层只有 3 个价电子,当它和周围的硅(锗)原子组成共价键时,因为缺少一个电子,所以形成一个空位。其它共价键的电子,只需摆脱一个原子核的束缚,就转至空位上,形成空穴。因此,在较少能量下就可形成空穴,并留下带负电的杂质离子,它不能参与导电,如图 1 - 5 所示。显然,这种杂质半导体中的空穴浓度远远大于电子浓度,即 $p_p \gg n_p$(下标 p 表示是 P 型半导体),主要靠空穴导电,所以称为 P 型半导体。由于 3 价杂质原子可接受电子,相应地在邻近原子中形成空穴,故称其为受主杂质。P 型半导体中,自由电子称为少数载流子;空穴称为多数载流子。

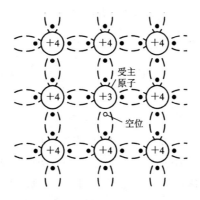

图 1 - 5 P 型半导体的共价键结构

P 型半导体与 N 型半导体虽然各自都有一种多数载流子,但对外仍呈现电中性。它们的导电特性主要由掺杂浓度决定。这两种掺杂半导体是构成各种半导体器件的基础。

1.2 PN 结

在一块本征半导体上,用工艺的办法使其一边形成 N 型半导体,另一边形成 P 型半导体,则在两种半导体的交界处就形成了 PN 结。PN 结是构成其它半导体器件的基础。

1.2.1　异型半导体接触现象

在 P 型和 N 型半导体的交界面两侧，由于电子和空穴的浓度相差悬殊，因而将产生扩散运动。电子由 N 区向 P 区扩散；空穴由 P 区向 N 区扩散。由于它们均是带电粒子（离子），因而电子由 N 区向 P 区扩散的同时，在交界面 N 区剩下不能移动（不参与导电）的带正电的杂质离子，空穴由 P 区向 N 区扩散的同时，在交界面 P 区剩下不能移动（不参与导电）的带负电的杂质离子，于是形成了空间电荷区。在 P 区和 N 区的交界处会形成电场（称为自建场）。在此电场作用下，载流子将作漂移运动，其运动方向正好与扩散运动方向相反，阻止扩散运动。电荷扩散得越多，电场越强，因而漂移运动越强，对扩散的阻力越大。当达到平衡时，扩散运动的作用与漂移运动的作用相等，通过界面的载流子总数为 0，即 PN 结的电流为 0。此时，在 P 区和 N 区的交界处形成了一个缺少载流子的高阻区，我们称之为阻挡层（又称为耗尽层）。上述过程如图 1-6(a)、(b) 所示。

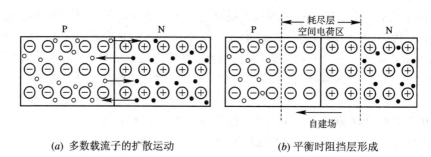

　　　(a) 多数载流子的扩散运动　　　　　　　(b) 平衡时阻挡层形成

图 1-6　PN 结的形成

1.2.2　PN 结的单向导电特性

在 PN 结两端外加不同方向的电压，就可以破坏原来的平衡，从而呈现出单向导电特性。

1. PN 结外加正向电压

若将电源的正极接 P 区，负极接 N 区，则称此为正向接法或正向偏置。此时外加电压在阻挡层内形成的电场与自建场方向相反，削弱了自建场，使阻挡层变窄，如图 1-7(a) 所示。显然，扩散作用大于漂移作用，在电场作用下，多数载流子向对方区域扩散形成正向电流，其方向由电源正极通过 P 区、N 区到达电源负极。

此时，PN 结处于导通状态，它所呈现出的电阻为正向电阻，其阻值很小。正向电压愈大，正向电流愈大。其关系是指数关系：

$$I_D \approx I_S e^{\frac{U}{U_T}}$$

式中：I_D 为流过 PN 结的电流；U 为 PN 结两端的电压；$U_T = \dfrac{kT}{q}$，称为温度电压当量，其中 k 为玻耳兹曼常数，T 为绝对温度，q 为电子的电量（在室温下即 $T=300$ K 时，$U_T = 26$ mV）；I_S 为反向饱和电流。电路中的电阻 R 是为了限制正向电流的大小而接入的限流电阻。

2. PN 结外加反向电压

若将电源的正极接 N 区，负极接 P 区，则称此为反向接法或反向偏置。此时外加电压

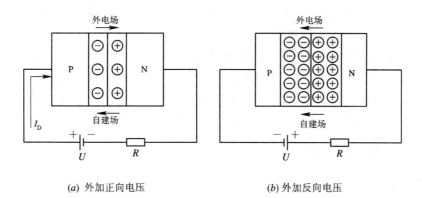

(a) 外加正向电压　　　　　　　　(b) 外加反向电压

图 1 - 7　PN 结单向导电特性

在阻挡层内形成的电场与自建场方向相同，增强了自建场，使阻挡层变宽，如图 1-7(b)所示。此时漂移作用大于扩散作用，少数载流子在电场作用下作漂移运动，由于其电流方向与正向电压时的相反，故称之为反向电流。由于反向电流是由少数载流子所形成的，故反向电流很小，而且当外加反向电压超过零点几伏时，少数载流子基本全被电场拉过去形成漂移电流，此时反向电压再增加，载流子数也不会增加，因此反向电流也不会增加，故称之为反向饱和电流，即 $I_D = -I_S$。

此时，PN 结处于截止状态，呈现的电阻称为反向电阻，其阻值很大，高达 $10^5 \ \Omega$ 以上。

综上所述：PN 结加正向电压，处于导通状态；加反向电压，处于截止状态，即 PN 结具有单向导电特性。

将上述电流与电压的关系写成如下通式：

$$I_D = I_S(e^{\frac{U}{U_T}} - 1) \qquad (1-1)$$

此方程称为伏安特性方程，如图 1-8 所示，该曲线称为伏安特性曲线。

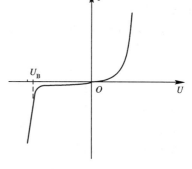

图 1 - 8　PN 结伏安特性

可查看二极管伏安特性仿真

1.2.3　PN 结的击穿

PN 结处于反向偏置时，在一定电压范围内，流过 PN 结的电流是很小的反向饱和电流。但是当反向电压超过某一数值(U_B)后，反向电流急剧增加，这种现象称为反向击穿，如图 1-8 所示。U_B 称为击穿电压。

PN 结的击穿分为雪崩击穿和齐纳击穿。

当反向电压足够高时，阻挡层内电场很强，少数载流子在结区内受强电场的加速作用，获得很大的能量，在运动中与其它原子发生碰撞时，有可能将价电子"打"出共价键，形成新的电子—空穴对。这些新的载流子与原先的载流子一道，在强电场作用下碰撞其它原子打出更多的电子—空穴对，如此链式反应，使反向电流迅速增大。这种击穿称为雪崩击穿。

所谓"齐纳"击穿，是指当 PN 结两边掺入高浓度的杂质时，其阻挡层宽度很小，即使外加反向电压不太高(一般为几伏)，在 PN 结内也可形成很强的电场(可达 $2 \times 10^6 \ V/cm$)，将共价键的价电子直接拉出来，产生电子—空穴对，使反向电流急剧增加，出现击穿现象。

对硅材料的 PN 结，击穿电压 U_B 大于 7 V 时通常是雪崩击穿，小于 4 V 时通常是齐纳击穿；U_B 在 4 V 和 7 V 之间时两种击穿均有。由于击穿破坏了 PN 结的单向导电特性，因而一般使用时应避免出现击穿现象。

需要指出的是，发生击穿并不一定意味着 PN 结被损坏。当 PN 结反向击穿时，只要注意控制反向电流的数值（一般通过串接电阻 R 实现），不使其过大，以免因过热而烧坏 PN 结，当反向电压（绝对值）降低时，PN 结的性能就可以恢复正常。稳压二极管正是利用了 PN 结的反向击穿特性来实现稳压的，当流过 PN 结的电流变化时，结电压保持 U_B 基本不变。

1.2.4　PN 结的电容效应

按电容的定义

$$C = \frac{Q}{U} \quad \text{或} \quad C = \frac{\mathrm{d}Q}{\mathrm{d}U}$$

即电压变化将引起电荷变化，从而反映出电容效应。而 PN 结两端加上电压，PN 结内就有电荷的变化，说明 PN 结具有电容效应。PN 结具有两种电容：势垒电容和扩散电容。

1. 势垒电容 C_T

势垒电容是由阻挡层内空间电荷引起的。空间电荷区是由不能移动的正负杂质离子所形成的，均具有一定的电荷量，所以在 PN 结储存了一定的电荷，当外加电压使阻挡层变宽时，电荷量增加，如图 1-9 所示；反之，外加电压使阻挡层变窄时，电荷量减少。即阻挡层中的电荷量随外加电压变化而改变，形成了电容效应，称为势垒电容，用 C_T 表示。理论推导

$$C_T = \frac{\mathrm{d}Q}{\mathrm{d}U} = \varepsilon \frac{S}{W}$$

式中：ε 为半导体材料的介电系数；S 为结面积；W 为阻挡层宽度。对于同一 PN 结，由于其 W 随电压而变化，不是一个常数，因而势垒电容 C_T 不是一个常数。C_T 与外加电压的关系如图 1-10 所示。一般 C_T 为几 pF～200 pF。我们可以利用此电容效应组成变容二极管，作为压控可变电容器。

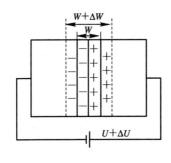

图 1-9　阻挡层内电荷量随外加电压变化

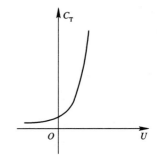

图 1-10　势垒电容和外加电压的关系

2. 扩散电容 C_D

扩散电容是 PN 结在正向电压时，多数载流子在扩散过程中引起电荷积累而产生的。当 PN 结加正向电压时，N 区的电子扩散到 P 区，同时 P 区的空穴也向 N 区扩散。显然，在 PN 区交界处（$x=0$），载流子的浓度最高。由于扩散运动，离交界处愈远，载流子浓度愈低，这些扩散的载流子在扩散区积累了电荷，总的电荷量相当于图 1-11 中曲线 1 以下的部分（图 1-11 表示了 P 区电子 n_p 的分布）。若 PN 结正向电压加大，则多数载流子扩散

加强，电荷积累由曲线 1 变为曲线 2，电荷增加量为 ΔQ；反之，若正向电压减少，则积累的电荷将减少。这就是扩散电容效应 C_D，扩散电容正比于正向电流，即 $C_D \propto I$。所以 PN 结的结电容 C_j 包括两部分，即 $C_j = C_T + C_D$。一般说来，PN 结正偏时，扩散电容起主要作用，$C_j \approx C_D$；当 PN 结反偏时，势垒电容起主要作用，即 $C_j \approx C_T$。

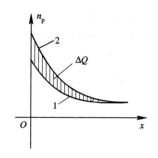

图 1 - 11　P 区中电子浓度的分布曲线及电荷的积累

1.2.5　半导体二极管

半导体二极管是由 PN 结加上引线和管壳构成的，其 P（或 p）端称为阳极，N（或 n）端称为阴极。

二极管的类型很多，按制造二极管的材料分，有硅二极管和锗二极管。从管子的结构来分，有以下几种类型：

（1）点接触型二极管。其结构见图 1 - 12(a)，它的特点是结面积小，因而结电容小，适用于高频下工作，最高工作频率可达几百兆赫，但不能通过很大的电流，主要应用于小电流的整流、检波和混频等。

（2）面接触型二极管。其结构见图 1 - 12(b)，它的特点是结面积大，因而能通过较大的电流，但其结电容也大，只能工作在较低的频率下，可用于整流电路。

（3）硅平面型二极管。其结构见图 1 - 12(c)。结面积大的，可通过较大的电流，适用于大功率整流；结面积小的，结电容小，适用在脉冲数字电路中作开关管。

二极管的符号如图 1 - 12(d)所示。

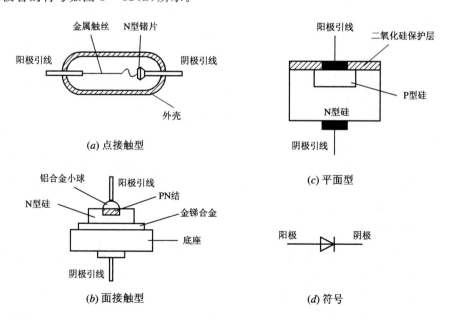

(a) 点接触型

(b) 面接触型

(c) 平面型

(d) 符号

图 1 - 12　半导体二极管的结构和符号

1. 二极管的特性

二极管本质上就是一个 PN 结，但是对于真实的二极管器件，考虑到引线电阻和半导体的体电阻以及表面漏电流等因素的影响，二极管的特性与 PN 结理论特性略有差别。实测特性曲线如图 1-13 所示。

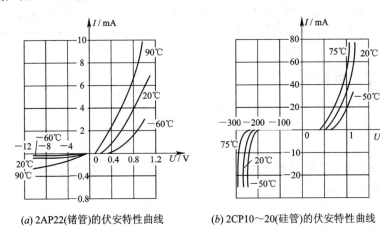

(a) 2AP22(锗管)的伏安特性曲线　　　　(b) 2CP10~20(硅管)的伏安特性曲线

图 1-13　二极管的伏安特性曲线

二极管的伏安特性的特点如下：

(1) 正向特性：正向电压足够大时，正向电流才从零随端两电压按指数规律增大。使二极管开始导通的临界电压称为开启电压，又称门限电压或死区电压，用 U_{th} 表示。在室温下硅管的 U_{th} 约为 0.5 V，锗管的 U_{th} 约为 0.1 V。通常认为，当正向电压 $U < U_{th}$ 时二极管截止；$U > U_{th}$ 时二极管导通。在 U 略大于 U_{th} 时，流过二极管的电流很小，只有当正向电流大于某一值(通常为 1 mA)后，二极管完全导通，完全导通后二极管上的电压称为二极管的导通电压，用 U_{on} 表示。对于一般的小功率二极管，硅管的 U_{on} 约为 0.6~0.8 V，锗管的 U_{on} 约为 0.1~0.3 V。

(2) 反向特性：二极管加反向电压，反向电流数值很小，且基本不变，称为反向饱和电流。硅管反向饱和电流为纳安(nA)数量级，锗管的为微安(μA)数量级。当反向电压加到一定值时，反向电流急剧增加，产生击穿。普通二极管反向击穿电压一般在几十伏以上(高反压管可达几千伏)。

(3) 二极管的温度特性：二极管的特性对温度很敏感，温度升高，正向特性曲线向左移，反向特性曲线向下移。其规律是：在室温附近，在同一电流下，温度每升高 1℃，正向压降减小 2~2.5 mV；温度每升高 10℃，反向电流约增大 1 倍。

2. 二极管的主要参数

描述器件特性的物理量，称为器件的参数。它是器件特性的定量描述，也是选择器件的依据。各种器件的参数可由手册查得。二极管的主要参数有：

(1) 最大整流电流 I_F。它是二极管允许通过的最大正向平均电流。工作时应使平均工作电流小于 I_F，如超过 I_F，二极管将过热而烧毁。此值取决于 PN 结的面积、材料和散热情况。

(2) 最大反向工作电压 U_R。这是二极管允许的最大工作电压。当反向电压超过此值时，二极管可能被击穿。为了留有余地，通常取击穿电压的一半作为 U_R。

（3）反向电流 I_R。I_R 指二极管未击穿时的反向电流值。此值越小，二极管的单向导电性越好。由于反向电流是由少数载流子形成的，所以 I_R 值受温度的影响很大。

（4）最高工作频率 f_M。f_M 的值主要取决于 PN 结结电容的大小，结电容越大，则二极管允许的最高工作频率越低。

（5）二极管的直流电阻 R_D。加到二极管两端的直流电压与流过二极管的电流之比，称为二极管的直流电阻 R_D，即

$$R_D = \frac{U_F}{I_F} \qquad (1-2)$$

此值可由二极管特性曲线求出，如图 1-14 所示。工作点电压为 $U_F = 1.5$ V，电流 $I_F = 50$ mA，则

$$R_D = \frac{U_F}{I_F} = \frac{1.5}{50 \times 10^{-3}} = 30 \ \Omega$$

且由图可看出，R_D 随工作电流加大而减小，故 R_D 呈现非线性。用万用表测量出的电阻值为 R_D，用不同挡测量出的 R_D 值显然是不同的。二极管加正、反向电压所呈现的电阻也不同。加正向电压时，R_D 为几十至几百欧，加反向电压时 R_D 为几百千欧至几兆欧。一般正、反向电阻值相差越大，二极管的性能越好。

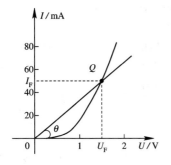
图 1-14 求直流电阻

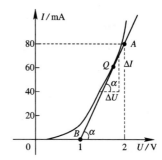
图 1-15 求交流电阻

（6）二极管的交流电阻 r_d。在二极管工作点附近，电压的微变值 ΔU 与相应的微变电流值 ΔI 之比，称为该点的交流电阻 r_d，即

$$r_d = \frac{\Delta U}{\Delta I} \qquad (1-3)$$

从其几何意义上讲，当 $\Delta U \to 0$ 时

$$r_d = \frac{\mathrm{d}U}{\mathrm{d}I} \qquad (1-4)$$

r_d 就是工作点 Q 处的切线斜率的倒数。显然，r_d 也是非线性的，即工作电流越大，r_d 越小。交流电阻 r_d 也可从特性曲线上求出，如图 1-15 所示。过 Q 点作切线，在切线上任取两点 A、B，查出这两点间的 ΔU 和 ΔI，则得

$$r_d = \frac{\Delta U}{\Delta I}\bigg|_{I_{DQ}, U_{DQ}} = \frac{2-1}{(80-0) \times 10^{-3}} = 12.5 \ \Omega$$

交流电阻 r_d 也可利用 PN 结的电流方程(1-1)求出。取 I 的微分可得

$$\mathrm{d}I = \mathrm{d}\left[I_S\left(\mathrm{e}^{\frac{U}{U_T}} - 1\right)\right] = \frac{I_S}{U_T}\mathrm{e}^{\frac{U}{U_T}}\,\mathrm{d}U \approx \frac{I_D}{U_T}\,\mathrm{d}U$$

即

$$r_{\rm d} \approx \frac{U_{\rm T}}{I_{\rm D}} \approx \frac{26({\rm mV})}{I_{\rm DQ}} \qquad (1-5)$$

式中，$I_{\rm DQ}$ 为二极管工作点的电流，单位取 mA。式（1-5）的近似等式在室温条件下（$T=$ 300 K）成立。

对同一工作点而言，直流电阻 $R_{\rm D}$ 大于交流电阻 $r_{\rm d}$；对不同工作点而言，工作点愈高，$R_{\rm D}$ 和 $r_{\rm d}$ 愈低。

表 1-1 列出了几种二极管的典型参数。

表 1-1　半导体二极管的典型参数

参数 型号	最大整流 电流 $I_{\rm F}/{\rm mA}$	最高反向 电压 $U_{\rm R}/{\rm V}$	反向电流 $I_{\rm R}/\mu{\rm A}$	最高工作 频率 $f_{\rm M}$	结电容 $C_{\rm j}/{\rm pF}$	备　　注
2AP1	16	20	≤250	150 MHz	≤1	点接触锗管
2AP2	16	30	≤250	150 MHz	≤1	
2AP11	<25	<10	≤250	40 MHz	≤1	
2AP12	<40	<10	≤250	40 MHz	≤1	
2CP1	400	100	250	3 kHz		面结型硅管
2CP2	400	200	250	3 kHz		
2CP6A	100	100	≤20	50 kHz		
2CP6B	100	200	≤20	50 kHz		
2CZ11A	1 A	100	≤600	≤3 kHz		加 60 mm×60 mm ×1.5 mm 铝散热板
2CZ12A	3 A	50	≤1000	≤3 kHz		加 80 mm×80 mm ×1.5 mm 铝散热板

3. 二极管的等效电路

二极管的伏安特性具有非线性，这给二极管应用电路分析带来一定的困难。为了便于分析，常在一定条件下，用线性元件所构成的电路来近似模拟二极管的特性，并用于取代电路中的二极管。能够模拟二极管特性的电路称为二极管的等效电路，也称为二极管的等效模型。根据二极管的伏安特性可以构造多种等效电路，对于不同的应用场合、不同的分析要求，应选用其中一种。由二极管的伏安特性曲线得到的等效电路如图 1-16 所示。

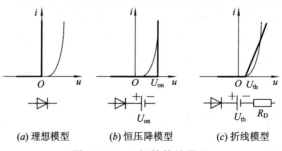

(a) 理想模型　　　(b) 恒压降模型　　　(c) 折线模型

图 1-16　二极管等效模型

（1）理想模型：二极管正向导通时，正向压降为零（忽略），截止时反向电流为零。

（2）恒压降模型：二极管正向导通时，正向压降为一个常量 U_{on}，截止时反向电流为零。

（3）串联恒压降模型（折线模型）：二极管正向电压 u 大于 U_{th} 后其电流 i 与 u 成线性关系，直线斜率为 $1/R_D$，二极管截止时反向电流为零。

在近似分析中，下面三个等效电路中图（a）误差最大，图（c）误差最小，一般情况下多采用图（b）所示电路。

（4）微变等效电路：当二极管外加直流正向偏置电压时，将有一直流电流，曲线上反映该电压和电流的点为 Q 点，如图 $1-17(a)$ 中所示。若在 Q 点的基础上外加微小的电压变化量 Δu_D，分析该微小电压变化量所引起的微小电流变化量 Δi_D，则可以将二极管等效成为动态电阻 r_d，如图（b）所示，此时的等效电路称为二极管的微变等效电路。

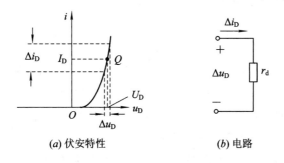

(a) 伏安特性   (b) 电路

图 $1-17$ 二极管微变等效电路图

1.2.6 稳压二极管

稳压二极管的工作机理是利用 PN 结的击穿特性。由图 $1-18(a)$ 曲线可知，如果二极管工作在反向击穿区，则当反向电流在较大范围内变化 ΔI 时，管子两端电压相应的变化 ΔU 却很小，这说明它具有很好的稳压特性。其符号如图 $1-18(b)$ 所示。

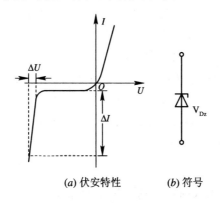

(a) 伏安特性   (b) 符号

图 $1-18$ 稳压管伏安特性和符号

使用稳压管组成稳压电路时，需要注意几个问题：稳压二极管正常工作是在反向击穿状态，即外加电源正极接管子的 N 区，负极接 P 区；其次，稳压管应与负载并联，由于稳压管两端电压变化量很小，因而使输出电压比较稳定；必须限制流过稳压管的电流 I_z，使其不超过规定值，以免因管子过热而烧毁。同时，还应保证流过稳压管的电流 I_z 大于某一数值（稳定电流），以确保稳压管有良好的稳压特性。如图 1-19 所示，其中限流电阻 R 即起此作用。

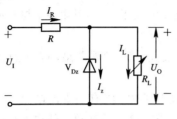

图 1-19　稳压管电路

稳压管的主要参数如下所述。

1. 稳定电压 U_z

稳定电压是稳压管工作在反向击穿区时的稳定工作电压。由于稳定电压随着工作电流的不同而略有变化，因而测试 U_z 时应使稳压管的电流为规定值。稳定电压 U_z 是根据要求挑选稳压管的主要依据之一。不同型号的稳压管，其稳定电压值不同。同一型号的管子，由于制造工艺的分散性，各个管子的 U_z 值也有差别。例如稳压管 2DW7C，其 $U_z=6.1\sim 6.5$ V，表明此范围内均为合格产品，即其稳定值有的管子是 6.1 V，有的可能是 6.5 V 等等。但这并不意味着同一个管子的稳定电压的变化范围有如此大。

2. 稳定电流 I_z

稳定电流是使稳压管正常工作时的最小电流，低于此值时稳压效果较差。工作时应使流过稳压管的电流大于此值。一般情况是，工作电流较大时，稳压性能较好。但电流要受管子功耗的限制，即 $I_{z\,max}=P_z/U_z$。

3. 电压温度系数 α

α 指稳压管温度变化 1℃ 时所引起的稳定电压变化的百分比。一般情况下，稳定电压大于 7 V 的稳压管，α 为正值，即当温度升高时，稳定电压值增大。如 2CW17，$U_z=9\sim 10.5$ V，$\alpha=(0.09\%)/℃$，说明当温度升高 1℃ 时，稳定电压增大 0.09%。而稳定电压小于 4 V 的稳压管，其 α 为负值，即当温度升高时，稳定电压值减小，如 2CW11，$U_z=3.2\sim 4.5$ V，$\alpha=-(0.05\%\sim 0.03\%)/℃$，若 $\alpha=(-0.05\%)/℃$，表明当温度升高 1℃ 时，稳定电压减小 0.05%。稳定电压在 4~7 V 间的稳压管，其 α 值较小，稳定电压值受温度影响较小，性能比较稳定。

4. 动态电阻 r_z

r_z 是稳压管工作在稳压区时，两端电压变化量与电流变化量之比，即 $r_z=\Delta U/\Delta I$。r_z 值越小，则稳压性能越好。同一稳压管，一般工作电流越大时，r_z 值越小。通常手册上给出的 r_z 值是在规定的稳定电流之下测得的。

5. 额定功耗 P_z

由于稳压管两端的电压值为 U_z，而管子中又流过一定的电流，因此要消耗一定的功率。这部分功耗转化为热能，会使稳压管发热。P_z 取决于稳压管允许的温升。

表 1 - 2 给出了几种稳压管的典型参数。其中 2DW7 系列的稳压管是一种具有温度补偿效应的稳压管，用于电子设备的精密稳压源中。管子内部实际上是两个温度系数相反的二极管对接在一起。当温度变化时，一个二极管被反向偏置，温度系数为正值；而另一个二极管被正向偏置，温度系数为负值，二者互相补偿，使 1、2 两端之间的电压随温度的变化很小。它们的电压温度系数比其它一般的稳压管约小一个数量级。如 2DW7C，$\alpha = 0.005\%/℃$。

表 1 - 2 稳压管的典型参数

型号 \ 参数	稳定电压 U_z/V	电压温度系数 α/(%/℃)	动态内阻 r_z/Ω	稳定电流 I_z/mA	最大稳定电流 $I_{z\,max}$/mA	耗散功率 P_z/W
2CW11	3.2～4.5	−0.05～0.03	≤70	10	55	0.25
2CW12	4～5.5	−0.04～0.04	≤50	10	45	0.25
2CW16	8～9.5	0.08	≤20	5	26	0.25
2CW17	9～10.5	0.09	≤25	5	23	0.25
2CW21	3.2～4.5	−0.05～0.03	40	30	220	1
2CW21A	4～5.5	−0.04～0.04	30	30	180	1
2CW21E	8～9.5	0.08	7	30	105	1
2CW21F	9～10.5	0.09	9	30	95	1
2DW7B	5.8～6.6	0.005	≤15	10	30	0.2
2DW7C	6.1～6.5	0.005	≤10	10	30	0.2

1.2.7 二极管的应用

二极管的应用基础，就是二极管的单向导电特性，因此，在应用电路中，关键是判断二极管的导通或截止。二极管导通时一般用电压源 $U_D = 0.7$ V（硅管，如是锗管用 0.3 V）代替，或近似用短路线代替。截止时，一般将二极管断开，即认为二极管反向电阻为无穷大。

二极管的整流电路将在第十章直流电源中讨论。

1. 限幅电路

当输入信号电压在一定范围内变化时，输出电压随输入电压相应变化；而当输入电压超出该范围时，输出电压保持不变，这就是限幅电路。通常将输出电压 u_o 开始不变的电压值称为限幅电平，当输入电压高于限幅电平时，输出电压保持不变的限幅称为上限幅；当输入电压低于限幅电平时，输出电压保持不变的限幅称为下限幅。

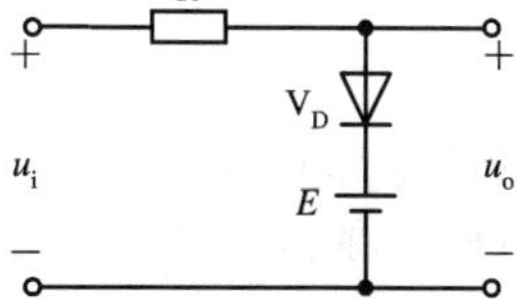

限幅电路如图 1 - 20 所示。改变 E 值就可改变限幅电平。

图 1 - 20 并联二极管上限幅电路

可查看单向限幅电路仿真

$E = 0$ V，限幅电平为 0 V。$u_i > 0$ V 时二极管导通，$u_o = 0$ V；$u_i < 0$ V，二极管截止，$u_o = u_i$。波形如图 1 - 21(a) 所示。

如果 $0 < E < U_m$，则限幅电平为 $+E$。$u_i < E$，二极管截止，$u_o = u_i$；$u_i > E$，二极管导通，$u_o = E$。波形图如图 1 - 21(b) 所示。

如果 $-U_m < E < 0$，则限幅电平为 $-E$，波形图如图 1 - 21(c) 所示。

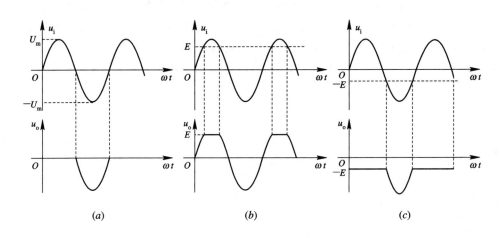

图 1 - 21　二极管并联上限幅电路波形关系

图 1 - 20 所示电路中，二极管与输出端并联，故称为并联限幅电路。由于该电路限去了 $u_i > E$ 的部分，故称为上限幅电路。如将二极管极性反过来接，如图 1 - 22 所示，则组成下限幅电路。

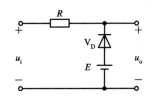

图 1 - 22　并联下限幅电路

二极管 V_D 与输出端串联，则组成串联限幅电路。如图 1 - 23 所示。由上、下限幅电路合起来则组成双向限幅电路，如图 1 - 24 所示。其原理请读者自己分析。

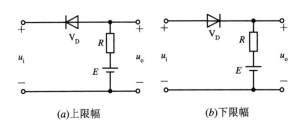

(a)上限幅　　　　　(b)下限幅

图 1 - 23　串联限幅电路

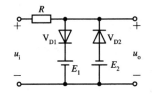

图 1 - 24　双向限幅电路

可查看双向限幅电路仿真

限幅电路可应用于波形变换以及输入信号的幅度选择、极性选择和波形整形。

2. 二极管门电路

二极管组成门电路，可实现一定的逻辑运算。如图 1 - 25 所示。该电路中只要有一路输入信号为低电平，输出即为低电平；仅当全部输入均为高电平时，输出才为高电平。这在逻辑运算中称为"与"运算。

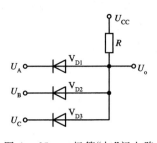

图 1 - 25　二极管"与"门电路

1.2.8 其它二极管

1. 发光二极管

发光二极管简称 LED，它是一种将电能转换为光能的半导体器件，主要是由Ⅲ～Ⅴ族化合物半导体如砷化镓（GaAs）、磷化镓（GaP）制成，其符号如图 1-26 所示。它由一个 PN 结组成。当加正向电压时，P 区和 N 区的多数载流子扩散至对方与多数载流子复合，复合过程中，有一部分能量以光子的形式放出，使二极管发光。发出的光波可以是红外光或可见光。砷化镓是发射红外光，如果在砷化镓中掺入一些磷即可发出红色可见光；而掺入磷化镓可发绿光。

图 1-26 发光二极管符号

发光二极管常用作显示器件，如指示灯、七段数码管、矩阵显示器等。工作时加正向电压，并接入限流电阻，工作电流一般为几毫安至几十毫安。电流愈大，发光二极管发出的光愈强，但是会出现亮度衰退的老化现象，使用寿命将缩短。发光二极管导通时管压降为 1.8 V～2.2 V。

2. 光电二极管

光电二极管是将光能转换为电能的半导体器件。光电二极管的符号如图 1-27 所示。其结构与普通二极管相似，只是在管壳上留有一个能使光线照入的窗口。

光电二极管被光照射时，产生大量的电子和空穴，从而提高了少子的浓度，在反向偏置下，产生漂移电流，从而使反向电流增加。这时外电路的电流随光照的强弱而改变，此外还与入射光的波长有关。

图 1-27 光电二极管符号

3. 光电耦合器件

将光电二极管和发光二极管组合起来可组成二极管型的光电耦合器。如图 1-28 所示，它以光为媒介可实现电信号的传递。在输入端加入电信号，则发光二极管的光随信号而变，它照在光电二极管上则在输出端产生与信号变化一致的电信号。由于发光器件和光电器件分别接在输入、输出回路中，相互隔离，因而光电耦合器常用于信号的单方向传输，但需要电路间电隔离的场合。

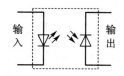

图 1-28 光电耦合器件

通常光电耦合器用在计算机控制系统的接口电路中。

4. 变容二极管

利用 PN 结的势垒电容随外加反向电压的变化特性可制成变容二极管，其符号如图 1-29 所示。

变容二极管主要用于高频电子线路，如电子调谐、频率调制等。

图 1-29 变容二极管符号

1.3 半导体三极管

半导体三极管又称为晶体管、双极性三极管。它们是组成各种电子电路的核心器件。三极管有三个电极，其外形如图 1 – 30 所示。

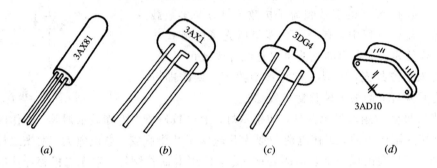

图 1 – 30 几种半导体三极管的外形

1.3.1 三极管的结构及类型

若将两个 PN 结"背靠背"地(同极区相对)连接起来(用工艺的办法制成)，则组成三极管。

按 PN 结的组合方式，三极管有 PNP 和 NPN 两种类型，其结构示意图和符号如图 1 – 31 所示。

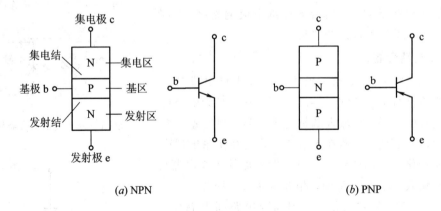

(a) NPN   (b) PNP

图 1 – 31 三极管的结构示意图和符号

无论是 NPN 型或是 PNP 型的三极管，它们均包含三个区：发射区、基区和集电区。

三极管的三个区相应地引出三个电极：发射极(e)、基极(b)和集电极(c)。同时，在三个区的两两交界处，形成两个 PN 结，分别称为发射结和集电结。

常用的半导体材料有硅和锗，因此共有四种三极管类型。它们对应的型号分别为：3A(锗 PNP)、3B(锗 NPN)、3C(硅 PNP)、3D(硅 NPN)四种系列。由于硅 NPN 三极管用得最广，故在无特殊说明时，下面均以硅 NPN 三极管为例来讲述。

1.3.2　三极管的三种连接方式

因为放大器一般是 4 端网络，而三极管只有 3 个电极，所以组成放大电路时，势必要有一个电极作为输入与输出信号的公共端。根据所选择的公共端电极的不同，三极管有共发射极、共基极和共集电极三种不同的连接方式（对交流信号而言），如图 1 - 32 所示。

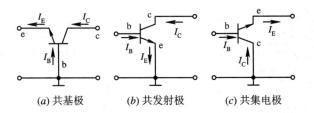

(a) 共基极　　　(b) 共发射极　　　(c) 共集电极

图 1 - 32　三极管的三种连接方式

1.3.3　三极管的放大作用

尽管从结构上看三极管相当于两个二极管背靠背地串联在一起，但是，当我们用单独的两个二极管按上述关系串联起来时将会发现，它们并不具有放大作用。其原因是，为了使三极管实现放大，必须由三极管的内部结构和外部条件来保证。

从三极管的内部结构来看，应具有以下三点：

第一，发射区进行重掺杂，因而其多数载流子电子浓度远大于基区多数载流子空穴浓度。

第二，基区做得很薄，通常只有几微米到几十微米，而且是低掺杂。

第三，集电极面积大，以保证尽可能收集到发射区发射的电子。

从外部条件来看，外加电源的极性应保证发射结处于正向偏置状态；集电结应处于反向偏置状态。

在满足上述条件下，我们来分析放大过程。（由于共发射极应用广泛，故下面以共发射极为例。）

1. 载流子的传输过程

我们分三个过程讨论三极管内部载流子的传输过程。

（1）发射。由于发射结正向偏置，则发射区的电子大量地扩散注入到基区，与此同时，基区的空穴也向发射区扩散。由于发射区是重掺杂，因而注入到基区的电子浓度远大于基区向发射区扩散的空穴数，在下面的分析中，将这部分空穴的作用忽略不计。

（2）扩散和复合。由于电子的注入，使基区靠近发射结处电子浓度很高。集电结反向运用，使靠近集电结处的电子浓度很低（近似为 0）。因此在基区形成电子浓度差，从而电子靠扩散作用向集电区运动。电子扩散的同时，在基区将与空穴相遇产生复合。由于基区空穴浓度比较低，且基区做得很薄，因此，复合的电子是极少数，绝大多数电子均能扩散到集电结处，被集电极收集。

（3）收集。由于集电结反向运用，在结电场作用下，通过扩散到达集电结的电子将作漂移运动，到达集电区。因为，集电结的面积大，所以基区扩散过来的电子基本上全部被集电区收集。

此外，因为集电结反向偏置，所以集电区中的空穴和基区中的电子（均为少数载流子）在结电场作用下作漂移运动。

上述载流子的传输过程如图 1 - 33 所示。

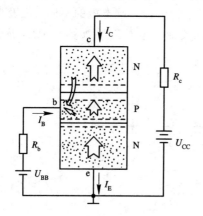
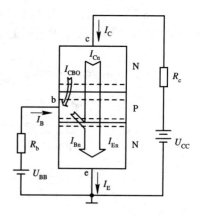

图 1 - 33　三极管中载流子的传输过程　　　　图 1 - 34　三极管电流分配

2. 电流分配

载流子的运动即形成相应的电流，其电流关系如图 1 - 34 所示。

集电极电流 I_C 由两部分组成：I_{Cn} 和 I_{CBO}，前者是由发射区发射的电子被集电极收集后形成的，后者是由集电区和基区的少数载流子漂移运动形成的，称为反向饱和电流。于是有

$$I_C = I_{Cn} + I_{CBO} \tag{1 - 6}$$

发射极电流 I_E 也由两部分组成：I_{En} 和 I_{Ep}。I_{En} 为发射区发射的电子所形成的电流，I_{Ep} 是由基区向发射区扩散的空穴所形成的电流。因为发射区是重掺杂，所以 I_{Ep} 忽略不计，即 $I_E \approx I_{En}$。I_{En} 又分成两部分，主要部分是 I_{Cn}，极少部分是 I_{Bn}。I_{Bn} 是电子在基区与空穴复合时所形成的电流，基区空穴是由电源 U_{BB} 提供的，故它是基极电流的一部分。所以有

$$I_E \approx I_{En} = I_{Cn} + I_{Bn} \tag{1 - 7}$$

基极电流 I_B 是 I_{Bn} 与 I_{CBO} 之差：

$$I_B = I_{Bn} - I_{CBO} \tag{1 - 8}$$

我们希望发射区注入的电子绝大多数能够到达集电极，形成集电极电流，即要求 $I_{Cn} \gg I_{Bn}$。

通常用共基极直流电流放大系数衡量上述关系，用 $\bar{\alpha}$ 来表示，其定义为

$$\bar{\alpha} = \frac{I_{Cn}}{I_{En}} = \frac{I_{Cn}}{I_E} \tag{1 - 9}$$

一般三极管的 $\bar{\alpha}$ 值为 0.97～0.99。将(1 - 9)式代入(1 - 6)式，可得

$$I_C = I_{Cn} + I_{CBO} = \bar{\alpha} I_E + I_{CBO} \tag{1 - 10}$$

通常 $I_C \gg I_{CBO}$，可将 I_{CBO} 忽略，由上式可得出

$$\bar{\alpha} \approx \frac{I_C}{I_E} \tag{1 - 11}$$

如将基极作为输入，集电极作为输出，其 I_C 与 I_B 的关系式推导如下：

三极管的三个极的电流满足节点电流定律，即

$$I_E = I_C + I_B \qquad\qquad (1-12)$$

将此式代入(1-10)式得

$$I_C = \bar{\alpha}(I_C + I_B) + I_{CBO}$$

经过整理后得

$$I_C = \frac{\bar{\alpha}}{1-\bar{\alpha}} I_B + \frac{1}{1-\bar{\alpha}} I_{CBO}$$

令

$$\bar{\beta} = \frac{\bar{\alpha}}{1-\bar{\alpha}} \qquad\qquad (1-13)$$

$\bar{\beta}$ 称为共发射极直流电流放大系数。当 $I_C \gg I_{CBO}$ 时，$\bar{\beta}$ 又可写成

$$\bar{\beta} = \frac{I_C}{I_B} \qquad\qquad (1-14)$$

则

$$I_C = \bar{\beta} I_B + (1+\bar{\beta}) I_{CBO} = \bar{\beta} I_B + I_{CEO} \qquad\qquad (1-15)$$

其中 I_{CEO} 称为穿透电流，即

$$I_{CEO} = (1+\bar{\beta}) I_{CBO} \qquad\qquad (1-16)$$

一般三极管的 $\bar{\beta}$ 约为几十至几百。$\bar{\beta}$ 太小，管子的放大能力就差，而 $\bar{\beta}$ 过大则管子不够稳定。

为了对三极管的电流关系增加一些感性认识，我们将某个实际晶体管的电流关系列成表 1-3。

表 1-3　三极管电流关系的一组典型数据

I_B/mA	−0.001	0	0.01	0.02	0.03	0.04	0.05
I_C/mA	0.001	0.01	0.56	1.14	1.74	2.33	2.91
I_E/mA	0	0.01	0.57	1.16	1.77	2.37	2.96

从表中可看出，任一列三个电流之间的关系均符合公式 $I_E = I_C + I_B$，而且除一、二列外均符合以下关系：

$$I_B < I_C < I_E, \qquad I_C \approx I_E$$

我们还可看出，当三极管的基极电流 I_B 有一个微小的变化时，例如由 0.02 mA 变为 0.04 mA（$\Delta I_B = 0.02$ mA），相应的集电极电流产生了较大的变化，由 1.14 mA 变为 2.33 mA（$\Delta I_C = 1.19$ mA），这就说明了三极管的电流放大作用。我们定义这两个变化电流之比为共发射极交流电流放大系数，即

$$\beta = \frac{\Delta I_C}{\Delta I_B}\bigg|_{U_{CE}=\text{常数}} \qquad\qquad (1-17)$$

相应地，将集电极电流与发射极电流的变化量之比，定义为共基极交流电流放大系数，即

$$\alpha = \frac{\Delta I_C}{\Delta I_E}\bigg|_{U_{CB}=\text{常数}} \qquad\qquad (1-18)$$

故

$$\beta = \frac{\Delta I_C}{\Delta I_B} = \frac{\Delta I_C}{\Delta I_E - \Delta I_C} = \frac{\Delta I_C / \Delta I_E}{1 - \Delta I_C / \Delta I_E} = \frac{\alpha}{1 - \alpha} \qquad (1-19)$$

显然 β 与 $\overline{\beta}$ 及 α 与 $\overline{\alpha}$ 的意义是不同的，但是在多数情况下 $\beta \approx \overline{\beta}$，$\alpha \approx \overline{\alpha}$。例如，从表 1-3 知，在 $I_B = 0.03$ mA 附近，设 I_B 由 0.02 mA 变为 0.04 mA，可求得

$$\beta = \frac{\Delta I_C}{\Delta I_B} = \frac{2.33 - 1.14}{0.04 - 0.02} = 59.5$$

$$\overline{\beta} = \frac{I_C}{I_B} = \frac{1.74}{0.03} = 58$$

$$\alpha = \frac{\Delta I_C}{\Delta I_E} = \frac{2.33 - 1.14}{2.37 - 1.16} = 0.983$$

$$\overline{\alpha} \approx \frac{I_C}{I_E} = \frac{1.74}{1.77} = 0.983$$

这就证实了上述近似关系，所以，今后我们不再严格区分 β 与 $\overline{\beta}$、α 与 $\overline{\alpha}$。

1.3.4 三极管的特性曲线

三极管外部各极电压电流的相互关系，当用图形描述时称为三极管的特性曲线。它既简单又直观，全面地反映了各极电流与电压之间的关系。特性曲线与参数是选用三极管的主要依据。特性曲线通常用晶体管特性图示仪显示出来。其测试电路如图 1-35 所示。三极管的不同连接方式有不同的特性曲线，因共发射极用得最多，为此，我们只讨论共发射极特性曲线。下面讨论 NPN 三极管的共射输入特性和输出特性。

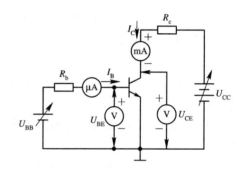

图 1-35 三极管共发射极特性曲线测试电路

1. 输入特性

当 U_{CE} 不变时，输入回路中的电流 I_B 与电压 U_{BE} 之间的关系曲线称为输入特性，即

$$I_B = f(U_{BE}) \mid_{U_{CE} = \text{常数}}$$

输入特性如图 1-36 所示。

$U_{CE} = 0$ V 时，从三极管的输入回路看，相当于两个 PN 结（发射结和集电结）并联。当 b、e 间加上正电压时，三极管的输入特性就是两个正向二极管的伏安特性。

$U_{CE} \geqslant 1$ V，b、e 间加正向电压，此时集电极的电位比基极高，集电结为反向偏置，阻挡

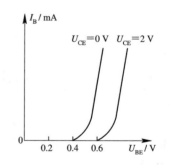

图 1-36 三极管的输入特性

可查看 BJT 输入特性仿真

层变宽，基区变窄，基区电子复合减少，故基极电流 I_B 下降。与 $U_{CE} = 0$ V 时相比，在相同的条件下，I_B 要小得多，结果输入特性将右移。

当 U_{CE} 继续增大时，严格地讲，输入特性应该继续右移。但是，当 U_{CE} 大于某一数值以后（如 1 V），在一定的 U_{BE} 之下，集电结的反向偏置电压已足以将注入基区的电子基本上

都收集到集电极，此时 U_{CE} 再增大，I_B 变化不大。因此 $U_{CE} > 1$ V 以后，不同 U_{CE} 值的各条输入特性几乎重叠在一起。所以常用 $U_{CE} > 1$ V(例如 2 V)的一条输入特性曲线来代表 U_{CE} 更高的情况。

在实际的放大电路中，三极管的 U_{CE} 一般都大于零，因而 $U_{CE} > 1$ V 的特性更具有实用意义。

2. 输出特性

当 I_B 不变时，输出回路中的电流 I_C 与电压 U_{CE} 之间的关系曲线称为输出特性，即

$$I_C = f(U_{CE}) \mid_{I_B=常数}$$

固定一个 I_B 值，得一条输出特性曲线，改变 I_B 值后可得一族输出特性曲线，如图 1 - 37 所示。在输出特性上可以划分出三个区域：截止区、放大区和饱和区。

(1) 截止区。一般将 $I_B \leqslant 0$ 的区域称为截止区，在图中为 $I_B = 0$ 的一条曲线的以下部分。此时 I_C 也近似为零。由于各极电流都基本上等于零，因而此时三极管没有放大作用。

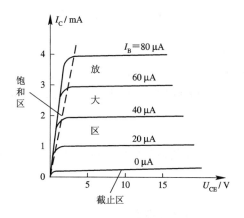

图 1 - 37 三极管的输出特性

可查看 BJT 输出特性仿真

其实 $I_B = 0$ 时，I_C 并不等于零，而是等于穿透电流 I_{CEO}。一般硅三极管的穿透电流小于 1 μA，在特性曲线上无法表示出来。锗三极管的穿透电流约为几十至几百微安。

当发射结反向偏置时，发射区不再向基区注入电子，则三极管处于截止状态。所以，在截止区，三极管的两个结均处于反向偏置状态。对于 NPN 三极管，$U_{BE} < 0$，$U_{BC} < 0$。

(2) 放大区。此时发射结正向运用，集电结反向运用。在曲线上是比较平坦的部分，表示当 I_B 一定时，I_C 的值基本上不随 U_{CE} 而变化。在这个区域内，当基极电流发生微小的变化(ΔI_B)时，相应的集电极电流将产生较大的变化量 ΔI_C，此时二者的关系为

$$\Delta I_C = \beta \Delta I_B$$

该式体现了三极管的电流放大作用。

对于 NPN 三极管，工作在放大区时 $U_{BE} \geqslant 0.7$ V，而 $U_{BC} < 0$。

(3) 饱和区。曲线靠近纵轴附近，各条输出特性曲线的上升部分属于饱和区。在这个区域，不同 I_B 值的各条特性曲线几乎重叠在一起，即当 U_{CE} 较小时，管子的集电极电流 I_C 基本上不随基极电流 I_B 而变化，这种现象称为饱和。此时三极管失去了放大作用，$I_C = \bar{\beta} I_B$ 或 $\Delta I_C = \beta \Delta I_B$ 关系不成立。

一般认为 $U_{CE} = U_{BE}$，即 $U_{CB} = 0$ 时，三极管处于临界饱和状态，当 $U_{CE} < U_{BE}$ 时称为过饱和。三极管饱和时的管压降用 U_{CES} 表示。在深度饱和时，小功率管管压降通常小于 0.3 V。

三极管工作在饱和区时，发射结和集电结都处于正向偏置状态。对于 NPN 三极管，$U_{BE} > 0$，$U_{BC} > 0$。

1.3.5 三极管的主要参数

三极管参数描述了三极管的性能，是评价三极管质量以及选择三极管的依据。

1. 电流放大系数

三极管的电流放大系数是表征管子放大作用的参数。按前面的讨论，有如下几种：

(1) 共发射极交流电流放大系数 β。β 体现共射极接法之下的电流放大作用。

$$\beta = \frac{\Delta I_C}{\Delta I_B} \Big|_{U_{CE} = 常数}$$

(2) 共发射极直流电流放大系数 $\bar{\beta}$。由式(1 - 15)得

$$\bar{\beta} = \frac{I_C - I_{CEO}}{I_B}$$

当 $I_C \gg I_{CEO}$ 时，$\bar{\beta} \approx I_C / I_B$。

(3) 共基极交流电流放大系数 α：α 体现共基极接法下的电流放大作用。

$$\alpha = \frac{\Delta I_C}{\Delta I_E}$$

(4) 共基极直流电流放大系数 $\bar{\alpha}$：在忽略反向饱和电流 I_{CBO} 时，有

$$\bar{\alpha} \approx \frac{I_C}{I_E}$$

2. 极间反向电流

(1) 集电极－基极反向饱和电流 I_{CBO}。它表示当 e 极开路时，c、b 之间的反向电流，测量电路如图 1 - 38(a) 所示。

(2) 集电极－发射极穿透电流 I_{CEO}。它表示当 b 极开路时，c、e 之间的电流，测量电路如图 1 - 38(b) 所示。

实际工作中使用三极管时，要求所选用管子的 I_{CBO} 和 I_{CEO} 尽可能地小。它们越小，则表明三极管的质量越高。

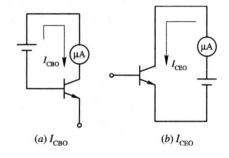

$(a)\ I_{CBO}$　　　　$(b)\ I_{CEO}$

图 1 - 38　三极管极间反向电流的测量

3. 极限参数

三极管的极限参数是指使用时不得超过的极限值，以保证三极管安全工作或工作性能正常。

(1) 集电极最大允许电流 I_{CM}。由于三极管电流放大系数 β 值与工作电流有关，其关系曲线如图 1 - 39 所示。从曲线可看出工作电流太大，将使 β 下降太多，使三极管性能下降，使放大的信号产生严重失真。一般定义当 β 值下降为正常值的 $1/3 \sim 2/3$ 时的 I_C 值为 I_{CM}。

(2) 集电极最大允许功率损耗 P_{CM}。当三极管工作时，管子两端电压为 U_{CE}，集电极电流为 I_C，因此集电极损耗的功率为

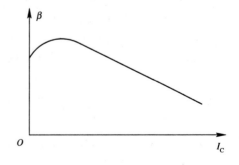

图 1 - 39　β 与 I_C 关系曲线

$$P_C = I_C U_{CE}$$

集电极消耗的电能将转化为热能，使二极管的温度升高，这将使三极管的性能恶化，甚至被损坏，因而应加以限制。将 I_C 与 U_{CE} 的乘积等于 P_{CM} 值的各点连接起来，可得一条双曲线，如图 1-40 所示。双曲线下方区域 $P_C < P_{CM}$ 为安全区；上方区域 $P_C > P_{CM}$ 为过耗区，易烧坏管子。

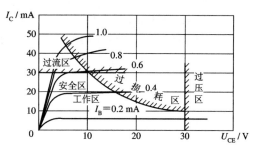

图 1-40　三极管的安全工作区

需指出的是，P_{CM} 与工作环境温度有关，如工作环境温度高或散热条件差，则 P_{CM} 值下降。

4. 反向击穿电压

反向击穿电压表示使用三极管时外加在各电极之间的最大允许反向电压，如果超过这个限度，则三极管的反向电流急剧增大，可能损坏三极管。反向击穿电压有以下几项：

BU_{CBO}——发射极开路时，集电极－基极间的反向击穿电压。

BU_{CEO}——基极开路时，集电极－发射极间的反向击穿电压。

BU_{CER}——基射极间接有电阻 R 时，集电极－发射极间的反向击穿电压。

BU_{CES}——基射极间短路时，集电极－发射极间的反向击穿电压。

BU_{EBO}——集电极开路时，发射极－基极间的反向击穿电压，此电压一般较小，仅有几伏。

上述电压一般存在如下关系：

$$BU_{CBO} > BU_{CES} > BU_{CER} > BU_{CEO} > BU_{EBO}$$

由于 BU_{CEO} 最小，因此使用时使 $U_{CE} < BU_{CEO}$ 即可安全工作。

由上可见，三极管应工作在安全工作区，而安全工作区受 I_{CM}、P_{CM}、BU_{CEO} 的限制。图 1-38 表示了三极管的安全工作区。

1.3.6　温度对三极管参数的影响

由于半导体的载流子浓度受温度影响，因而，三极管的参数也会受温度影响。这将严重影响到三极管电路的热稳定性。通常，半导体三极管的如下参数受温度影响比较明显。

1. 温度对 U_{BE} 的影响

输入特性曲线随温度升高向左移，即 I_B 不变时，U_{BE} 将下降。其变化规律是温度每升高 $1℃$，U_{BE} 减小 $2\sim2.5$ mV，即

$$\frac{\Delta U_{BE}}{\Delta T} = -2.5 \text{ mV/℃}$$

2. 温度对 I_{CBO} 的影响

I_{CBO} 是由少数载流子形成的。当温度上升时，少数载流子增加，故 I_{CBO} 也上升。其变化规律是，温度每上升 $10℃$，I_{CBO} 约上升 1 倍。I_{CEO} 随温度变化的规律大致与 I_{CBO} 相同。在输出特性曲线上，温度上升，曲线上移。

3. 温度对 β 的影响

β 随温度升高而增大，其变化规律是：温度每升高 $1℃$，β 值增大 $0.5\%\sim1\%$。在输出

特性曲线图上，曲线间的距离随温度升高而增大。

综上所述：温度对 U_{BE}、I_{CBO}、β 的影响，均将使 I_C 随温度上升而增加，这将严重影响三极管的工作状态，其后果如何以及如何克服，将在后续相关章节中讲述。

表 1-4 给出了部分三极管的典型参数。

表 1-4　三极管的典型参数

参数／型号	直流参数			交流参数		极限参数			备　　注
	I_{CBO} /μA	I_{CEO} /μA	β	f_T /MHz	C_μ /pF	I_{CM} /mA	BU_{CEO} /V	P_{CM} /mW	
3AX31B	≤10	≤750	50～150	f_β≥8 kHz		125	≥18	125	PNP 合金型锗管，用于低频放大以及甲类和乙类功率放大电路
3AX81C	≤30	≤1000	30～250	f_β≥10 kHz		200	10	200	
3AG6E	≤10		30～250	≥100	≤3	10	≥10	50	PNP 合金扩散型锗管，用于高频放大以及振荡电路
3AG11	≤10			≥30	≤15	10	10	30	
3AD6A	≤400	≤2500	≥12	f_β≥2 kHz		2 A	18	10 W	PNP 合金扩散型锗管，用于低频功率放大
3AD18C	≤1000		≥15	f_β≥100 kHz		15 A	60		
3DG6C	≤0.01	≤0.01	20～200	≥250	≤3	20	20	100	NPN 外延平面型硅管，用于中频放大、高频放大以及振荡电路
3DG12C	≤1	≤10	20～200	≥300	≤15	300	30	700	
3DD1C	<15	<50	>12	f_α≥200 kHz		300	≥15	1 W	NPN 外延平面型硅管，用于低频功率放大
3DD8B	100		10～20			7.5 A	60	100 W（加散热板）	
3DA14C	≤10	≤50	≥20	≥200	≤30	1 A	45	5 W（加散热板）1 W（不加散热板）	NPN 外延平面型硅管，用于高频功率放大、振荡等电路
3DA28D	≤200	≤1000	≥20	≥50	≤40	1.5 A	90	10 W（加散热板）	
3CG1E	≤0.5	≤1	35	>80	≤10	35	50	350	PNP 平面型硅管，用于高频放大和振荡电路中
3CG2C	≤0.5	≤1	>20	>60	<15	60	20	600	

思考题和习题

1. 什么是本征半导体？什么是杂质半导体？各有什么特征？

2. N 型半导体是在本征半导体中掺入_____价元素，其多数载流子是_____，少数载流子是_____。

3. P 型半导体是在本征半导体中掺入_____价元素，其多数载流子是_____，少数载流子是_____。

4. 在室温附近，温度升高，杂质半导体中_____的浓度将明显增加。

5. 什么叫载流子的扩散运动、漂移运动？它们的大小主要与什么有关？

6. 在室温下，对于掺入相同数量杂质的 P 型半导体和 N 型半导体，其导电能力_____。（(a) 二者相同；(b) N 型导电能力强；(c) P 型导电能力强）

7. PN 结是如何形成的？在热平衡下，PN 结中有无净电流流过？

8. PN 结中扩散电流的方向是_____，漂移电流的方向是_____。

9. PN 结未加外部电压时，扩散电流_____漂移电流；加正向电压时，扩散电流_____漂移电流，其耗尽层_____；加反向电压时，扩散电流_____漂移电流，其耗尽层_____。

10. 什么是 PN 结的击穿现象？击穿有哪两种？击穿是否意味着 PN 结坏了？为什么？

11. 什么是 PN 结的电容效应？何谓势垒电容、扩散电容？PN 结正向运用时，主要考虑何种电容？反向运用时，主要考虑何种电容？

12. 二极管的直流电阻 R_D 和交流电阻 r_d 有何不同？如何在伏安特性上表示？

13. 二极管的伏安特性方程为

$$I_D = I_S(e^{\frac{U}{U_T}} - 1)$$

试推导二极管正向导通时的交流电阻

$$r_d = \frac{dU}{dI} = \frac{U_T}{I}$$

室温下 $U_T = 26$ mV，当正向电流为 1 mA、2 mA 时估算其电阻 r_d 的值。

14. 稳压二极管是利用二极管的_____特性进行稳压的。（(a) 正向导通；(b) 反向截止；(c) 反向击穿）

15. 二极管电路如图 1-41 所示，已知输入电压 $u_i = 30 \sin\omega t$ (V)，二极管的正向压降和反向电流均可忽略。试画出输出电压 u_o 的波形。

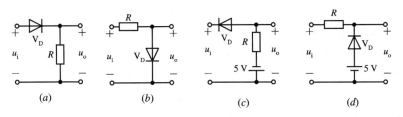

图 1-41　题 15 图

16. 电路如图 1-42 所示，$u_i = 5\sin\omega t$ （V），试画出输出电压 u_o 的波形。

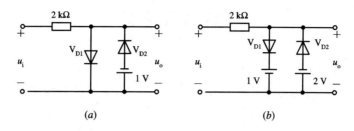

(a)　　　　　　　　　(b)

图 1-42　题 16 图

17. 由理想二极管组成的电路如图 1-43 所示，试确定各电路的输出电压 U_O。

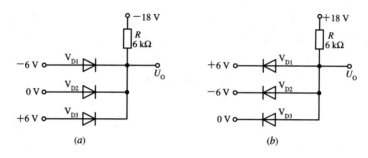

(a)　　　　　　　　　(b)

图 1-43　题 17 图

18. 为了使三极管能有效地起放大作用，要求三极管的发射区掺杂浓度____；基区宽度____；集电结结面积比发射结结面积____，其理由是什么？如果将三极管的集电极和发射极对调使用（即三极管反接），能否起放大作用？

19. 三极管工作在放大区时，发射结为____，集电结为____；工作在饱和区时，发射结为____，集电结为____；工作在截止区时，发射结为____，集电结为____。（(a) 正向偏置，(b) 反向偏置，(c) 零偏置）

20. 工作在放大区的某三极管，当 I_B 从 20 μA 增大到 40 μA 时，I_C 从 1 mA 变成 2 mA。它的 β 约为____。（50，100，200）

21. 工作在放大状态的三极管，流过发射结的电流主要是____，流过集电结的电流主要是____。（(a) 扩散电流，(b) 漂移电流）

22. 当温度升高时，三极管的 β____，反向饱和电流 I_{CBO}____，U_{BE}____。

23. 某三极管，其 $\alpha = 0.98$，当发射极电流为 2 mA 时，基极电流是多少？该管的 β 为多大？

另一只三极管，其 $\beta = 100$，当发射极电流为 5 mA 时，基极电流是多少？该管的 α 为多大？

24. 三极管的安全工作区受哪些极限参数的限制？使用时，如果超过某项极限参数，试分别说明将会产生什么结果。

25. 放大电路中两个三极管的两个电极电流如图 1-44 所示。

(1) 求另一个电极电流，并在图上标出实际方向。

(2) 判断它们各是 NPN 型还是 PNP 型管，标出 e、b、c 极。

(3) 估算它们的 β 和 α 值。

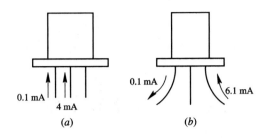

图 1 - 44 题 25 图

26. 放大电路中,测得几个三极管三个电极电压 U_1、U_2、U_3 分别为下列各组数值,判断它们是 NPN 型还是 PNP 型,是硅管还是锗管,并确定其 e、b、c 极。

(1) $U_1 = 3.3$ V, $U_2 = 2.6$ V, $U_3 = 15$ V。

(2) $U_1 = 3.2$ V, $U_2 = 3$ V, $U_3 = 15$ V。

(3) $U_1 = 6.5$ V, $U_2 = 14.3$ V, $U_3 = 15$ V。

(4) $U_1 = 8$ V, $U_2 = 14.8$ V, $U_3 = 15$ V。

27. 用万用表测量某些三极管的管压降得下列几组值,说明每个管子是 NPN 时工作在何种状态,是 PNP 时又工作在何种状态。

(1) $U_{BE} = 0.7$ V, $U_{CE} = 0.3$ V。

(2) $U_{BE} = 0.7$ V, $U_{CE} = 4$ V。

(3) $U_{BE} = 0$ V, $U_{CE} = 4$ V。

(4) $U_{BE} = -0.2$ V, $U_{CE} = -0.3$ V。

(5) $U_{BE} = -0.2$ V, $U_{CE} = -4$ V。

(6) $U_{BE} = 0$ V, $U_{CE} = -4$ V。

28. 电路如图 1 - 45 所示。已知三极管为硅管,$U_{BE} = 0.7$ V,$\beta = 50$,I_{CBO} 可不计。若希望 $I_C = 2$ mA,试求 (a) 图的 R_e 和 (b) 图的 R_b 值,并将二者进行比较。

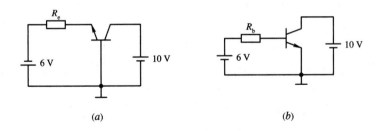

图 1 - 45 题 28 图

第二章

放大电路分析基础

实际中常常需要把一些微弱信号放大到便于测量和利用的程度。例如，从收音机天线接收到的无线电信号或者从传感器得到的信号，有时只有微伏或毫伏的数量级，必须经过放大才能驱动扬声器或者进行观察、记录和控制。

所谓放大，表面上是将信号的幅度由小增大，但是，放大的实质是能量转换，即由一个能量较小的输入信号控制直流电源，使之转换成交流能量输出，驱动负载。

2.1 放大电路工作原理

三极管是利用控制输入电流来控制输出电流，达到放大的目的。可利用三极管的上述特性来组成放大电路。三极管有三种基本接法，下面以共发射极接法为例，说明放大电路的工作原理。

2.1.1 放大电路的组成原理

基本共发射极电路如图 2 - 1 所示。图中，V 是 NPN 型三极管，是放大器件，是整个电路的核心器件。放大电路组成原则是：

（1）为保证三极管 V 工作在放大区，发射结必须正向运用；集电结必须反向运用。图中 R_b、U_{BB} 即保证 e 结正向运用；R_c、U_{CC} 保证 c 结反向运用。

（2）既然要放大信号，那么电路中应保证输入信号能加至三极管的 e 结，以控制三极管的电流。

（3）保证信号电压输送至负载 R_L。

图中 R_s 为信号源内阻；U_s 为信号源电压；U_i 为放大器输入信号。电容 C_1 为耦合电容，其作用是：使交流信号顺利通过加至放大器输入端，同时隔直流，使信号源与放大器无直流联系。C_1 一般选用容量大的电解电容，它是有极性的，使用时，它的正极与电路的直流正极相连，不能接反。C_2 的作用与 C_1 相似，使交流信号能顺利传送至负载 R_L，同时，使放大器与负载之间无直流联系。

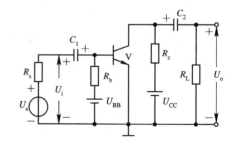

图 2 - 1 共发射极基本放大电路

判断一个电路是否具有放大能力，可按上述原则进行。

如用 PNP 三极管，则电源和电容 C_1、C_2 的极性均反向。

图 2-1 中使用两个电源 U_{BB} 和 U_{CC}，这给使用者带来不便，为此，采用单电源，将 R_b 接至 U_{CC} 即可，如图 2-2(a) 所示。习惯画法如图 2-2(b) 所示。

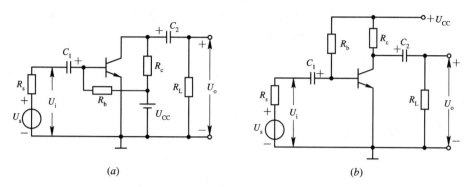

图 2-2　单电源共发射极放大电路

2.1.2　直流通路和交流通路

当输入信号为零时，电路只有直流电流；当考虑信号的放大时，应考虑电路的交流通路。所以在分析、计算具体放大电路前，应分清放大电路的交、直流通路。

由于放大电路中存在着电抗元件，因而直流通路和交流通路不相同。对于直流通路来说，电容视为开路，电感视为短路；对于交流通路，电容和电感应作为电抗元件处理，当其电抗与其所在回路的串联电阻相比，可忽略其作用时，电容一般按短路处理，电感按开路处理。

直流电源因为其两端电压值固定不变，内阻视为零，故在画交流通路时也按短路处理。

根据上述原则，图 2-2 电路的直流通路和交流通路可画成如图 2-3(a)、(b) 所示。

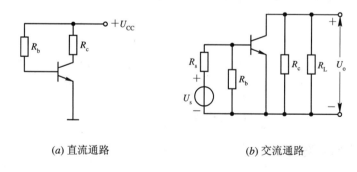

(a) 直流通路　　　　　　　　　(b) 交流通路

图 2-3　基本共 e 极电路的交、直流通路

放大电路的分析主要包含两个部分：

(1) 直流分析，又称为静态分析，用于求出电路的直流工作状态，即基极直流电流 I_B、集电极直流电流 I_C、集电极与发射极间直流电压 U_{CE}。

(2) 交流分析，又称动态分析，用来求出电压放大倍数、输入电阻和输出电阻三项性能指标。

2.2 放大电路的直流工作状态

放大电路的核心器件是具有放大能力的三极管，而三极管要保证工作在放大区，其 e 结应正向偏置，c 结应反向偏置，即要求对三极管设置一个正常的直流工作状态。如何计算出一个放大电路的直流工作状态，是本节讨论的主要问题。

直流工作点，又称为静态工作点，简称 Q 点。它可通过公式求出，也可通过作图的方法求出。

2.2.1 解析法确定静态工作点

根据放大电路的直流通路，可以估算出该放大电路的静态工作点。

由图 2 - 3(a) 所示，首先由基极回路求出静态时基极电流 I_{BQ}：

$$I_{BQ} = \frac{U_{CC} - U_{BE}}{R_b} \tag{2-1}$$

由于三极管导通时 U_{BE} 变化很小，可视其为常数。一般地，有

$$
\begin{array}{ll}
\text{硅管} & U_{BE}=0.6\sim0.8 \text{ V，取 } 0.7 \text{ V} \\
\text{锗管} & U_{BE}=0.1\sim0.3 \text{ V，取 } 0.2 \text{ V}
\end{array} \tag{2-2}
$$

当 U_{CC} 和 R_b 已知时，式(2 - 1)即可求出 I_{BQ}。

根据三极管各极电流关系，可求出静态工作点的集电极电流 I_{CQ}：

$$I_{CQ} = \beta I_{BQ} \tag{2-3}$$

再根据集电极输出回路可求出 U_{CEQ}

$$U_{CEQ} = U_{CC} - I_{CQ}R_c \tag{2-4}$$

至此，静态工作点的电流、电压都已估算出来。

【例1】 估算图 2 - 2 放大电路的静态工作点。设 $U_{CC}=12$ V，$R_c=3$ kΩ，$R_b=280$ kΩ，$\beta=50$，$U_{BE}=0.7$ V。

解 根据公式(2 - 1)、(2 - 3)、(2 - 4)得

$$I_{BQ} = \frac{12-0.7}{280 \times 10^3} \approx 0.040 \text{ mA} = 40 \ \mu\text{A}$$

$$I_{CQ} = 50 \times 0.04 = 2 \text{ mA}$$

$$U_{CEQ} = 12 - 2 \times 3 = 6 \text{ V}$$

2.2.2 图解法确定静态工作点

三极管电流、电压关系可用其输入特性曲线和输出特性曲线表示。可以在特性曲线上，直接用作图的方法来确定静态工作点。

将图 2 - 3(a) 直流通路改画成图 2 - 4(a)。由图 a、b 两端向左看，其 $i_C \sim u_{CE}$ 关系由三极管的输出特性曲线确定，如图 2 - 4(b) 所示。由图 a、b 两端向右看，其 $i_C \sim u_{CE}$ 关系由回路的电压方程表示：

$$u_{CE} = U_{CC} - i_C R_c$$

u_{CE} 与 i_C 是线性关系，只需确定两点即可：令 $i_C=0$，$u_{CE}=U_{CC}$，得 M 点；令 $u_{CE}=0$，$i_C=U_{CC}/R_c$，得 N 点。将 M、N 两点连接起来，即得一条直线，因为它反映了直流电流、电压与负载电阻 R_c 的关系，所以称为直流负载线，如图 $2-4(c)$ 所示。

由于在同一回路中只有一个 i_C 值和 u_{CE} 值，即 i_C、u_{CE} 既要满足图 $2-4(b)$ 所示的输出特性，又要满足图 $2-4(c)$ 所示的直流负载线，所以电路的直流工作状态必然是 $I_B=I_{BQ}$ 的特性曲线和直流负载线的交点。I_{BQ} 的值一般可通过式（2-1）直接求出。Q 点的确定如图 $2-4(d)$ 所示。

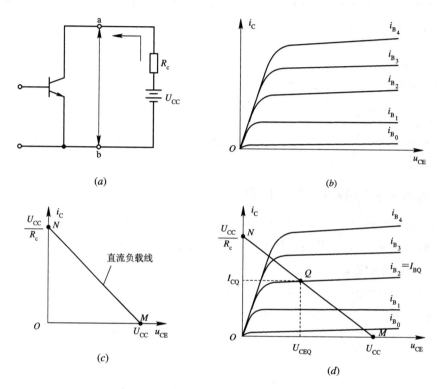

图 $2-4$ 静态工作点的图解法

由上可得出用图解法求 Q 点的步骤：

（1）在输出特性曲线所在坐标中，按直流负载线方程 $u_{CE}=U_{CC}-i_cR_c$，作出直流负载线。

（2）由基极回路求出 I_{BQ}。

（3）找出 $i_B=I_{BQ}$ 这一条输出特性曲线，与直流负载线的交点即为 Q 点。读出 Q 点坐标的电流、电压值即为所求。

【例2】 如图 $2-5(a)$ 所示电路，已知 $R_b=280\text{ k}\Omega$，$R_c=3\text{ k}\Omega$，$U_{CC}=12\text{ V}$，三极管的输出特性曲线如图 $2-5(b)$ 所示，试用图解法确定静态工作点。

解 首先写出直流负载方程，并作出直流负载线：
$$u_{CE}=U_{CC}-i_cR_c$$

$i_C=0$，$u_{CE}=U_{CC}=12\text{ V}$，得 M 点；$u_{CE}=0$，$i_C=\dfrac{U_{CC}}{R_c}=\dfrac{12}{3}=4\text{ mA}$，得 N 点。连接这两点，即得直流负载线。

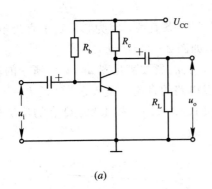

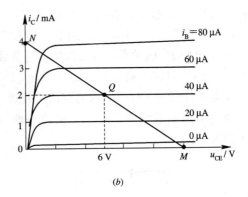

(a)　　　　　　　　　　　　　　(b)

图 2 - 5　例 2 电路图

然后，由基极输入回路计算 I_{BQ}

$$I_{BQ} = \frac{U_{CC} - U_{BE}}{R_b} = \frac{12 - 0.7}{280 \times 10^3} \approx 0.04 \text{ mA} = 40 \ \mu\text{A}$$

直流负载线与 $i_B = I_{BQ} = 40 \ \mu\text{A}$ 这条特性曲线的交点，即为 Q 点，如图 2 - 5(b)所示。从图上查出 $I_{BQ} = 40 \ \mu\text{A}$，$I_{CQ} = 2 \text{ mA}$，$U_{CEQ} = 6 \text{ V}$，与例 1 结果一致。

2.2.3　电路参数对静态工作点的影响

在后面将看到静态工作点的位置十分重要，而静态工作点与电路参数有关。下面将分析电路参数 R_b、R_c、U_{CC} 对静态工作点的影响，为调试电路给出理论指导。

1. R_b 对 Q 点的影响

为明确元件参数对 Q 点的影响，当讨论 R_b 的影响时，固定 R_c 和 U_{CC}。

R_b 变化，仅对 I_{BQ} 有影响，而对负载线无影响。如 R_b 增大，I_{BQ} 减小，工作点沿直流负载线下移；如 R_b 减小，I_{BQ} 增大，则工作点将沿直流负载线上移，如图 2 - 6(a)所示。

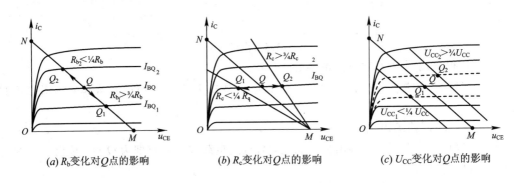

$(a)\ R_b$变化对Q点的影响　　　$(b)\ R_c$变化对Q点的影响　　　$(c)\ U_{CC}$变化对Q点的影响

图 2 - 6　电路参数对 Q 点的影响

2. R_c 对 Q 点的影响

R_c 的变化，仅改变直流负载线的 N 点，即仅改变直流负载线的斜率。

R_c 减小，N 点上升，直流负载线变陡，工作点沿 $i_B = I_{BQ}$ 这条特性曲线右移。

R_c 增大，N 点下降，直流负载线变平坦，工作点沿 $i_B = I_{BQ}$ 这条特性曲线向左移。如图 2 - 6(b)所示。

3. U_{CC} 对 Q 点的影响

U_{CC} 的变化不仅影响 I_{BQ}，还影响直流负载线，因此，U_{CC} 对 Q 点的影响较复杂。

U_{CC} 上升，I_{BQ} 增大，同时直流负载线 M 点和 N 点同时增大，故直流负载线平行上移，所以工作点向右上方移动。

U_{CC} 下降，I_{BQ} 下降，同时直流负载线平行下移，所以工作点向左下方移动，如图 2 - 6 (c)所示。

实际调试中，主要通过改变电阻 R_b 来改变静态工作点，而很少通过改变 U_{CC} 来改变工作点。

2.3 放大电路的动态分析

这一节主要讨论当输入端加进信号 u_i 时，电路的工作情况。由于加进了输入信号，输入电流 i_B 不会静止不动，而是变化的，这样三极管的工作状态将来回移动，故又将加进输入交流信号时的状态称为动态。

2.3.1 图解法分析动态特性

通过图解法，将画出对应输入波形时的输出电流和输出电压波形。

由于交流信号的加入，此时应按交流通路来考虑。如图 2 - 3(b)所示，交流负载 $R_L' = R_c // R_L$。在信号作用下，三极管的工作状态的移动不再沿着直流负载线，而是按交流负载线移动。因此，分析交流信号前，应先画出交流负载线。

1. 交流负载线的作法

交流负载线具有如下两个特点：

（1）交流负载线必通过静态工作点，因为当输入信号 u_i 的瞬时值为零时，如忽略电容 C_1 和 C_2 的影响，则电路状态和静态时相同。

（2）另一特点是交流负载线的斜率由 R_L' 表示。

因此，按上述两特点，可作出交流负载线，即过 Q 点，作一条 $\Delta U / \Delta I = R_L'$ 的直线，就是交流负载线。

具体作法如下：

首先作一条 $\Delta U / \Delta I = R_L'$ 的辅助线（此线有无数条），然后过 Q 点作一条平行于辅助线的线即为交流负载线，如图 2 - 7 所示。

由于 $R_L' = R_c // R_L$，因而 $R_L' < R_c$，故一般情况下交流负载线比直流负载线陡。

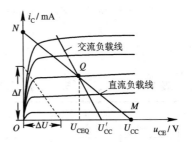

图 2 - 7 交流负载线的画法

交流负载线也可以通过求出在 u_{CE} 坐标的截距，再与 Q 点相连来得到。由图 2 - 7 可看出

$$U_{CC}' = U_{CEQ} + I_{CQ} R_L' \qquad (2 - 5)$$

连接 Q 点和 u_{CE} 轴上与 U_{CC}' 值的对应点即为交流负载线。

【例 3】 作出图 2 - 5(a)的交流负载线。已知特性曲线如图 2 - 5(b)所示，$U_{CC} = 12 V$，

$R_c = 3$ kΩ，$R_L = 3$ kΩ，$R_b = 280$ kΩ。

解 首先作出直流负载线，求出 Q 点，如例 2 所示。为方便将图 2-5(b)重画于图 2-8。

显然 $$R_L' = R_c /\!/ R_L = 1.5 \text{ kΩ}$$

作一条辅助线，使其

$$\frac{\Delta U}{\Delta I} = R_L' = 1.5 \text{ kΩ}$$

取 $\Delta U = 6$ V、$\Delta I = 4$ mA，连接该两点即为交流负载线的辅助线，过 Q 点作辅助线的平行线，即为交流负载线。可以看出 $U_{CC}' = 9$ V，与按 $U_{CC}' = U_{CEQ} + I_C R_L' = 6 + 2 \times 1.5 = 9$ V 的计算结果相一致。

2. 交流波形的画法

为便于理解，代入具体的数值进行分析。仍以例 3 为例，设输入的交流信号电压为 $u_i = U_{im} \sin\omega t$，则基极电流将在 I_{BQ} 上叠加进 i_b，即 $i_B = I_{BQ} + I_{bm} \sin\omega t$，如电路使 $I_{bm} = 20$ μA，则

$$i_B = 40 + 20 \sin\omega t \ (\mu A)$$

从图 2-8 可读出相应的集电极电流 i_C 和电压 u_{CE} 值，列于表 2-1，画出波形，如图 2-9 所示。

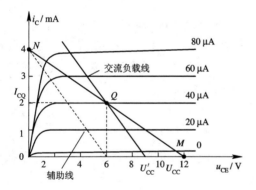

图 2-8 例 3 中交流负载线的画法

表 **2-1** i_C、u_{CE} 与 i_B、ωt 参数对应值

ωt	$0\,\pi$	$\frac{1}{2}\pi$	π	$\frac{3}{2}\pi$	2π
$i_B/\mu A$	40	60	40	20	40
i_C/mA	2	3	2	1	2
u_{CE}/V	6	4.5	6	7.5	6

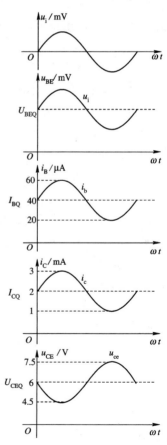

图 2-9 基极、集电极电流和电压波形

由以上可看出，在放大电路中，三极管的输入电压 u_{BE}、电流 i_B，输出端的电压 u_{CE}、电流 i_C 均含直流和交流成分。交流是由信号 u_i 引起的，是我们感兴趣的部分。直流成分是保证三极管工作在放大区不可少的。在输入端，直流成分叠加交流成分，然后进行放大；在输出端，用电容将直流隔掉，取出经放大后的交流成分。它们的关系式为

$$u_{BE} = U_{BEQ} + u_{be} = U_{BEQ} + U_{bem} \sin\omega t$$
$$i_B = I_{BQ} + i_b = I_{BQ} + I_{bm} \sin\omega t$$
$$i_C = I_{CQ} + i_c = I_{CQ} + I_{cm} \sin\omega t$$
$$u_{CE} = U_{CEQ} + u_{ce} = U_{CEQ} - U_{cem} \sin\omega t$$

由图 2-9 可看出，基极、集电极电流和电压的交流成分保持一定的相位关系。i_c、i_b 和 u_{be} 三者相位相同；u_{ce} 与它们相位相反，即输出电压与输入电压相位是相反的，这是共 e 极放大电路的特征之一。

2.3.2 放大电路的非线性失真

作为对放大电路的要求，应使输出电压尽可能的大，但这将受到三极管非线性的限制。当信号过大或者工作点选择不合适时，输出电压波形将产生失真。由于是三极管非线性引起的失真，因而称为非线性失真。

图解法可以在特性曲线上清楚地观察到波形的失真情况。

1. 由三极管特性曲线非线性引起的失真

这种失真主要表现在输入特性的起始弯曲部分，输出特性间距不匀，当输入信号又比较大时，将使 i_b、u_{ce} 和 i_c 正负半周不对称，即产生了非线性失真，如图 2-10 所示。

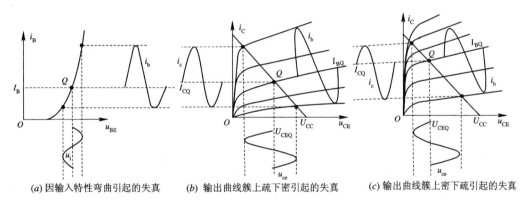

(a) 因输入特性弯曲引起的失真　　(b) 输出曲线簇上疏下密引起的失真　　(c) 输出曲线簇上密下疏引起的失真

图 2-10　三极管特性的非线性引起的失真

2. 工作点不合适引起的失真

当工作点设置过低，在输入信号的负半周，工作状态进入截止区，因而引起 i_B、i_C 和 u_{CE} 的波形失真，这称为截止失真。由图 2-11(a) 可以看出，对于 NPN 三极管共 e 极放大电路，对应截止失真，输出电压 u_{CE} 的波形出现顶部失真。

如果工作点设置过高，则在输入信号的正半周，三极管工作状态会进入饱和区，此时，i_B 继续增大而 i_C 不再随之增大，因此引起 i_C 和 u_{CE} 的波形失真，这称为饱和失真。由图 2-11(b) 可看出，对于 NPN 三极管共 e 极放大电路，当产生饱和失真时，输出电压 u_{CE} 的波形出现底部失真。

如放大电路用 PNP 三极管共 e 极放大电路，失真波形正好相反。截止失真，u_{CE} 是底

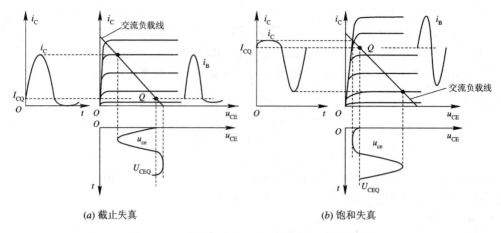

(a) 截止失真   (b) 饱和失真

图 2 - 11   静态工作点不合适产生的非线性失真

可查看单管放大电路仿真   可查看 PNP 单管放大电路仿真

部失真；饱和失真，u_{CE} 是顶部失真。

正是由于上述原因，放大电路存在最大不失真输出电压幅值 U_{max} 或峰－峰值 U_{p-p}。

最大不失真输出电压是指：在工作状态已定的前提下，逐渐增大输入信号，三极管尚未进入截止或饱和时，输出所能获得的最大不失真输出电压。如 u_i 增大首先进入饱和区，则最大不失真输出电压受饱和区限制，$U_{cem}=U_{CEQ}-U_{ces}$；如首先进入截止区，则最大不失真输出电压受截止区限制，$U_{cem}=I_{CQ} \cdot R_L'$。最大不失真输出电压值选取其中小的一个。如图 2 - 12 所示，$I_{CQ}R_L' < (U_{CEQ}-U_{ces})$，所以 $U_{cem}=I_{CQ} \cdot R_L'$。

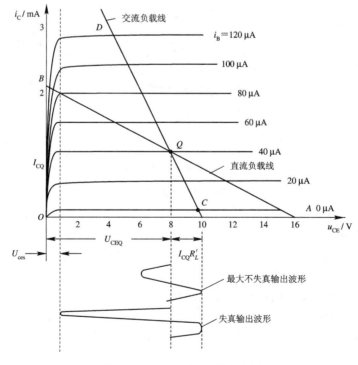

图 2 - 12   最大不失真输出电压

关于图解法分析动态特性的步骤可归纳如下：

(1) 首先作出直流负载线，求出静态工作点 Q。

(2) 作出交流负载线。根据要求从交流负载线可画出输出电流、电压波形，或求出最大不失真输出电压值。

用图解法进行动态分析，直观地反映了输入电流与输出电流、电压的波形关系。形象地反映了因工作点不合适而引起的非线性失真。但它对交流特性的分析，如对电压放大倍数、输入电阻、输出电阻的计算，有的十分麻烦，有的根本就无能为力。所以图解法主要用来分析信号的非线性失真和大信号工作状态(其它方法不能用)。而交流特性的分析多采用微变等效电路法。

2.3.3 微变等效电路法

微变等效电路法的基本思想是，当输入信号变化的范围很小(微变)时，可以认为三极管电压、电流变化量之间的关系基本上是线性的。即在一个很小的范围内，输入特性、输出特性均可近似地看做是一段直线。因此，就可给三极管建立一个小信号的线性模型，这就是微变等效电路。利用微变等效电路，可以将含有非线性元件(三极管)的放大电路转化成为我们熟悉的线性电路，然后，就可利用电路分析课程中学习的有关方法来求解。

1. 物理等效电路

对于三极管的微变等效电路，可从电路知识引入 h 参数微变等效电路。下面从管子工作原理直接得出简化微变等效电路。

电路如图 $2-13(a)$ 所示。对信号而言三极管发射结是信号源的负载，它向信号索取电流 I_b，如在信号源间接入电阻 r_{be}，如图 $2-13(b)$ 所示，此时信号源也向 r_{be} 提供电流 I_b，则称 r_{be} 是三极管 b e 间的等效电阻，即三极管 b e 间可用电阻 r_{be} 等效；根据三极管输出特性，只要三极管工作在放大区，三极管就可视为电流源，输出电流 $I_c \approx \beta I_b$，它是一个受控电流源，其大小和方向均受基极电流 I_b 的控制。故三极管 c e 间可用受控电流源 βI_b 等效，如图 $2-14$ 所示。

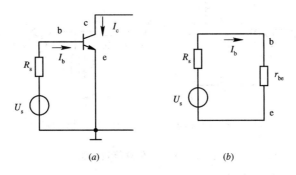

(a) (b)

图 $2-13$　三极管电路及其 b e 间等效电路

综合上述结论，三极管的微变等效电路可用图 $2-15$ 所示。该等效电路称为三极管的简化微变等效电路，因为它没有考虑 c e 间的电压变化引起的基区宽度变化，从而使基极电流 I_b 变化(有时称此为基区宽变效应)。由于该影响较小，一般情况下均将此影响忽略。而 c e 间的等效电路中，没有考虑电阻 r_{ce}，由于其数值较大，一般在数十千欧到数百千欧，

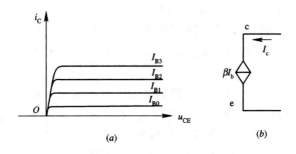

(a)　　　　　　　　　　(b)

图 2 - 14　三极管输出特性及 c e 间等效电路

远大于负载电阻，其影响也很小，故也将此影响忽略。在放大电路指标分析和计算中，一般均采用简化等效电路。

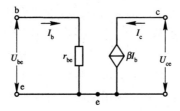

图 2 - 15　三极管的简化等效电路

　　r_{be}如何计算呢？画出三极管内部结构示意图，如图 2 - 16(a)所示，基极与发射极之间由三部分电阻组成：基区体电阻$r_{bb'}$，对于低频小功率管，$r_{bb'}$约为 300 Ω，对于高频小功率管，$r_{bb'}$约为几十～100 Ω；$r_e{'}$为发射区体电阻，由于重掺杂，故$r_e{'}$很小，一般可忽略；r_e为发射结电阻。基极和集电极之间，r_c为集电结电阻，$r_c{'}$为集电区体电阻，βI_b是受控电流源。一般由于集电结反向运用，r_c很大，可视为开路，则输入等效电路如图 2 - 16(b)所示。

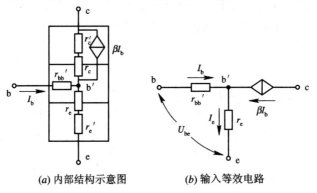

(a) 内部结构示意图　　　　(b) 输入等效电路

图 2 - 16　r_{be}估算等效电路

　　分析输入等效电路可以写出

$$U_{be} = I_b r_{bb'} + I_e r_e$$

又

$$I_e = (1+\beta)I_b$$

则

$$U_{be} = I_b r_{bb'} + (1+\beta)I_b r_e = I_b[r_{bb'} + (1+\beta)r_e]$$

故

$$r_{be} = \frac{U_{be}}{I_b} = r_{bb'} + (1+\beta)r_e \qquad (2-6)$$

其中，发射结动态电阻 r_e 可由公式(1-5)求出，即

$$r_e = \frac{26(mV)}{I_{EQ}(mA)} = \frac{26}{I_{EQ}} \ (\Omega)$$

所以

$$r_{be} = r_{bb'} + (1+\beta)\frac{26}{I_{EQ}} \ (\Omega) \quad (I_{EQ} \ \text{单位取 mA})$$

* 2. 三极管的 h 参数微变等效电路

三极管处于共 e 极状态时，输入回路和输出回路各变量之间的关系由以下形式表示：

输入特性： $\quad u_{BE} = f(i_B, u_{CE})$ \qquad (2-7)

输出特性： $\quad i_C = f(i_B, u_{CE})$ \qquad (2-8)

式中 i_B、i_C、u_{BE}、u_{CE} 代表各电量的总瞬时值，为直流分量和交流瞬时值之和，即

$$i_B = I_{BQ} + i_b, \quad u_{BE} = U_{BEQ} + u_{be}, \quad i_C = I_{CQ} + i_c, \quad u_{CE} = U_{CEQ} + u_{ce}$$

用全微分形式表示 u_{BE} 和 i_C，则有

$$du_{BE} = \frac{\partial u_{BE}}{\partial i_B}\bigg|_{U_{CEQ}} di_B + \frac{\partial u_{BE}}{\partial u_{CE}}\bigg|_{I_{BQ}} du_{CE} \qquad (2-9)$$

$$di_C = \frac{\partial i_C}{\partial i_B}\bigg|_{U_{CEQ}} di_B + \frac{\partial i_C}{\partial u_{CE}}\bigg|_{I_{BQ}} du_{CE} \qquad (2-10)$$

令

$$\frac{\partial u_{BE}}{\partial i_B}\bigg|_{U_{CEQ}} = h_{11} \qquad (2-11)$$

$$\frac{\partial u_{BE}}{\partial u_{CE}}\bigg|_{I_{BQ}} = h_{12} \qquad (2-12)$$

$$\frac{\partial i_C}{\partial i_B}\bigg|_{U_{CEQ}} = h_{21} \qquad (2-13)$$

$$\frac{\partial i_C}{\partial u_{CE}}\bigg|_{I_{BQ}} = h_{22} \qquad (2-14)$$

则式(2-9)和式(2-10)可写成

$$du_{BE} = h_{11} di_B + h_{12} du_{CE} \qquad (2-15)$$

$$di_C = h_{21} di_B + h_{22} du_{CE} \qquad (2-16)$$

前已指出 $i_B = I_{BQ} + i_b$，而 di_B 代表其变化量，故 $di_B = i_b$。同理 $du_{BE} = u_{be}$，$di_C = i_c$，$du_{CE} = u_{ce}$。当输入为正弦量并用有效值表示时，则式(2-15) 和式(2-16)可改写成

$$U_{be} = h_{11} I_b + h_{12} U_{ce} \qquad (2-17)$$

$$I_c = h_{21} I_b + h_{22} U_{ce} \qquad (2-18)$$

根据式(2-17)、式(2-18)可画出三极管的微变等效电路，如图 2-17 所示。

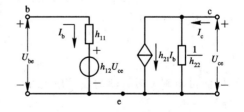

图 2-17 完整的 h 参数等效电路

*3. h 参数的意义和求法

三极管输出交流短路时的输入电阻（也可写成 h_{ie}）

$$h_{11} = \frac{\partial u_{BE}}{\partial i_B}\bigg|_{U_{CEQ}} = \frac{\Delta u_{BE}}{\Delta i_B}\bigg|_{U_{CEQ}}$$

三极管输入交流开路时的电压反馈系数（也可写成 h_{re}）

$$h_{12} = \frac{\partial u_{BE}}{\partial u_{CE}}\bigg|_{I_{BQ}} = \frac{\Delta u_{BE}}{\Delta u_{CE}}\bigg|_{I_{BQ}}$$

三极管输出交流短路时的电流放大系数（也可写成 h_{fe}）

$$h_{21} = \frac{\partial i_C}{\partial i_B}\bigg|_{U_{CEQ}} = \frac{\Delta i_C}{\Delta i_B}\bigg|_{U_{CEQ}}$$

三极管输入交流开路时的输出导纳（也可写成 h_{oe}）

$$h_{22} = \frac{\partial i_C}{\partial u_{CE}}\bigg|_{I_{BQ}} = \frac{\Delta i_C}{\Delta u_{CE}}\bigg|_{I_{BQ}}$$

上述四个 h 参数均可从特性曲线上求出，如图 2-18 所示。

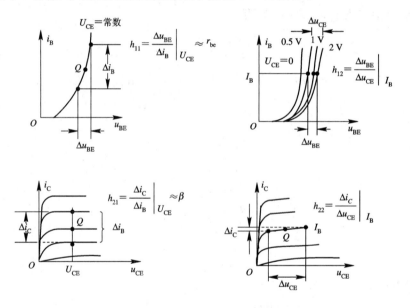

图 2-18 从特性曲线上求出 h 参数

由于 h_{12}、h_{22} 是 u_{CE} 变化通过基区宽度变化对 i_C 及 u_{BE} 的影响，一般这个影响很小，所以可忽略不计。这样式(2-17)、式(2-18)又可简化为

$$U_{be} = h_{11} I_b \tag{2-19}$$

$$I_c = h_{21} I_b \tag{2-20}$$

这样便可得到三极管的简化等效电路，且令 $r_{be} = h_{11}$，$\beta = h_{21}$，并用有效值代替各变化量，如图 2-15 所示。

2.3.4 三种基本组态放大电路的分析

微变等效电路主要用于对放大电路动态特性的分析。三极管有三种接法，故放大电路也有三种基本组态，各种实际放大电路都是这三种基本放大电路的变形及组合。

一个放大电路的性能怎样，是通过性能指标来描述的。

1. 放大电路的性能指标

放大器的性能指标有许多种，这里仅介绍几个反映放大器性能的基本性能指标。

(1) 电压放大倍数 A_u。电压放大倍数是衡量放大电路电压放大能力的指标。它定义为输出电压的幅值或有效值与输入电压幅值或有效值之比。有时也用增益（对数形式）表示放大能力。

$$A_u = \frac{U_o}{U_i} \qquad (2-21)$$

此外，为表示信号源内阻 R_s 对放大倍数的影响，有时亦定义源电压放大倍数

$$A_{us} = \frac{U_o}{U_s} \qquad (2-22)$$

它表示输出电压与信号源电压幅值或有效值之比。显然，当信号源内阻 $R_s = 0$ 时，$A_{us} = A_u$。A_{us} 就是考虑了信号源内阻 R_s 影响时的电压放大倍数。

(2) 电流放大倍数 A_i。A_i 定义为输出电流 I_o 与输入电流 I_i 幅值或有效值之比，即

$$A_i = \frac{I_o}{I_i} \qquad (2-23)$$

A_i 越大表明电流放大能力越好。

(3) 功率放大倍数 A_p。A_p 定义为输出功率与输入功率之比，即

$$A_p = \frac{P_o}{P_i} = \frac{|U_o I_o|}{|U_i I_i|} = |A_u A_i| \qquad (2-24)$$

(4) 输入电阻 r_i。放大电路由信号源提供输入信号，当放大电路与信号源相连时，就要从信号源索取电流。索取电流的大小表明了放大电路对信号源的影响程度，所以定义输入电阻来衡量放大电路对信号源的影响。当信号频率不高时，电抗效应不考虑，则

$$r_i = \frac{U_i}{I_i} \qquad (2-25)$$

对于多级放大电路，本级的输入电阻又构成前级的负载，表明了本级对前级的影响。对输入电阻的要求视具体情况而不同。进行电压放大时，希望输入电阻要高；进行电流放大时，又希望输入电阻要低；有的时候又要求阻抗匹配，希望输入电阻为某一特殊数值，如 $50\ \Omega$、$75\ \Omega$、$300\ \Omega$ 等。

(5) 输出电阻 r_o。从输出端看进去的放大电路的等效电阻，称为输出电阻 r_o。由微变等效电路求 r_o 的方法，一般是将输入信号源 U_s 短路（电流源开路），注意应保留信号源内阻 R_s，然后在输出端外接一电压源 U_2，并计算出该电压源供给的电流 I_2，则输出电阻由下式算出：

$$r_o = \frac{U_2}{I_2} \qquad (2-26)$$

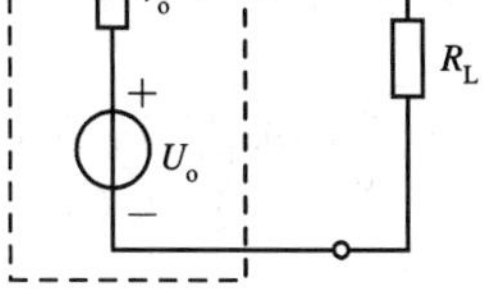

图 2-19　r_o 测量原理图

输出电阻高低表明了放大器所能带动负载的能力。r_o 越小表明带负载能力越强。

实际中，也可通过实验方法测得 r_o，测量原理图如图 2-19 所示，测量步骤如下：

第一步　令 $R_L \rightarrow \infty$，测出放大器开路电压 U_o。

第二步 接入 R_L，测得相应电压为 $U_o{}'$。而

$$U_o{}' = \frac{U_o}{r_o + R_L} R_L$$

$$U_o{}'(r_o + R_L) = U_o R_L$$

$$r_o = \left(\frac{U_o}{U_o{}'} - 1\right) R_L \tag{2-27}$$

下面我们用微变等效电路计算放大电路的 A_u、r_i、r_o。

2. 共 e 极放大电路

电路如图 $2-20(a)$ 所示，画出其微变等效电路如图 $2-20(b)$ 所示。画微变等效电路时，把电容 C_1、C_2 和直流电源 U_{CC} 视为短路。

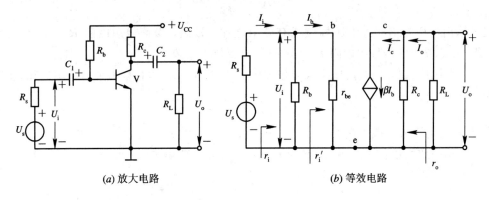

(a) 放大电路   (b) 等效电路

图 $2-20$ 共 e 极放大电路及其微变等效电路

(1) 电压放大倍数 $A_u = \dfrac{U_o}{U_i}$：

由图 $2-20(b)$ 等效电路得

$$U_o = -\beta I_b R_L'$$

式中 $R_L' = R_c /\!/ R_L$。从输入回路得

$$U_i = I_b r_{be}$$

故

$$A_u = -\frac{\beta R_L'}{r_{be}} \tag{2-28}$$

讨论：

① 负号表示共 e 极放大电路，集电极输出电压与基极输入电压相位相反。

② 放大倍数与 β 和静态工作点的关系：当工作点较低时，$r_{be} = r_{bb}' + (1+\beta)\dfrac{26}{I_{EQ}} \approx (1+\beta)\dfrac{26}{I_{EQ}}$，且 $\beta \gg 1$，所以，$r_{be} \approx \beta \dfrac{26}{I_{EQ}}$，代入公式 $(2-28)$ 得

$$A_u \approx -\frac{I_{EQ}}{26} R_L'$$

电压放大倍数与 β 无关，而与静态工作点的电流 I_{EQ} 呈线性关系。增加 I_{EQ}，A_u 将增大。

当工作点很高时，如果满足 $r_{bb'} \gg (1+\beta)\dfrac{26}{I_{EQ}}$，则

$$A_u = -\frac{\beta R'_L}{r_{bb'}}$$

电压放大倍数与 β 呈线性关系，选 β 大的管子，A_u 线性增大。

当工作点在上述二者之间时，A_u 与 β 关系较复杂，因 β 上升，公式(2-28)分子、分母均增加，故对 A_u 影响不明显，使 A_u 略上升；A_u 与 I_{EQ} 的关系是：因为 I_{EQ} 增大，分子不变，分母下降，所以 A_u 上升但不是线性关系。

(2) 电流放大倍数 $A_i = \dfrac{I_o}{I_i}$：

由等效电路 2-20(b)可得 $I_i = \dfrac{r_{be}+R_b}{R_b}I_b \approx I_b$，流过负载 R_L 的电流为 I_o，则

$$I_o = I_c \frac{R_c}{R_c+R_L} = \beta I_b \frac{R_c}{R_c+R_L}$$

所以

$$A_i = \frac{I_o}{I_i} \approx \beta \frac{R_c}{R_c+R_L} \tag{2-29}$$

(3) 输入电阻 r_i：

由图 2-20(b)可直接看出 $r_i = R_b /\!/ r_i'$，式中

$$r_i' = \frac{U_i}{I_b}$$

由于 $U_i = I_b r_{be}$，因而 $r_i' = r_{be}$。当 $R_b \gg r_{be}$ 时，则

$$r_i = R_b /\!/ r_{be} \approx r_{be} \tag{2-30}$$

(4) 输出电阻 r_o：

由于当 $U_s = 0$，并用 U_2 取代 R_L 后 $I_b = 0$，从而受控源 $\beta I_b = 0$，因此可直接得出 $r_o = R_c$。

注意：因 r_o 常用来考虑带负载 R_L 的能力，故求 r_o 时不应含 R_L，应将其断开。

(5) 源电压放大倍数 $A_{us} = \dfrac{U_o}{U_s}$：

由图 2-20 可得

$$A_{us} = \frac{U_o}{U_s} = \frac{U_i}{U_s} \cdot \frac{U_o}{U_i} = \frac{U_i}{U_s}A_u$$

而

$$\frac{U_i}{U_s} = \frac{r_i}{R_s+r_i}$$

故

$$A_{us} = \frac{r_i}{R_s+r_i}A_u \tag{2-31}$$

显然考虑信号源内阻 R_s 时，放大倍数将下降。

3. 共 c 极放大电路

电路如图 2-21(a)所示，信号从基极输入，射极输出，故又称为射极输出器。图 2-21(b)为其微变等效电路。

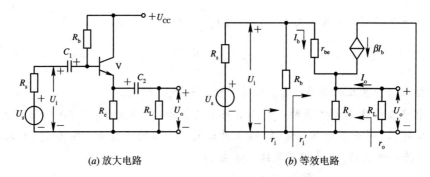

(a) 放大电路　　　　(b) 等效电路

图 2 - 21　共 c 极放大电路及其微变等效电路

可查看射级输出器仿真

(1) 电压放大倍数 $A_u = \dfrac{U_o}{U_i}$：

$$U_o = (1 + \beta) I_b R_e{}'$$

式中　　　　　　　　　$$R_e{}' = R_e \,/\!/\, R_L$$

而　　　　　　　　　$$U_i = I_b r_{be} + (1 + \beta) R_e{}' \cdot I_b$$

则　　　　　　　$$A_u = \frac{U_o}{U_i} = \frac{(1 + \beta) R_e{}'}{r_{be} + (1 + \beta) R_e{}'} \qquad (2 - 32)$$

通常　　　　　　　　　$$(1 + \beta) R_e{}' \gg r_{be}$$

所以 $A_u < 1$ 且 $A_u \approx 1$，即共 c 极放大电路的电压放大倍数小于 1 而接近于 1，且共 c 极放大电路基极输入电压与集电极输出电压相位相同，故又称为射极跟随器。

(2) 电流放大倍数 $A_i = \dfrac{I_o}{I_i}$：

流过负载 R_L 的电流为 I_o，则

$$I_o = - I_e \frac{R_e}{R_e + R_L} = - (1 + \beta) I_b \frac{R_e}{R_e + R_L}, \qquad I_i \approx I_b$$

所以　　　　　$$A_i = \frac{I_o}{I_i} \approx - (1 + \beta) \frac{R_e}{R_e + R_L} \qquad (2 - 33)$$

(3) 输入电阻 r_i：

$$r_i = R_b \,/\!/\, r_i{}'$$

因　　　　　　$$r_i{}' = \frac{U_i}{I_b} = r_{be} + (1 + \beta) R_e{}'$$

故　　　　　$$r_i = R_b \,/\!/\, [r_{be} + (1 + \beta) R_e{}'] \qquad (2 - 34)$$

共 c 极放大电路输入电阻高，这是共 c 极电路的特点之一。

(4) 输出电阻 r_o：

按输出电阻计算方法，信号源 U_s 短路，在输出端加入 U_2，求出电流 I_2，则

$$r_o = \frac{U_2}{I_2}$$

其等效电路如图 2 - 22 所示。由图可得

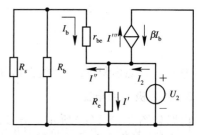

图 2 - 22　求 r_o 等效电路

$$I_2 = I' + I'' + I'''$$

$$I' = \frac{U_2}{R_e}$$

$$I'' = \frac{U_2}{R_s' + r_{be}} = -I_b$$

式中 $R_s' = R_s /\!/ R_b$。

$$I''' = -\beta I_b = \frac{\beta U_2}{R_s' + r_{be}}$$

则

$$I_2 = \frac{U_2}{R_e} + \frac{(1+\beta)U_2}{R_s' + r_{be}}$$

$$r_o = \frac{U_2}{I_2} = R_e /\!/ \frac{R_s' + r_{be}}{1+\beta} \qquad (2-35)$$

r_o 是一个很小的值。输出电阻小，这是共 c 极电路的又一特点。

综上所述，共 c 极放大电路是一个具有高输入电阻、低输出电阻、电压增益近似为 1 的放大电路。所以共 c 极放大电路可用来作输入级、输出级，也可作为缓冲级，用来隔离它前后两级之间的相互影响。必须指出，由公式(2-34)、(2-35)可见，负载电阻 R_L 对输入电阻 r_i 有影响；信号源内阻 R_s 对输出电阻 r_o 有影响。在组成多级放大电路时，应注意上述关系。

4. 共 b 极放大电路

共 b 极放大电路如图 2-23(a)所示，其微变等效电路如图 2-23(b)所示。

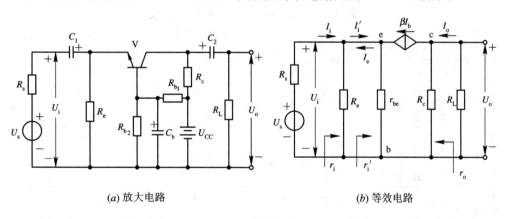

(a) 放大电路　　　　　　　　　　　　(b) 等效电路

图 2-23　共 b 极放大电路及其微变等效电路

可查看共基极放大器仿真

共 b 极放大电路中，输入信号从发射极输入，输出信号从集电极输出。

（1）电压放大倍数 $A_u = \dfrac{U_o}{U_i}$：

$$U_o = -\beta I_b R_L', \qquad R_L' = R_c /\!/ R_L, \qquad U_i = -I_b \cdot r_{be}$$

故

$$A_u = \frac{\beta R_L'}{r_{be}} \qquad (2-36)$$

其大小与共 e 极放大电路相同，但集电极输出电压相位与发射极输入电压相位是一致的。

（2）输入电阻 r_i：

$$r_i = R_e \mathbin{/\mkern-4mu/} r_i', \quad r_i' = \frac{U_i}{I_i'}$$

$$U_i = -I_b r_{be}, \quad I_i' = -I_e = -(1+\beta)I_b$$

所以

$$r_i' = \frac{r_{be}}{1+\beta}$$

$$r_i = R_e \mathbin{/\mkern-4mu/} \frac{r_{be}}{1+\beta} \approx \frac{r_{be}}{1+\beta} \tag{2-37}$$

与共 e 极放大电路相比，其输入电阻减小到 $r_{be}/(1+\beta)$。

（3）输出电阻 r_o：

当 $U_s=0$ 并用 U_2 取代 R_L 后，$I_b=0$，$\beta I_b=0$，故

$$r_o = R_c \tag{2-38}$$

（4）电流放大倍数 $A_i = \dfrac{I_o}{I_i}$：

流过负载 R_L 的电流为 I_o，则

$$I_o = I_c \frac{R_c}{R_c+R_L} = I_b \frac{R_c}{R_c+R_L}, \quad I_i \approx -I_e$$

所以

$$A_i = \frac{I_o}{I_i} \approx -\alpha \frac{R_c}{R_c+R_L} \tag{2-39}$$

将上述三种基本放大电路列表进行比较，如表 2-2 所示。

表 2-2　三种基本放大电路的比较

（设 $\beta=50$，$r_{be}=1.1\ \text{k}\Omega$，$r_{ce}=\infty$，$R_c=3\ \text{k}\Omega$，$R_e=3\ \text{k}\Omega$，$R_s=3\ \text{k}\Omega$，$R_L=3\ \text{k}\Omega$）

性能指标		共 射 极	共 集 极	共 基 极
A_i	表达式	$\beta\dfrac{R_c}{R_c+R_L}$	$-(1+\beta)\dfrac{R_e}{R_e+R_L}$	$-\alpha\dfrac{R_c}{R_c+R_L}$
	数　值	25	-25.5	-0.49
A_u	表达式	$-\dfrac{\beta R_L'}{r_{be}}$	$\dfrac{(1+\beta)R_e'}{r_{be}+(1+\beta)R_e'}$	$\dfrac{\beta R_L'}{r_{be}}$
	数　值	-68	0.986	68
r_i	表达式	$r_{be}\mathbin{/\mkern-4mu/}R_b$	$(r_{be}+(1+\beta)R_e')\mathbin{/\mkern-4mu/}R_b$	$\dfrac{r_{be}}{1+\beta}\mathbin{/\mkern-4mu/}R_e$
	数　值	$1.1\ \text{k}\Omega$	$77.6\ \text{k}\Omega$	$21.6\ \Omega$
r_o	表达式	R_c	$\dfrac{r_{be}+R_s}{1+\beta}\mathbin{/\mkern-4mu/}R_e$	R_c
	数　值	$3\ \text{k}\Omega$	$80.4\ \Omega$	$3\ \text{k}\Omega$
特点及用途		A_i 和 $\lvert A_u\rvert$ 均较大；输出电压与输入电压反相；r_i 和 r_o 适中，应用广泛	$\lvert A_i\rvert$ 较大，但 $A_u<1$，即输出电压与输入电压同相，且为"跟随关系"；r_i 高，r_o 低。可用作输入级、输出级以及起隔离作用的中间级	$\lvert A_i\rvert<1$，但 A_u 较大，且输出电压与输入电压同相；r_i 低，r_o 高。用于宽频带放大或作为恒流源

2.4 静态工作点的稳定及其偏置电路

半导体器件是一种对温度十分敏感的器件。前面已讲述过，温度对晶体管的影响主要反映在如下几个方面：

（1）温度上升，反向饱和电流 I_{CBO} 增加，穿透电流 $I_{CEO}=(1+\beta)I_{CBO}$ 也增加。反映在输出特性曲线上是使其上移。

（2）温度上升，发射结电压 U_{BE} 下降，在外加电压和电阻不变的情况下，使基极电流 I_B 上升。

（3）温度上升，使三极管的电流放大倍数 β 增大，使特性曲线间距增大。

综合起来，温度上升，将引起集电极电流 I_C 增加，使静态工作点随之升高。静态工作点选择过高，将产生饱和失真，如图 2-24 所示；反之亦然。显然，不解决此问题，三极管放大电路难于应用，冬天设计的电路，夏天可能工作不正常；北方的电路，南方用不成。

解决办法应从两个方面入手：

使外界环境处于恒温状态，把放大电路置于恒温槽中，但这样所付出的代价较高，因而此方法只用于一些特殊要求的地方。

再有一个办法就是本节所介绍的从放大电路自身去考虑，使其在工作温度变化范围内，尽量减小工作点的变化。

工作点的变化集中在集电极电流 I_C 的变化上。因此，工作点稳定的具体表现就是 I_C 的稳定。为了克服 I_C 的漂移，可将集电极电流或电压变化量的一部分反过来馈送到输入回路，影响基极电流 I_B 的大小，以补偿 I_C 的变化，这就是反馈法稳定工作点。反馈法中常用的电路有电流反馈式偏置电路、电压反馈式偏置电路和混合反馈式偏置电路三种，其中最常用的是电流反馈式偏置电路，如图 2-25 所示。该电路利用发射极电流 I_E 在 R_e 上产生的压降 U_E，调节 U_{BE}，当 I_C 因温度升高而增大时，U_E 将使 I_B 减小，于是便减小了 I_C 的增加量，达到稳定工作点的目的。由于

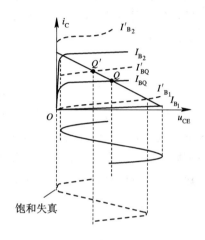

图 2-24 温度对 Q 点和输出波形的影响
实线：20℃时的特性曲线
虚线：50℃时的特性曲线

可查看其他分析仿真

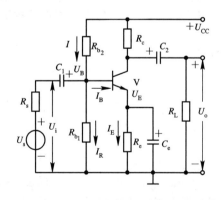

图 2-25 电流反馈式偏置电路

可查看分压偏置电路仿真

可查看电压反馈偏置电路仿真

$I_E \approx I_C$，因而只要稳定 I_E，I_C 便稳定了。为此，电路上要做到下述两点。

（1）要保持基极电位 U_B 恒定，使它与 I_B 无关。由图 2-25 可得

$$U_{CC} = I R_{b_2} + I_R R_{b_1} = (I_R + I_B) R_{b_2} + I_R R_{b_1}$$

如果
$$I_R \gg I_B \quad (即 \ I_R + I_B \approx I_R) \tag{2-40}$$

则
$$U_{CC} \approx I_R R_{b_2} + I_R R_{b_1}$$

所以
$$I_R \approx \frac{U_{CC}}{R_{b_1} + R_{b_2}}, \quad U_B = I_R R_{b_1} \approx \frac{R_{b_1}}{R_{b_1} + R_{b_2}} U_{CC} \tag{2-41}$$

此式说明 U_B 与晶体管无关，不随温度变化而改变，故 U_B 可认为恒定不变。

（2）由于 $I_E = U_E/R_e$，因而要稳定工作点，应使 U_E 恒定，不受 U_{BE} 的影响。因此要求满足条件

$$U_B \gg U_{BE} \tag{2-42}$$

则

$$I_E = \frac{U_E}{R_e} = \frac{U_B - U_{BE}}{R_e} \approx \frac{U_B}{R_e} \tag{2-43}$$

具备上述条件后，就可认为工作点与三极管参数无关，达到稳定工作点的目的。同时，当选用不同 β 值的三极管时，工作点也近似不变，有利于调试和生产。

稳定工作点的过程可表示如下：

$$T\uparrow \longrightarrow I_E\uparrow \longrightarrow I_E R_e\uparrow \longrightarrow U_{BE}\downarrow$$
$$I_E\downarrow \longleftarrow$$

实际中公式（2-40）、（2-42）满足如下关系：

$$\left. \begin{array}{l} I_R \geqslant (5 \sim 10) I_B \qquad （硅管可以更小） \\ U_B \geqslant (5 \sim 10) U_{BE} \end{array} \right\} \tag{2-44}$$

对于硅管，$U_B = 3 \sim 5$ V；对于锗管，$U_B = 1 \sim 3$ V。

对图 2-25 所示静态工作点可按下述公式进行估算：

$$\left. \begin{array}{l} U_B = \dfrac{R_{b_1}}{R_{b_1} + R_{b_2}} U_{CC} \\[3mm] U_E = U_B - U_{BE} \\[3mm] I_{EQ} = \dfrac{U_E}{R_e} \approx I_{CQ} \\[3mm] I_{BQ} = \dfrac{I_{EQ}}{1 + \beta} \\[3mm] U_{CEQ} \approx U_{CC} - I_{CQ}(R_c + R_e) \end{array} \right\} \tag{2-45}$$

如要精确计算，应按戴维宁定理，将基极回路对直流等效为

$$U_{BB} = \frac{R_{b_1}}{R_{b_2} + R_{b_1}} U_{CC} \tag{2-46}$$

$$R_b = R_{b_1} /\!/ R_{b_2} \tag{2-47}$$

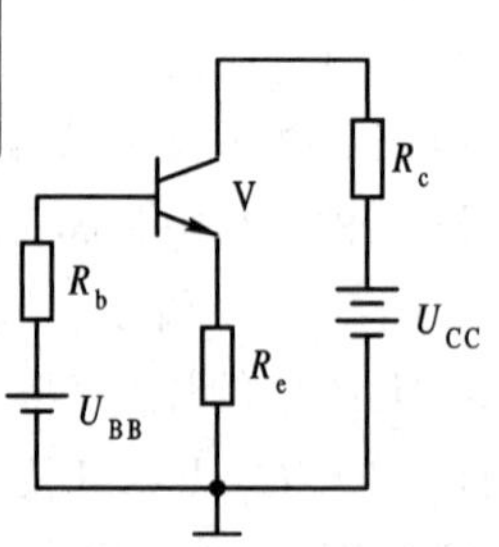

如图 2-26 所示，可以按下式计算直流工作状态：

图 2-26 利用戴维宁定理后的等效电路

$$I_B = \frac{U_{BB} - U_{BE}}{R_b + (1 + \beta)R_e}$$

$$I_C = \beta I_B$$

$$U_{CE} \approx U_{CC} - I_C(R_c + R_e)$$

图 2 - 25 的动态分析如下所述：

首先画出微变等效电路，如图 2 - 27 所示。

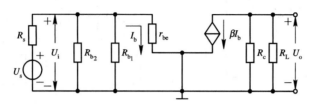

图 2 - 27　图 2 - 25 的微变等效电路

(1) 电压放大倍数 $A_u = \dfrac{U_o}{U_i}$：

$$U_o = -\beta I_b R'_L$$

其中

$$R'_L = R_c \mathbin{/\mkern-5mu/} R_L$$

$$U_i = I_b r_{be}$$

所以

$$A_u = -\frac{\beta R'_L}{r_{be}}$$

(2) 输入电阻 r_i：

由图 2 - 27 可得

$$r_i = R_{b_1} \mathbin{/\mkern-5mu/} R_{b_2} \mathbin{/\mkern-5mu/} r_{be}$$

(3) 输出电阻 r_o：

$$r_o = R_c$$

【例 4】　设图 2 - 25 中 $U_{CC} = 24$ V, $R_{b_1} = 20$ kΩ, $R_{b_2} = 60$ kΩ, $R_e = 1.8$ kΩ, $R_c = 3.3$ kΩ, $\beta = 50$, $U_{BE} = 0.7$ V，求其静态工作点。

解　由公式(2 - 45)可得

$$U_B = \frac{R_{b_1}}{R_{b_2} + R_{b_1}} U_{CC} = \frac{20}{60 + 20} \times 24 = 6 \text{ V}$$

$$U_E = U_B - U_{BE} = 6 - 0.7 = 5.3 \text{ V}$$

$$I_{EQ} = \frac{U_E}{R_e} = \frac{5.3}{1.8} \approx 2.9 \text{ mA}$$

$$I_{BQ} = \frac{I_{EQ}}{1 + \beta} \approx 58 \ \mu A$$

$$U_{CEQ} \approx U_{CC} - I_{CQ}(R_c + R_e) = 24 - 2.9 \times 5.1 = 9.21 \text{ V}$$

【例 5】　图 2 - 28(*a*)、(*b*)为两个放大电路，已知三极管的参数均为 $\beta = 50$, $r_{bb'} = 200$ Ω, $U_{BEQ} = 0.7$ V，电路的其它参数如图中所示。

（1）分别求出两个放大电路的电压放大倍数和输入、输出电阻。

（2）如果三极管的 β 值均增大 1 倍，分析两个电路的 Q 点各将发生什么变化。

（3）三极管的 β 值均增大 1 倍，两个放大电路的电压放大倍数如何变化？

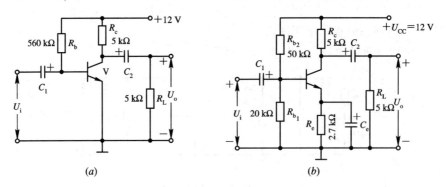

(a)   (b)

图 2 - 28　例 5 电路图

解　（1）图 2 - 28(a)是共发射极基本放大器，图 2 - 28(b)是具有电流负反馈的工作点稳定电路。它们的微变等效电路如图 2 - 29(a)、(b)所示。

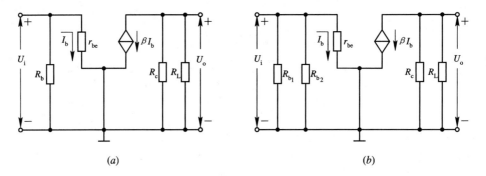

(a)   (b)

图 2 - 29　图 2 - 28 的微变等效电路

为求出动态特性参数，首先得求出它们的静态工作点。

在图 2 - 28(a)所示放大电路中，有

$$I_{BQ} = \frac{U_{CC} - U_{BE}}{R_b} = \frac{12 - 0.7}{560 \times 10^3} \approx 0.02 \ \text{mA}$$

$$I_{CQ} = \beta I_{BQ} = 50 \times 0.02 = 1 \ \text{mA}$$

$$U_{CEQ} = U_{CC} - I_{CQ} R_c = 12 - 1 \times 5 = 7 \ \text{V}$$

在图 2 - 28(b)所示放大电路中，有

$$U_B = \frac{R_{b_1} U_{CC}}{R_{b_2} + R_{b_1}} = \frac{20 \times 12}{20 + 50} \approx 3.4 \ \text{V}$$

$$U_E = U_B - U_{BE} = 3.4 - 0.7 = 2.7 \ \text{V}$$

$$I_{CQ} \approx I_{EQ} = \frac{U_E}{R_e} = \frac{2.7}{2.7} = 1 \ \text{mA}$$

$$U_{CEQ} \approx U_{CC} - I_{CQ}(R_c + R_e) = 12 - 1 \times 7.7 = 4.3 \ \text{V}$$

$$I_{BQ} = \frac{I_{CQ}}{\beta} = \frac{1}{50} = 0.02 \ \text{mA}$$

两个电路静态工作点处的 $I_{CQ}(I_{EQ})$ 值相同，且 $r_{bb'}$ 和 β 也相同，则它们的 r_{be} 值均为

$$r_{be} = r_{bb'} + (1+\beta)\frac{26}{I_{EQ}} = 200 + \frac{51 \times 26}{1} \approx 1.5 \text{ k}\Omega$$

由微变等效电路可求出图 $2-29(a)$ 所示电路的下列参数：

$$A_u = -\frac{\beta R_L'}{r_{be}} = -\frac{50 \times (5 /\!/ 5)}{1.5} \approx -83.3$$

$$r_i = R_b /\!/ r_{be} = 560 /\!/ 1.5 \approx 1.5 \text{ k}\Omega$$

$$r_o = R_c = 5 \text{ k}\Omega$$

同理求得图 $2-29(b)$ 所示电路的参数如下：

$$A_u = -\frac{\beta R_L'}{r_{be}} = -\frac{50 \times (5 /\!/ 5)}{1.5} \approx -83.3$$

$$r_i = r_{be} /\!/ R_{b_1} /\!/ R_{b_2} = 1.5 /\!/ 20 /\!/ 50 \approx 1.36 \text{ k}\Omega$$

$$r_o = R_c = 5 \text{ k}\Omega$$

可见上述两个放大电路的 A_u 和 r_o 均相同，r_i 也近似相等。

（2）当 β 由 50 增大到 100 时，对于图 $2-28(a)$ 所示放大电路，可认为 I_{BQ} 基本不变，即 I_{BQ} 仍为 0.02 mA，此时，

$$I_{CQ} = \beta I_{BQ} = 100 \times 0.02 = 2 \text{ mA}$$

$$U_{CEQ} = U_{CC} - I_{CQ}R_c = 12 - 2 \times 5 = 2 \text{ V}$$

可见，β 值增大后，共 e 极基本放大电路的 I_{CQ} 增大，U_{CEQ} 减小，Q 点移近饱和区。对于本例，如 β 再增大，则三极管将进入饱和区，使电路不能进行放大。

图 $2-28(b)$ 所示的工作点稳定电路中，当 β 值增大时，U_B、U_E、I_{EQ}、I_{CQ}、U_{CEQ} 均没有变化，电路仍能正常工作，这也正是工作点稳定电路的优点。但此时 I_{BQ} 将减小，如

$$I_{BQ} = \frac{I_{CQ}}{\beta} = \frac{1}{100} = 0.01 \text{ mA}$$

上述 Q 点变化情况，可用图 $2-30$ 表示。

（3）从上述两电路中其电压放大倍数表达式可以看出两者是相同的，均为 $A_u = -\beta R_L'/r_{be}$，似乎 β 上升，其 A_u 均应同比例增大。实际并非如此，因为

$$r_{be} = r_{bb'} + (1+\beta)\frac{26}{I_{EQ}}$$

即 r_{be} 与工作点电流 I_{EQ} 有关，所以 A_u 也与 I_{EQ} 有关。

对于图 $2-29(a)$，当 $\beta=100$ 时，$I_{EQ}=2$ mA，则

$$r_{be} = 200 + \frac{101 \times 26}{2} \approx 1.5 \text{ k}\Omega$$

$$A_u = -\frac{\beta R_L'}{r_{be}} = -\frac{100 \times (5 /\!/ 5)}{1.5} = -167$$

与 $\beta=50$ 相比，r_{be} 几乎没变，而 $|A_u|$ 基本上增大了 1 倍。

对于图 $2-29(b)$，当 $\beta=100$ 时，I_{EQ} 基本不变，仍为 1 mA，则

$$r_{be} = 200 + \frac{101 \times 26}{1} = 2826 \ \Omega \approx 2.8 \text{ k}\Omega$$

$$A_u = -\frac{\beta R_L'}{r_{be}} = -\frac{100 \times (5 /\!/ 5)}{2.8} \approx -89.3$$

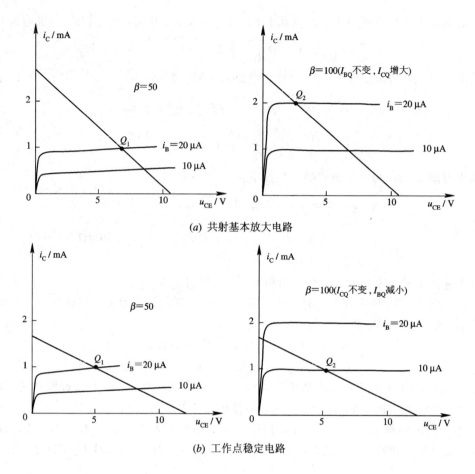

(a) 共射基本放大电路

(b) 工作点稳定电路

图 2-30 β 增大时两种共射放大电路 Q 点的变化情况

与 β＝50 相比，r_{be} 增大了，但 A_u 基本不变。

关于其它工作点稳定的偏置电路此处不再讲述了，有兴趣的读者可参考相关书籍。

2.5 多级放大电路

单级放大电路其电压放大倍数一般为几十至几百，然而，在实际工作中为了放大十分微弱的信号，要求更高的放大倍数，为此，常常要把若干个基本放大电路连接起来，组成多级放大电路。

多级放大电路各级之间的连接称为耦合。连接方式有多种，即有多种耦合方式。

2.5.1 多级放大电路的耦合方式

常用的耦合方式有三种，即阻容耦合、直接耦合和变压器耦合。

1. 多级放大电路的组成

多级放大电路方框图如图 2-31 所示，含有输入级、中间级和输出级。

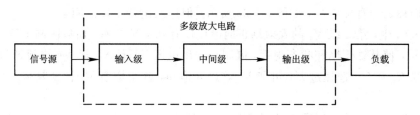

图 2-31 多级放大电路组成的方框图

对输入级的要求与信号源的性质有关。例如，当输入信号源为高内阻电压源时，则要求输入级也必须有高的输入电阻，以减少信号在内阻上的损失。如果输入信号源为电流源，为了充分利用信号电流，则要求输入级有较低的输入电阻。

中间级的主要任务是电压放大，多级放大电路的放大倍数主要取决于中间级，它本身就可能由几级放大电路组成。

输出级是推动负载。当负载仅需要足够大的电压时，则要求输出具有大的电压动态范围。更多场合下，输出级推动扬声器、电机等执行部件，需要输出足够大的功率，常称为功率放大电路。

2. 阻容耦合

通过电阻、电容将前级输出接至下一级输入，如图 2-32 所示。通过电容 C_1 与输入信号相连，通过电容 C_2 连接第一级和第二级，通过电容 C_3 连接至负载 R_L，考虑输入电阻，则每一个电容都与电阻相连，故这种连接称为阻容耦合。

阻容耦合的优点在于：由于前、后级是通过电容相连的，因而各级的静态工作点是相互独立的，不互相影响，这给放大电路的分析、设计和调试带来了很大的方便。而且，只要将电容选得足够大，就可使得前级输出信号在一定频率范围内几乎不衰减地传送到下一级。所以阻容耦合方式在分立元件组成的放大电路中得到广泛的应用。

但是阻容耦合也存在不足之处。首先，它不适用于传送缓慢变化的信号，因为电容的容抗很大，使信号衰减很大。至于直流信号的变化，则根本不能传送。

其次，大容量电容在集成电路中难于制造，所以，阻容耦合在线性集成电路中无法被广泛采用。

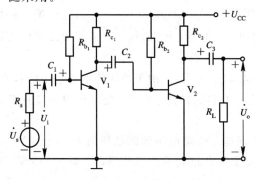

图 2-32 阻容耦合放大电路

可查看阻容耦合放大电路仿真

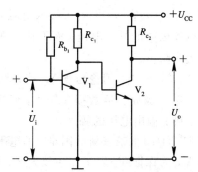

图 2-33 直接耦合放大电路

可查看直接耦合放大电路仿真

3. 直接耦合

为了避免电容对缓慢变化信号带来不良的影响，去掉电容，将前级输出直接连接至下一级，我们称之为直接耦合，如图 2-33 所示。但这又出现了新的问题。

图 2-33 中，第二级 V_2 的发射结正向电压仅有 0.7 V 左右，所以限制了第一级 V_1 管集电极电压，使其处于饱和状态附近，限制了输出电压。而且 V_2 管基极电流通过 R_{c_1}、U_{CC} 提供，如果 R_{c1} 和 U_{CC} 选择过大，可使 V_2 管进入饱和，甚至烧毁 V_2 管发射结。为此，应采取改善措施。

图 2-34 给出了几个实际改善直接耦合的例子。

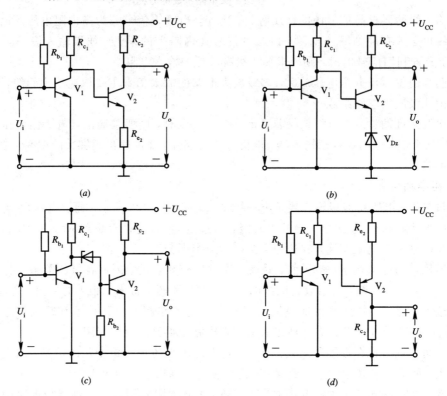

图 2-34　直接耦合方式实例

图 2-34(a) 在 V_2 发射极接入电阻 R_{e_2}，提高了 V_2 基极电位 U_{B_2}，从而保证第一级集电极可以有较高的静态电位，而不致于进入饱和区。但是，R_{e_2} 的接入，将使第二级电压放大倍数大大降低。

图 2-34(b) 中，用稳压管 V_{Dz} 代替图 2-34(a) 中的 R_{e_2}，由于稳压管的动态电阻很小，这样可使第二级放大倍数损失较小，解决了前一电路的缺陷。但 V_2 集电极电压变化范围变小，限制了输出电压的幅度。

图 2-34(b) 也带来新的困难，即电平上移问题。如果稳压管的稳压值 $U_z = 5.3$ V，则 $U_{B_2} = 6$ V，为保证 V_2 管工作在放大区，且也要求具有较大的动态范围，设 $U_{CE_2} = 5$ V，则 $U_{C_2} = U_{CE_2} + U_{E_2} = 5 + 5.3 = 10.3$ V。若有第三级，则 $U_{C_3} = U_{CE_3} + U_{E_3} = 5 + 10.3 - 0.7 = 14.6$ V。如此下去，使得基极、集电极电位逐级上升，最终由于 U_{CC} 的限制而无法实现。

为此提出图 2-34(c) 所示电路，前一级的集电极经过稳压管接至下一级基极。这样既降低了 U_{B_2}，又不致使放大倍数下降太多（稳压管动态电阻小）。但稳压管噪声较大。

图 2-34(d) 给出了另一种电路，这种电路的后级采用了 PNP 管，由于 PNP 管的集电

— 54 —

极电位比基极电位低，因此，可使各级获得合适的工作状态。图 2-34(d) 在集成电路中经常采用。

为了解决 $U_i=0$ 时要求输出电压 U_o 也为零的问题，常采用双电源电路，将上述接地处通过 $-U_{EE}$ 电源接地。

直接耦合的其它问题将在第六章中再讨论。

4. 变压器耦合

变压器通过磁路的耦合，把初级的交流信号传送到次级，而直流电流、电压通不过变压器，如图 2-35 所示。变压器耦合主要用于功率放大电路，它的优点是可变换电压和实现阻抗变换；缺点是体积大，重量大，不能实现集成化，频率特性也较差，现在很少采用。

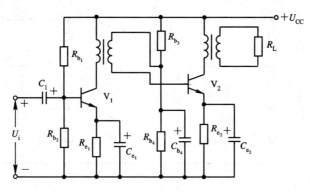

图 2-35　变压器耦合放大电路

2.5.2　多级放大电路的指标计算

1. 电压放大倍数

多级放大电路如图 2-36 所示，其电压放大倍数为

$$A_u = \frac{U_o}{U_i}$$

由于 $U_{i_2}=U_{o_1}$、$U_{i_3}=U_{o_2}$、$U_o=U_{o_3}$，因而上式可写成

$$A_u = \frac{U_{o_1}}{U_i} \cdot \frac{U_{o_2}}{U_{i_2}} \cdot \frac{U_{o_3}}{U_{i_3}} = A_{u_1} \cdot A_{u_2} \cdot A_{u_3} \tag{2-48}$$

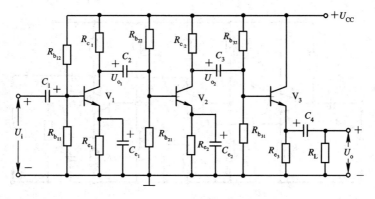

图 2-36　三级阻容耦合放大电路

推广到 n 级放大器，有

$$A_u = A_{u_1} \cdot A_{u_2} \cdot A_{u_3} \cdots\cdots A_{u_n} \qquad (2-49)$$

这说明多级放大电路的电压放大倍数等于各级电压放大倍数的乘积。

关于每一级放大倍数的计算，已在 2.3 节中讲过。不过，在计算每一级放大倍数时，必须考虑前、后级之间的相互影响。一般是将后级作为前一级的负载考虑。如求图 2-36 第一级放大倍数时，将第二级的输入电阻 r_{i_2} 作为第一级的交流负载，如图 2-37(a) 所示。用前面已讲过的方法即可求出第一级的电压放大倍数。同理，求第二级放大倍数时，应将第三级的输入电阻 r_{i_3} 作为第二级的交流负载考虑，即用 r_{i_3} 代替第三级接入第二级输出端，如图 2-37(b) 所示。

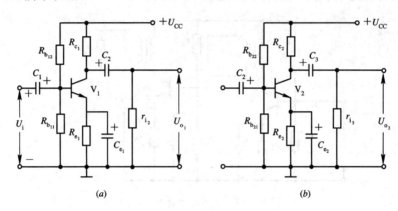

图 2-37　考虑前、后级相互影响

2. 输入电阻和输出电阻

一般说来，多级放大电路的输入电阻就是输入级的输入电阻，而输出电阻就是输出级的输出电阻。由于多级放大电路的放大倍数为各级放大倍数的乘积，因而在设计多级放大电路的输入级和输出级时，主要考虑输入电阻和输出电阻的要求，而放大倍数的要求由中间级完成。

具体计算输入电阻和输出电阻时，可直接利用已有的公式。但要注意，有的电路形式，要考虑后级对输入级电阻的影响和前一级对输出电阻的影响。

【例 6】 图 2-38 为三级放大电路。

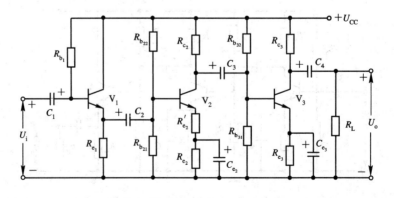

图 2-38　例 6 三级阻容耦合放大电路

已知：$U_{CC}=15$ V，$R_{b_1}=150$ kΩ，$R_{b_{22}}=100$ kΩ，$R_{b_{21}}=15$ kΩ，$R_{b_{32}}=100$ kΩ，$R_{b_{31}}=22$ kΩ，$R_{e_1}=20$ kΩ，$R'_{e_2}=100$ Ω，$R_{e_2}=750$ Ω，$R_{e_3}=1$ kΩ，$R_{c_2}=5$ kΩ，$R_{c_3}=3$ kΩ，$R_L=1$ kΩ，三极管的电流放大倍数均为 $\beta=50$。试求电路的静态工作点、电压放大倍数、输入电阻和输出电阻。

解 （1）图 2-38 所示放大电路第一级是射极输出器，第二、三级都是具有电流反馈的工作点稳定电路，均是阻容耦合，所以各级静态工作点均可单独计算。

第一级：

$$I_{BQ_1} = \frac{U_{CC}-U_{BE}}{R_{b_1}+(1+\beta)R_{e_1}} = \frac{14.3}{150+1020} \approx 0.0122 \text{ mA}$$

$$I_{CQ_1} = \beta I_{BQ_1} = 50 \times 0.0122 = 0.61 \text{ mA}$$

$$U_{CEQ_1} \approx U_{CC} - I_{CQ_1}R_{e_1} = 15 - 0.61 \times 20 = 2.8 \text{ V}$$

第二级：

$$U_{B_2} = \frac{R_{b_{21}}}{R_{b_{21}}+R_{b_{22}}}U_{CC} = \frac{15}{15+100} \times 15 \approx 1.96 \text{ V}$$

$$U_{E_2} = U_{B_2} - U_{BE} = 1.26 \text{ V}$$

$$I_{EQ_2} = \frac{U_{E_2}}{R_{e_2}+R'_{e_2}} = \frac{1.26}{0.85} \approx 1.48 \text{ mA} \approx I_{CQ_2}$$

$$U_{CEQ_2} \approx U_{CC} - I_{CQ_2}(R_{c_2}+R'_{e_2}+R_{e_2}) = 6.3 \text{ V}$$

第三级：

$$U_{B_3} = \frac{R_{b_{31}}}{R_{b_{31}}+R_{b_{32}}}U_{CC} = \frac{22}{100+22} \times 15 = 2.7 \text{ V}$$

$$U_{E_3} = U_{B_3} - U_{BE} = 2.7 - 0.7 = 2 \text{ V}$$

$$I_{EQ_3} = \frac{U_{E_3}}{R_{e_3}} = \frac{2}{1} = 2 \text{ mA} \approx I_{CQ_3}$$

$$U_{CEQ_3} \approx U_{CC} - I_{CQ_3}(R_{c_3}+R_{e_3}) = 7 \text{ V}$$

（2）电压放大倍数：

$$A_u = A_{u_1} \cdot A_{u_2} \cdot A_{u_3}$$

第一级：

第一级是射极输出级，其电压放大倍数为

$$A_{u_1} = \frac{(1+\beta)R'_e}{r_{be_1}+(1+\beta)R'_{e_1}} \approx 1$$

第二级：

$$A_{u_2} = \frac{-\beta R'_{c_2}}{r_{be_2}+(1+\beta)R'_{e_2}}$$

式中

$$R'_{c_2} = R_{c_2} \mathbin{/\mkern-5mu/} r_{i_3} = 5 \mathbin{/\mkern-5mu/} 0.96 \approx 0.8 \text{ kΩ}$$

而

$$r_{i_3} = R_{b_{31}} /\!/ R_{b_{32}} /\!/ r_{be_3} = 100 /\!/ 22 /\!/ 0.96 \approx 0.96 \text{ k}\Omega$$

$$r_{be_3} = r_{bb'} + (1+\beta)\frac{26}{I_{EQ_3}} = 300 + 51 \times \frac{26}{2} = 0.96 \text{ k}\Omega$$

$$r_{be_2} = r_{bb'} + (1+\beta)\frac{26}{I_{EQ_2}} = 300 + 51 \times \frac{26}{1.48} \approx 1.2 \text{ k}\Omega$$

将上述数值代入计算 A_{u_2} 的公式得

$$A_{u_2} = \frac{-50 \times 0.8}{1.2 + 51 \times 0.1} \approx -6.35$$

第三级：

$$A_{u_3} = -\frac{\beta R'_{c_3}}{r_{be_3}}$$

式中

$$R'_{c_3} = R_{c_3} /\!/ R_L = 3 /\!/ 1 = 0.75 \text{ k}\Omega$$

则

$$A_{u_3} = -\frac{50 \times 0.75}{0.96} \approx -39.06$$

故

$$A_u = A_{u_1} \cdot A_{u_2} \cdot A_{u_3} = 1 \times 6.35 \times (-39.06) \approx -248$$

(3) 输入电阻：

输入电阻即为第一级输入电阻

$$r_i = r_{i_1} = R_{b_1} /\!/ r'_{i_1} = 150 /\!/ 178 \approx 81 \text{ k}\Omega$$

式中
$$r'_{i_1} = r_{be_1} + (1+\beta)R'_{e_1} = 178 \text{ k}\Omega$$

$$R'_{e_1} = R_{e_1} /\!/ r_{i_2} = 3.45 \text{ k}\Omega$$

$$r_{i_2} = R_{b_{21}} /\!/ R_{b_{22}} /\!/ [r_{be_2} + (1+\beta)R'_{e_2}] = 100 /\!/ 15 /\!/ 6.3 \approx 4.17 \text{ k}\Omega$$

$$r_{be_1} = r_{bb'} + (1+\beta)\frac{26}{I_{EQ_1}} = 300 + 51 \times \frac{26}{0.61} \approx 2.48 \text{ k}\Omega$$

(4) 输出电阻：

输出电阻即为第三级的输出电阻

$$r_o = r_{o_3} = R_{c_3} = 3 \text{ k}\Omega$$

可查看共射共基放大电路仿真

思考题和习题

1. 放大电路组成原则有哪些？利用这些原则分析图 2-39 各电路能否正常放大，并说明理由。

2. 什么是静态工作点？如何设置静态工作点？如果静态工作点设置不当会出现什么问题？

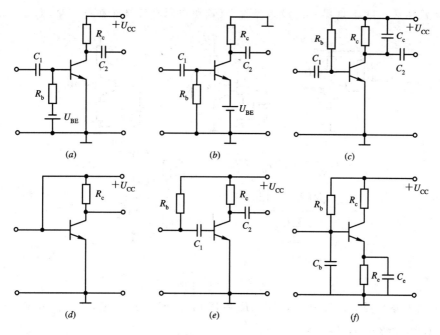

图 2 - 39 题 1 图

3. 估算静态工作点时，应该根据放大电路的直流通路还是交流通路进行估算？

4. 分别画出图 2 - 40 中各电路的直流通路和交流通路(假设对于交流信号，电容视为短路，电感视为开路，变压器为理想变压器)。

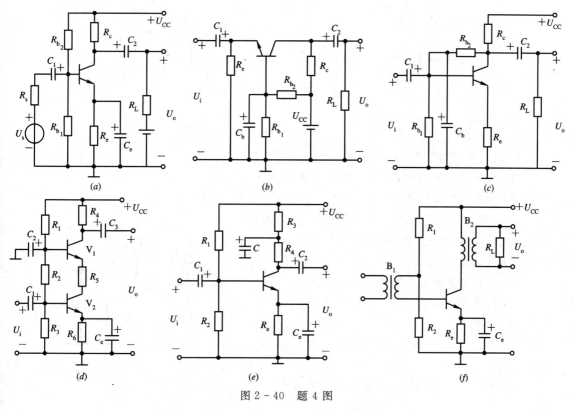

图 2 - 40 题 4 图

5. 试求图 2-41 各电路中的静态工作点(设图中所有三极管都是硅管，$U_{BE}=0.7$ V)。

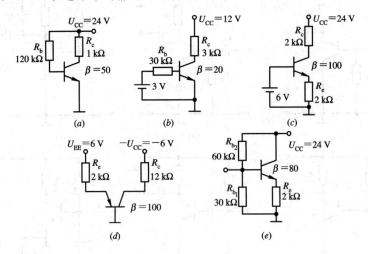

图 2-41 题 5 图

6. 放大电路如图 2-42 所示，其中 $R_b=120$ kΩ，$R_c=1.5$ kΩ，$U_{CC}=16$ V。三极管为 3AX21，它的 $\bar{\beta}\approx\beta=40$，$I_{CEO}\approx0$。

(1) 求静态工作点 I_{BQ}、I_{CQ}、U_{CEQ}。

(2) 如果将三极管换一只 $\beta=80$ 的管子，工作点将如何变化？

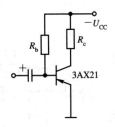

图 2-42 题 6 图

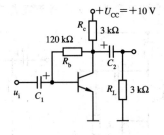

图 2-43 题 7 图

7. 放大电路如图 2-43 所示。

(1) 设三极管 $\beta=100$，试求静态工作点 I_{BQ}、I_{CQ}、U_{CEQ}。

(2) 如果要把集-射压降 U_{CE} 调整到 6.5 V，则 R_b 应调到什么值？

8. 图 2-44 中已知 $R_{b_1}=10$ kΩ，$R_{b_2}=51$ kΩ，$R_c=3$ kΩ，$R_e=500$ Ω，$R_L=3$ kΩ，$U_{CC}=12$ V，三极管 3DG4 的 $\beta=30$。

(1) 试计算静态工作点 I_{BQ}、I_{CQ}、U_{CEQ}。

(2) 如果换上一只 $\beta=60$ 的同类型管子，工作点将如何变化？

(3) 如果温度由 10℃升至 50℃，试说明 U_C 将如何变化。

(4) 换上 PNP 三极管，电路将如何改动？

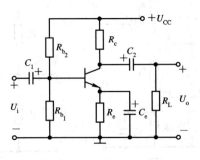

图 2-44 题 8 图

9. 电路如图 $2-45(a)$ 所示,三极管的输出特性如图 $2-45(b)$ 所示。

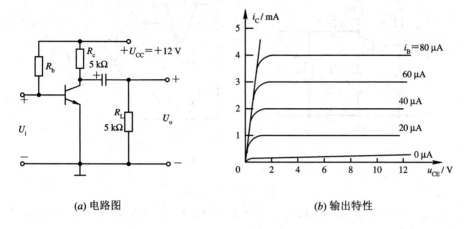

(a) 电路图　　　　　　　(b) 输出特性

图 $2-45$　题 9 图

(1) 作出直流负载线。

(2) 确定 R_b 分别为 10 MΩ、560 kΩ 和 150 kΩ 时的 I_{CQ}、U_{CEQ} 值。

(3) 当 $R_b = 560$ kΩ,R_c 改为 20 kΩ 时,Q 点将发生什么样的变化?三极管工作状态有无变化?

10. 图 $2-46(a)$ 电路中三极管的输出特性如图 $2-46(b)$ 所示。

(1) 试画出交、直流负载线。

(2) 求出电路的最大不失真输出电压 U_{om}。

(3) 若增大输入正弦波电压 U_i,电路将首先出现什么性质的失真?输出波形的顶部还是底部发生失真?

(4) 在不改变三极管和电源电压 U_{CC} 的前提下,为了提高 U_{om},应该调整电路中哪个参数?增大还是减小?

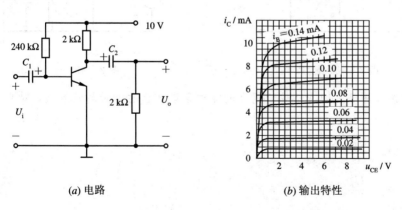

(a) 电路　　　　　　　　(b) 输出特性

图 $2-46$　题 10 图

11. 在调试放大电路过程中,对于图 $2-47(a)$ 所示放大电路,曾出现过如图 $2-47(b)$、(c) 和 (d) 所示的三种不正常的输出波形。如果输入是正弦波,试判断三种情况分别产生什么失真,应如何调整电路参数才能消除失真?

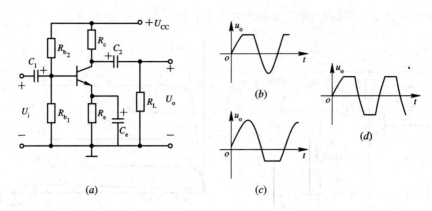

图 2-47 题 11 图

12. 图 2-48 中，设 $R_b = 300\ \text{k}\Omega$，$R_c = 2.5\ \text{k}\Omega$，$U_{BE} = 0.7\ \text{V}$，$C_1$、$C_2$ 的容抗可忽略不计，$\beta = 100$，$r'_{bb} = 300\ \Omega$。

(1) 试计算该电路的电压放大倍数 A_u。

(2) 若将图 2-48 中的输入信号幅值逐渐增大，在示波器上观察输出波形时，将首先出现哪一种形式的失真？

(3) 电阻调整合适，在输出端用电压表测出的最大不失真电压的有效值是多少？

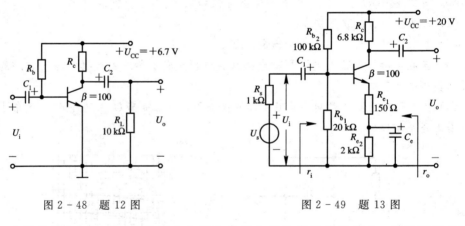

图 2-48 题 12 图   图 2-49 题 13 图

13. 电路如图 2-49 所示，设耦合电容和旁路电容的容量均足够大，对交流信号可视为短路。

(1) 求 $A_u = \dfrac{U_o}{U_i}$，r_i，r_o。

(2) 求 $A_{us} = \dfrac{U_o}{U_s}$。

(3) 如将电阻 R_{b_2} 逐渐减小，将会出现什么性质的非线性失真？试画出波形图。

14. 电路如图 2-50 所示，画出放大电路的微变等效电路，写出电压放大倍数 $A_{u_1} = \dfrac{U_{o_1}}{U_i}$、$A_{u_2} = \dfrac{U_{o_2}}{U_i}$ 的表达式，并画出当 $R_c = R_e$ 时的输出电压 u_{o_1}、u_{o_2} 的波形（输入 u_i 为正弦波，时间关系对齐）。

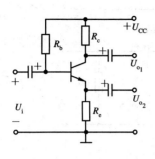

图 2 - 50　题 14 图

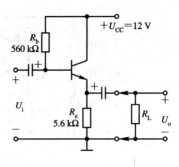

图 2 - 51　题 15 图

15. 图 2 - 51 所示为射极输出器，设 $\beta=100$。

(1) 求静态工作点。

(2) 画出中频区微变等效电路。

(3) $R_L \rightarrow \infty$ 时，电压放大倍数 A_u 为多大？$R_L=1.2\ \text{k}\Omega$ 时，A_u 又为多大？

(4) 分别求出 $R_L \rightarrow \infty$、$R_L=1.2\ \text{k}\Omega$ 时的输入电阻 r_i。

(5) 求输出电阻 r_o。

16. 共基极放大电路如图 2 - 52 所示，已知 $U_{CC}=15\ \text{V}$，$\beta=100$。

(1) 求静态工作点。

(2) 求电压放大倍数 $A_u = \dfrac{U_o}{U_i}$ 和 r_i、r_o。

(3) 若 $R_s=50\ \Omega$，$A_{us}=\dfrac{U_o}{U_s}=?$

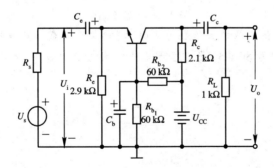

图 2 - 52　题 16 图

17. 某放大电路，当输入直流电压为 10 mV 时，输出直流电压为 7 V；输入直流电压为 15 mV 时，输出直流电压为 6.5 V。它的电压放大倍数为_____。

18. 有两个放大倍数相同的放大电路 A 和 B，分别对同一电压信号进行放大，其输出电压分别为 $U_{oA}=5.2\ \text{V}$，$U_{oB}=5\ \text{V}$。由此可得出放大电路_____优于放大电路_____。其原因是它的_____。（(a) 放大倍数大，(b) 输入电阻大，(c) 输出电阻小）

19. _____耦合放大电路各级 Q 点相互独立，_____耦合放大电路温漂小，_____耦合放大电路能放大直流信号。

20. 电路如图 2 - 53 所示，三极管的 β 均为 50。

(1) 求两级的静态工作点 Q_1 和 Q_2，设 $U_{BE}=-0.2\ \text{V}$。

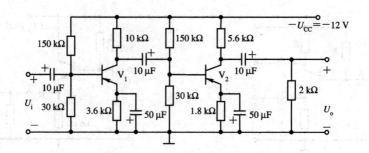

图 2 - 53 题 20 图

(2) 求总的电压放大倍数 A_u。

(3) 求 r_i 和 r_o。

21. 电路如图 2 - 54 所示，其中三极管的 β 均为 100，且 $r_{be_1}=5.3$ kΩ，$r_{be_2}=6$ kΩ。

(1) 求 r_i 和 r_o。

(2) 分别求出当 $R_L=\infty$ 和 $R_L=3.6$ kΩ 时的 A_{us}。

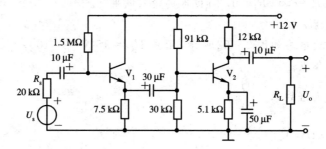

图 2 - 54 题 21 图

22. 若某放大电路的电压放大倍数为 100，则换算为对数电压增益是多少 dB？另一放大电路的对数电压增益为 80 dB，则相当于电压放大倍数为多少？

第三章

放大电路的频率特性

通常，放大电路的输入信号不是单一频率的正弦信号，而是各种不同频率分量组成的复合信号。由于三极管本身具有电容效应，以及放大电路中存在电抗元件（如耦合电容 C_1、C_2 和旁路电容 C_e），因此，对于不同频率分量，电抗元件的电抗和相移均不同。所以，放大电路的电压放大倍数 A_u 和相角 φ 成为频率的函数。这种函数关系称为放大电路的频率响应或频率特性。

3.1 频率特性的概念与线性失真

3.1.1 频率特性的概念

本章以共 e 极基本放大器为例，定性分析一下当输入信号频率发生变化时，放大倍数应怎样变化。

在各种电容作用可以忽略的频率范围（通常称为中频区）内，电压放大倍数 A_u 基本上不随频率而变化，保持一常数，此时的放大倍数称为中频区放大倍数 A_{um}。由于电容不考虑，所以也无附加相移，所以输出电压和输入电压相位相反，即电压放大倍数的相位角 $\varphi=180°$。

对于低频段，由于耦合电容的容抗变大，高频时 $1/(\omega C) \ll R$，可视为短路，低频段时 $1/(\omega C) \ll R$ 不成立，此时考虑耦合电容影响的等效电路如图 3-1(a) 所示。显然当频率下降时，容抗增大，使加至放大电路的输入电压信号变小，输出电压变小，故电压放大倍数下降。同时也将在输出电压与输入电压间产生附加相移。我们定义：当放大倍数下降到中频区放大倍数的 0.707 倍时，即 $A_{ul}=(1/\sqrt{2})A_{um}$ 时的频率称为下限频率 f_l。

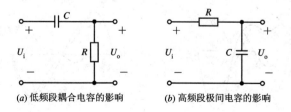

(a) 低频段耦合电容的影响　　(b) 高频段极间电容的影响

图 3-1　考虑频率特性时的等效电路

对于高频段，由于三极管极间电容或分布电容的容抗较小，低频段视为开路，高频段处 $1/(\omega C)$ 较小，此时考虑极间电容影响的等效电路如图 3-1(b) 所示。当频率上升时，容抗减小，使加至放大电路的输入信号减小，输出电压减小，从而使放大倍数下降。同时也会在输出电压与输入电压间产生附加相移。同样我们定义：当放大倍数下降到中频区放大倍数的 0.707（即 $0.707A_u$），即 $A_{uh} = (1/\sqrt{2})A_{um}$ 时的频率称为上限频率 f_h。

综上所述，共发射极放大电路的电压放大倍数将是一个复数，即

$$\dot{A}_u = A_u \angle \varphi \qquad (3-1)$$

其中幅度 A_u 和相角 φ 都是频率的函数，分别称为放大电路的幅频特性和相频特性，可用图 $3-2(a)$ 和 (b) 表示。上、下限频率之差称为通频带 f_{bw}，即

$$f_{bw} = f_h - f_l \qquad (3-2)$$

通频带的宽度，表征放大电路对不同频率的输入信号的响应能力，它是放大电路的重要技术指标之一。

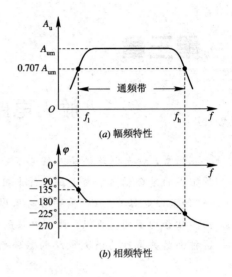

图 3-2　共射基本放大电路的频率特性

3.1.2　线性失真

由于通频带不会是无穷大，因此对于不同频率的信号，放大倍数的幅值不同，相位也不同。当输入信号包含有若干多次谐波成分时，经过放大电路后，其输出波形将产生频率失真。由于它是电抗元件引起的，电抗元件是线性元件，且放大电路也工作在线性区，故这种失真称为线性失真。线性失真又分为相频失真和幅频失真。

相频失真是由于放大器对不同频率成分的相移不同，而使放大后的输出波形产生了失真，如图 $3-3(a)$ 所示。

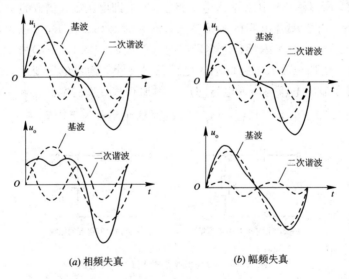

(a) 相频失真　　　　　　(b) 幅频失真

图 3-3　频率失真

可查看幅频特性测试仿真

幅频失真是由于放大器对不同频率成分的放大倍数不同，而使放大后的输出波形产生了失真，如图 3 - 3(*b*)所示。

线性失真与非线性失真有本质上的不同。非线性失真是由非线性器件三极管产生的，当工作在截止区或饱和区时，将产生截止失真或饱和失真，它的输出波形中将产生新的频率成分。如输入为单一频率的正弦波，当产生非线性失真时，输出为非正弦波。根据傅里叶级数分析，它不仅包含输入信号的频率成分(称为基波 ω_i)，而且还产生新的频率的信号，即产生谐波成分($2\omega_i$，$3\omega_i\cdots$)。而线性失真是由线性器件产生的，它的失真是由于放大器对不同频率信号的放大不同和相位移不同，从而使输出信号与输入信号不同，但不是产生了新的频率成分，如输入信号是单一频率时就不存在线性失真。

3.2 三极管的频率参数

影响放大电路的频率特性，除了外电路的耦合电容和旁路电容外，还有三极管内部的极间电容或其它参数的影响。前者主要影响低频特性，后者主要影响高频特性。

中频时，认为三极管的共发射极放大电路的电流放大系数 β 是常数。实际上是，当频率升高时，由于管子内部的电容效应，其放大作用下降。所以电流放大系数是频率的函数，可表示如下：

$$\dot{\beta} = \frac{\beta_0}{1 + \mathrm{j}\dfrac{f}{f_\beta}} \tag{3-3}$$

其中 β_0 是三极管中频时的共发射极电流放大系数。上式也可用 $\dot{\beta}$ 的模和相角来表示

$$|\dot{\beta}| = \frac{\beta_0}{\sqrt{1 + \left(\dfrac{f}{f_\beta}\right)^2}} \tag{3-4}$$

$$\varphi_\beta = -\arctan\frac{f}{f_\beta} \tag{3-5}$$

根据式(3 - 4)可以画出 β 的幅频特性，见图 3 - 4。通常用以下几个频率参数来表示三极管的高频性能。

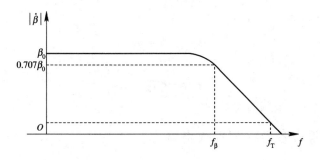

图 3 - 4 β 的幅频特性

3.2.1 共发射极电流放大系数 β 的截止频率 f_β

将 $|\dot\beta|$ 值下降到 β_0 的 0.707(即 $0.707\beta_0$)时的频率 f_β 定义为 β 的截止频率。按公式 $(3-4)$ 也可计算出当 $f=f_\beta$ 时，$|\dot\beta|=(1/\sqrt{2})\beta_0\approx0.707\beta_0$。

3.2.2 特征频率 f_T

定义 $|\dot\beta|$ 值降为 1 时的频率 f_T 为三极管的特征频率。将 $f=f_T$ 和 $|\dot\beta|=1$ 代入式 $(3-4)$，则得

$$1=\frac{\beta_0}{\sqrt{1+(f_T/f_\beta)^2}}$$

由于通常 $f_T/f_\beta\gg1$，所以上式可简化为

$$f_T\approx\beta_0 f_\beta \tag{3-6}$$

上式表示了 f_T 和 f_β 的关系。

3.2.3 共基极电流放大系数 α 的截止频率 f_α

由前述 $\dot\alpha$ 与 $\dot\beta$ 的关系得

$$\dot\alpha=\frac{\dot\beta}{1+\dot\beta} \tag{3-7}$$

显然，考虑三极管的电容效应，$\dot\alpha$ 也是频率的函数，表示为

$$\dot\alpha=\frac{\alpha_0}{1+\mathrm{j}\dfrac{f}{f_\alpha}} \tag{3-8}$$

定义当 $|\dot\alpha|$ 下降为中频 α_0 的 0.707(即 $0.707\alpha_0$)时的频率 f_α 为 α 的截止频率。

下面推导 f_α、f_β、f_T 之间的相互关系。将式 $(3-3)$ 代入式 $(3-7)$ 得

$$\dot\alpha=\frac{\dfrac{\beta_0}{1+\mathrm{j}f/f_\beta}}{1+\dfrac{\beta_0}{1+\mathrm{j}f/f_\beta}}=\frac{\dfrac{\beta_0}{1+\beta_0}}{1+\mathrm{j}\dfrac{f}{(1+\beta_0)f_\beta}} \tag{3-9}$$

比较式 $(3-8)$ 和式 $(3-9)$，可得

$$f_\alpha=(1+\beta_0)f_\beta \tag{3-10}$$

一般 $\beta_0\gg1$，所以

$$f_\alpha\approx\beta_0 f_\beta=f_T \tag{3-11}$$

上式即表示了三个频率参数的关系。

3.2.4 三极管混合参数 π 型等效电路

当考虑电容效应时，h 参数将是随频率而变化的复数，在分析时十分不便。为此，引出混合参数 π 型等效电路。从三极管的物理结构出发，将各极间存在的电容效应包含在内，形成了一个既实用又方便的电路模型，这就是混合 π 型电路。低频时三极管的 h 参数模型

电路与混合 π 模型电路是一致的。所以可通过 h 参数计算混合 π 型电路中的某些参数。

1. 完整的混合 π 型电路

图 3 - 5(a) 是三极管的结构示意图,图(b) 是混合 π 型等效电路。其中,C_π 为发射结的结电容,C_μ 为集电结的结电容。受控源用 $g_m \dot{U}_{b'e}$ 而不用 $\beta \dot{I}_b$,其原因是 $\dot{I}_b$ 不仅包含流过 $r_{b'e}$ 的电流,还包含了流过结电容的电流,因此受控电流已不再与 $\dot{I}_b$ 成正比。理论分析表明,受控源与基极、射极之间的电压成正比。g_m 称为跨导,表示 $\dot{U}_{b'e}$ 变化 1 V 时,集电极电流的变化量。

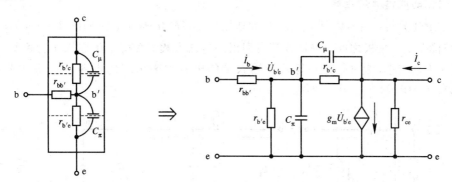

(a) 三极管的电容效应 (b) 混合 π 型 等效电路

图 3 - 5 三极管的混合 π 型等效电路

由于集电结处于反向应用,所以 $r_{b'c}$ 很大,可以视为开路,且 r_{ce} 通常比放大电路中的集电极负载电阻 R_c 大得多,因此 r_{ce} 也可忽略。在中频区,不考虑 C_π 和 C_μ 的作用,这样图 3 - 5(b) 就成为我们熟悉的简化 h 参数等效电路形式,如图 3 - 6(a) 所示。将简化 h 参数等效电路重画,如图 3 - 6(b) 所示。对比图 3 - 6 的(a)、(b)图,就可建立混合 π 型参数和 h 参数之间的关系。

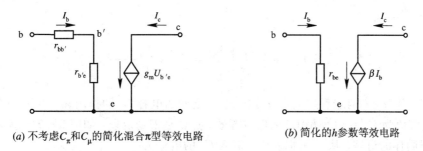

(a) 不考虑 C_π 和 C_μ 的简化混合 π 型等效电路 (b) 简化的 h 参数等效电路

图 3 - 6 混合 π 型参数和 h 参数之间的关系

因为
$$r_{bb'} + r_{b'e} = r_{be} = r_{bb'} + (1+\beta)\frac{26}{I_{EQ}}$$

所以
$$r_{b'e} = (1+\beta)\frac{26}{I_{EQ}} \approx \frac{26\beta}{I_{CQ}} \qquad (3-12)$$
$$r_{bb'} = r_{be} - r_{b'e} \qquad (3-13)$$

又
$$g_m U_{b'e} = g_m I_b r_{b'e} = \beta I_b$$

故
$$g_m = \frac{\beta}{r_{b'e}} = \frac{\beta}{26\beta/I_{CQ}} = \frac{I_{CQ}}{26} \qquad (3-14)$$

从式(3-12)和(3-14)可以看出，$r_{b'e}$、g_m 等参数和工作点的电流有关。对于一般的小功率三极管，$r_{bb'}$ 约为几十~几百欧，$r_{b'e}$ 为 1 kΩ 左右，g_m 约为几十毫安/伏。C_μ 可从手册中查到，C_π 值一般手册未给，可查出 f_T 值，按如下公式算出 C_π 值

$$f_T \approx \frac{g_m}{2\pi C_\pi} \qquad (3-15)$$

2. 简化的混合 π 型电路

经过上述分析，当考虑到 C_π 和 C_μ 的作用后，其简化等效电路如图 3-7(a)所示。由于 C_μ 跨接在基-集极之间，分析计算时列出的电路方程较复杂，解起来十分麻烦，为此，可以利用密勒定理，将 C_μ 分别等效为输入端的电容和输出端的电容。C_μ 等效关系如图 3-7(b)、(c)所示。

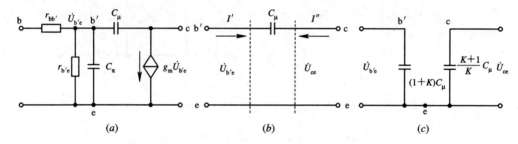

图 3-7　C_μ 的等效过程

图 3-7(b)中，从 b′、e 两端向右看，流入 C_μ 的电流为

$$I' = \frac{\dot{U}_{b'e} - \dot{U}_{ce}}{\dfrac{1}{j\omega C_\mu}} = \frac{\dot{U}_{b'e}\left(1 - \dfrac{\dot{U}_{ce}}{\dot{U}_{b'e}}\right)}{\dfrac{1}{j\omega C_\mu}}$$

令 $\dfrac{\dot{U}_{ce}}{\dot{U}_{b'e}} = -K$，则

$$I' = \frac{\dot{U}_{b'e}(1+K)}{\dfrac{1}{j\omega C_\mu}} = \frac{\dot{U}_{b'e}}{\dfrac{1}{j\omega(1+K)C_\mu}} \qquad (3-16)$$

此式表明，从 b′、e 两端看进去，跨接在 b′、c 之间的电容 C_μ 的作用和一个并联在 b′、e 两端，其电容值为 $C_\pi' = (1+K)C_\mu$ 的电容等效。这就是密勒定理，如图 3-7(c)所示。

根据同样的道理，从 c、e 向左看，流入 C_μ 的电流为

$$I'' = \frac{\dot{U}_{ce} - \dot{U}_{b'e}}{\dfrac{1}{j\omega C_\mu}} = \frac{\dot{U}_{ce}\left(1 + \dfrac{1}{K}\right)}{\dfrac{1}{j\omega C_\mu}} = \frac{\dot{U}_{ce}}{\dfrac{1}{j\omega\left(\dfrac{1+K}{K}\right)C_\mu}} \qquad (3-17)$$

此即表明，从 c、e 两端看进去，C_μ 的作用和一个并联在 c、e 两端，而电容值为 $\dfrac{1+K}{K}C_\mu$ 的电容等效。

这样，图 3-7(b)即可用图 3-7(c)等效。

*3.3 共e极放大电路的频率特性

图 3-8(a) 的放大电路中,将 C_2 和 R_L 视为下一级的输入耦合电容和输入电阻,所以,画本级的混合 π 型等效电路时,不把它们包含在内,如图 3-8(b) 所示。

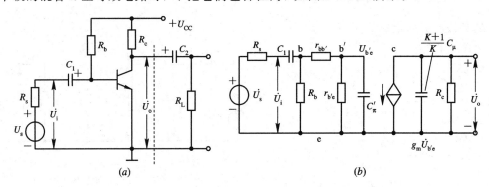

(a)   (b)

图 3-8 共e极放大电路及其混合 π 型等效电路

具体分析时,通常分成三个频段考虑:

(1) 中频段:全部电容均不考虑,耦合电容视为短路,极间电容视为开路。

(2) 低频段:耦合电容的容抗不能忽略,而极间电容视为开路。

(3) 高频段:耦合电容视为短路,而极间电容的容抗不能忽略。

这样求得三个频段的频率响应,然后再进行综合。这样做的优点是,可使分析过程简单明了,且有助于从物理概念上来理解各个参数对频率特性的影响。

在绘制频率特性曲线时,人们常常采用对数坐标,即横坐标用 $\lg f$,幅频特性的纵坐标为 $G_u=20\lg|\dot{A}_{us}|$,单位为分贝(dB)。对于相频特性,纵坐标仍为 φ,不取对数。这样得到的频率特性称为对数频率特性或波特图。采用对数坐标的优点主要是将频率特性压缩了,可以在较小的坐标范围内表示较宽的频率范围,使低频段和高频段的特性都表示得很清楚,而且将乘法运算转换为相加运算。

下面分别讨论中频、低频和高频时的频率特性。

3.3.1 中频电压放大倍数 A_{usm}

中频段的等效电路如图 3-9 所示。

$$U_o=-g_m U_{b'e}R_c$$

而

$$U_{b'e}=\frac{r_{b'e}}{r_{bb'}+r_{b'e}}U_i=pU_i$$

$$U_i=\frac{r_i}{R_s+r_i}U_s$$

式中

$$r_i=R_b/\!\!/(r_{bb'}+r_{b'e});\qquad p=\frac{r_{b'e}}{r_{bb'}+r_{b'e}}$$

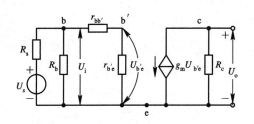

图 3-9 中频段等效电路

将上述关系代入 U_o 的表达式中，得

$$U_o = \frac{-r_i}{R_s + r_i} \cdot \frac{r_{b'e}}{r_{bb'} + r_{b'e}} g_m R_c \dot{U}_s = -\frac{r_i}{R_s + r_i} p g_m R_c \dot{U}_s$$

$$A_{usm} = \frac{U_o}{U_s} = -\frac{r_i}{R_s + r_i} p g_m R_c \qquad (3-18)$$

3.3.2 低频电压放大倍数 A_{usl} 及波特图

低频段的等效电路如图 3-10 所示。

由图可得

$$\dot{U}_o = -g_m \dot{U}_{b'e} R_c \qquad (3-19)$$

$$\dot{U}_{b'e} = \frac{r_{b'e}}{r_{bb'} + r_{b'e}} \dot{U}_i = p\dot{U}_i$$

$$\dot{U}_i = \frac{r_i}{R_s + r_i + \frac{1}{j\omega C_1}} \dot{U}_s$$

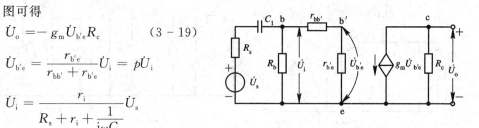

图 3-10　低频段等效电路

式中 p、r_i 同中频段的定义。将 $\dot{U}_{b'e}$、$\dot{U}_i$
代入式(3-19)，得

$$\dot{U}_o = -\frac{r_i}{R_s + r_i + \frac{1}{j\omega C_1}} p g_m R_c \dot{U}_s$$

为了找出 A_{usl} 与中频区放大倍数 A_{usm} 的关系，便于推导出低频段电压放大倍数的频率特性方程，从而求得下限频率，将上述公式进行变换如下：

$$\dot{U}_o = -\frac{r_i}{R_s + r_i} p g_m R_c \cdot \frac{1}{1 + \frac{1}{j\omega(R_s + r_i)C_1}} \dot{U}_s$$

$$\dot{A}_{usl} = \frac{\dot{U}_o}{\dot{U}_s} = -\frac{r_i}{R_s + r_i} p g_m R_c \cdot \frac{1}{1 + \frac{1}{j\omega(R_s + r_i)C_1}}$$

将公式(3-18)代入上式，并令

$$\tau_1 = (R_s + r_i)C_1$$

$$f_1 = \frac{1}{2\pi\tau_1} = \frac{1}{2\pi(R_s + r_i)C_1} \qquad (3-20)$$

则

$$\dot{A}_{usl} = A_{usm} \frac{1}{1 + \frac{1}{j\omega\tau_1}} = A_{usm} \frac{1}{1 - j\frac{f_1}{f}} \qquad (3-21)$$

当 $f = f_1$ 时，$|\dot{A}_{usl}| = \frac{1}{\sqrt{2}} A_{usm}$，$f_1$ 为下限频率。由式(3-20)可看出，下限频率 f_1 主要由电容 C_1 所在回路的时间常数 τ_1 决定。

将式(3-21)分别用模和相角来表示：

$$|\dot{A}_{usl}| = \frac{|A_{usm}|}{\sqrt{1 + \left(\frac{f_1}{f}\right)^2}} \qquad (3-22)$$

$$\varphi = -180° + \arctan \frac{f_1}{f} \qquad (3-23)$$

根据公式(3-22)画对数幅频特性,将其取对数,得

$$G_u = 20 \lg |\dot{A}_{usl}| = 20 \lg |A_{usm}| - 20 \lg \sqrt{1 + \left(\frac{f_1}{f}\right)^2} \qquad (3-24)$$

先看式(3-24)中的第二项:当 $f \gg f_1$ 时,

$$-20 \lg \sqrt{1 + \left(\frac{f_1}{f}\right)^2} \approx 0$$

故它将以横坐标作为渐近线;当 $f \ll f_1$ 时,

$$-20 \lg \sqrt{1 + \left(\frac{f_1}{f}\right)^2} \approx -20 \lg \frac{f_1}{f} = 20 \lg \frac{f}{f_1}$$

其渐近线也是一条直线,该直线通过横轴上 $f = f_1$ 这一点,斜率为 20 dB/10 倍频程,即当横坐标频率每增加 10 倍时,纵坐标就增加 20 dB。故式(3-24)中第二项的曲线,可用上述两条渐近线构成的折线来近似。然后再将此折线向上平移 $20 \lg |A_{usm}|$,就得式(3-24)所表示的低频段对数幅频特性,如图 3-11(a)所示。可以证明,这种折线在 $f = f_1$ 处产生的最大误差为 3 dB。

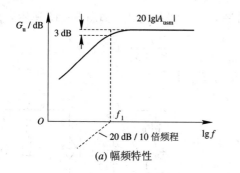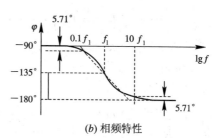

(a) 幅频特性   (b) 相频特性

图 3-11 低频段对数频率特性

低频段的相频特性,根据式(3-23)可知,当 $f \gg f_1$ 时,$\arctan \frac{f_1}{f}$ 趋于 0,则 $\varphi \approx -180°$;当 $f \ll f_1$ 时,$\arctan \frac{f_1}{f}$ 趋于 90°,$\varphi \approx -90°$;当 $f = f_1$ 时,$\arctan \frac{f_1}{f} = 45°$,$\varphi = -135°$。这样,可以分三段折线来近似表示低频段的相频特性曲线,如图 3-11(b)所示。

$f \geqslant 10 f_1$ 时, $\qquad \varphi = -180°$

$f \leqslant 0.1 f_1$ 时, $\qquad \varphi = -90°$

$0.1 f_1 < f < 10 f_1$ 时,是斜率为 $-45°/10$ 倍频程的直线。

可以证明,这种折线近似的最大误差为 $\pm 5.71°$,分别产生在 $0.1 f_1$ 和 $10 f_1$ 处。

3.3.3　高频电压放大倍数 A_{ush} 及波特图

高频段,由于容抗变小,则电容 C_1 可忽略不计,视为短路,但并联的极间电容影响应

予以考虑，其等效电路如图 3-12 所示。由于 $\frac{K+1}{K}C_\mu$ 所在回路的时间常数比输入回路 C'_π 的时间常数小得多，所以将 $\frac{K+1}{K}C_\mu$ 忽略不计。

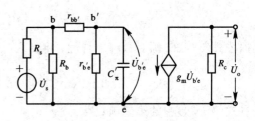

图 3-12　高频段等效电路

由于 $C'_\pi=(1+K)C_\mu$，为求得 C'_π 值，应首先求出 K 值。在推导式(3-16)时，我们已知道

$$-K=\frac{\dot{U}_{ce}}{\dot{U}_{b'e}}$$

由等效电路可求得 $\dot{U}_{ce}=-g_m\dot{U}_{b'e}R_c$，则

$$-K=\frac{\dot{U}_{ce}}{\dot{U}_{b'e}}=\frac{-g_mU_{b'e}R_c}{\dot{U}_{b'e}}=-g_mR_c$$

所以

$$C'_\pi=(1+g_mR_c)C_\mu$$
$$\dot{U}_o=-g_m\dot{U}_{b'e}R_c \tag{3-25}$$

为求出 $\dot{U}_{b'e}$ 与 $\dot{U}_s$ 的关系，利用戴维宁定理将图 3-12 进行简化，如图 3-13 所示，其中

$$\dot{U}_s{}'=\dot{U}_s\frac{r_i}{R_s+r_i}\cdot\frac{r_{b'e}}{r_{bb'}+r_{b'e}}=\frac{r_i}{R_s+r_i}p\dot{U}_s$$
$$R=r_{b'e}\,/\!/\,[r_{bb'}+(R_s\,/\!/\,R_b)]$$

由图 3-13 可得

$$\dot{U}_{b'e}=\frac{\frac{1}{j\omega C'_\pi}}{R+\frac{1}{j\omega C'_\pi}}\dot{U}_s{}'=\frac{1}{1+j\omega RC'_\pi}\dot{U}_s{}'$$
$$=\frac{1}{1+j\omega RC'_\pi}\cdot\frac{r_i}{R_s+r_i}p\dot{U}_s$$

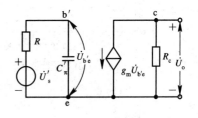

图 3-13　简化等效电路

将其代入式(3-25)得

$$\dot{U}_o=-g_mR_c\cdot\frac{1}{1+j\omega RC'_\pi}\cdot\frac{r_i}{R_s+r_i}p\dot{U}_s$$
$$\dot{A}_{ush}=\frac{\dot{U}_o}{\dot{U}_s}=-A_{usm}\frac{1}{1+j\omega RC'_\pi}$$

令

$$\tau_h=RC'_\pi \tag{3-26}$$

上限频率为

$$f_h=\frac{1}{2\pi\tau_h}=\frac{1}{2\pi RC'_\pi} \tag{3-27}$$

则

$$\dot{A}_{ush}=A_{usm}\frac{1}{1+j\omega\tau_h}=A_{usm}\frac{1}{1+j\dfrac{f}{f_h}} \tag{3-28}$$

由式(3-27)可看出，上限频率 f_h 主要由 C_π' 所在回路的时间常数 τ_h 决定。

式(3-28)也可以用模和相角来表示：

$$|\dot{A}_{ush}| = \frac{|A_{usm}|}{\sqrt{1+\left(\dfrac{f}{f_h}\right)^2}} \tag{3-29}$$

$$\varphi = -180° - \arctan\frac{f}{f_h} \tag{3-30}$$

高频段的对数幅频特性为

$$G_u = 20\lg|\dot{A}_{ush}| = 20\lg|A_{usm}| - 20\lg\sqrt{1+\left(\frac{f}{f_h}\right)^2} \tag{3-31}$$

根据式(3-29)、(3-30)，利用与低频时同样的方法，可以画出高频段折线化的对数幅频特性和相频特性，如图 3-14 所示。

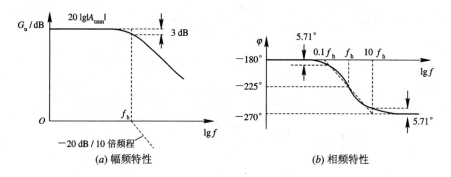

图 3-14　高频段对数频率特性

3.3.4　完整的频率特性曲线(波特图)

将上述中频、低频和高频时求出的放大倍数综合起来，可得共 e 极基本放大电路在全部频率范围内放大倍数的表达式

$$\dot{A}_{us} = \frac{A_{usm}}{\left(1-j\dfrac{f_l}{f}\right)\left(1+j\dfrac{f}{f_h}\right)} \tag{3-32}$$

同时，将三频段的频率特性曲线综合起来，即得全频段的频率特性。

为使频带宽度展宽，要求 f_h 尽可能的高，应选取 $r_{bb'}$ 小的管子，且也要求减小 C_π' 和 $r_{b'e}$，而 $C_\pi' = C_\pi + (1+g_m R_c)C_\mu$，故还应选 C_π、C_μ 小的管子，且要减小 $g_m R_c$，即中频区电压放大倍数。所以，提高带宽与放大倍数是矛盾的。

因此，常用增益带宽积表示放大电路性能的优劣，结果如下：

$$|A_{usm} \cdot f_h| \approx \frac{1}{2\pi(R_s + r_{bb'})C_\mu} \tag{3-33}$$

虽然这个公式是很不严格的，但由它可得一个趋势：选定了管子以后，放大倍数与带宽的乘积基本就是定值，即放大倍数要提高，那么带宽就变窄。

最后，将共发射极基本放大电路分段折线化的对数频率特性的作图（又称波特图）步骤归纳如下：

(1) 根据式(3-18)、(3-20)、(3-27)求出中频电压放大倍数 A_{usm}、下限频率 f_1 和上限频率 f_h。

(2) 在幅频特性的横坐标上找到对应的 f_1 和 f_h 的两个点，在 f_1 和 f_h 之间的中频区，作一条 $G_u = 20\lg|A_{usm}|$ 的水平线；从 $f = f_1$ 点开始，在低频区作一条斜率为 20 dB/10 倍频程的直线折向左下方；从 $f = f_h$ 点开始，在高频区作一条斜率为 -20 dB/10 倍频程的直线折向右下方，即构成放大电路的幅频特性，如图 3-15(a)所示。

(3) 在相频特性图上，$10f_1$ 至 $0.1f_h$ 之间的中频区，$\varphi = 180°$；$f < 0.1f_1$ 时，$\varphi = -90°$；$f > 10f_h$ 时，$\varphi = -270°$；在 $0.1f_1$ 至 $10f_1$ 之间，以及 $0.1f_h$ 至 $10f_h$ 之间，相频特性分别为两条斜率为 $-45°/10$ 倍频程的直线。$f = f_1$ 时，$\varphi = -135°$；$f = f_h$ 时，$\varphi = -225°$。以上就构成放大电路的相频特性，如图 3-15(b)所示。

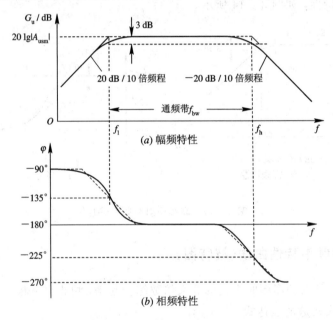

图 3-15 共射极基本放大电路的幅频和相频特性曲线

可查看三极管结电容仿真

3.3.5 其它电容对频率特性的影响

由以上推导上、下限频率的过程可以看出一个规律，求某个电容所决定的截止频率，只需求出该电容所在回路的时间常数，然后由下式求出其截止频率即可：

$$f = \frac{1}{2\pi\tau} \qquad (3-34)$$

(1) 耦合电容 C_2。C_2 只影响下限频率，频率下降，C_2 容抗增大，其两端压降增大，使 U_o 下降，从而使 A_u 下降。求 f_1 的等效电路如图 3-16 所示。

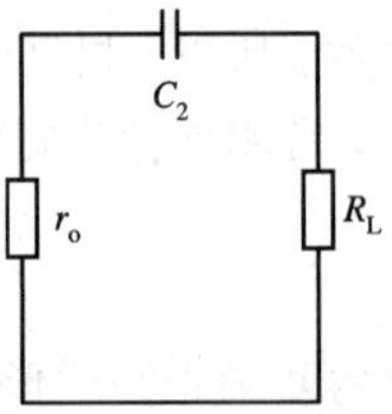

图 3-16 C_2 的下限频率的等效电路

$$f_{l_2} = \frac{1}{2\pi(r_o + R_L)C_2} \qquad (3-35)$$

（2）射极旁路电容 C_e。中频段、高频段 C_e 容抗很小，可视为短路，当频率下降至低频段时 C_e 容抗不可忽略。其等效电路如图 3-17 所示。

$$r = R_e \mathbin{/\mkern-5mu/} \frac{r_{be} + R_b{}'}{1 + \beta}$$

$$R_b{}' = R_s \mathbin{/\mkern-5mu/} R_b$$

所以
$$f_e = \frac{1}{2\pi C_e \left(R_e \mathbin{/\mkern-5mu/} \dfrac{r_{be} + R_s \mathbin{/\mkern-5mu/} R_b}{1 + \beta} \right)} \qquad (3-36)$$

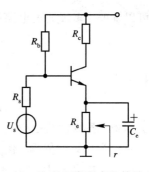

图 3-17 C_e 的下限频率的等效电路

（3）输出端分布电容 C_o。当输出端带动容性负载，其电容并联在输出端，它影响上限频率。中频段、低频段时 C_o 的容抗很小，视为开路。高频段时，C_o 容抗不可忽略，其对应的时间常数 $\tau_h = C_o R_L'$，$R_L' = R_L \mathbin{/\mkern-5mu/} R_c$。所以

$$f_h = \frac{1}{2\pi C_o R_L'} \qquad (3-37)$$

3.4 多级放大电路的频率特性

3.4.1 多级放大电路的通频带 f_{bw}

由前已知多级放大电路总的电压放大倍数是各级放大倍数的乘积

$$\dot{A}_u = \dot{A}_{u_1} \cdot \dot{A}_{u_2} \cdots \dot{A}_{u_n}$$

为简单起见，我们以两级放大器为例，且 $A_{usm_1} = A_{usm_2}$，$f_{l_1} = f_{l_2}$，$f_{h_1} = f_{h_2}$。当它们组成多级放大器时 $\dot{A}_u = \dot{A}_{u_1} \cdot \dot{A}_{u_2}$。中频区时，

$$A_{usm} \approx A_{usm_1} \cdot A_{usm_2} = A_{usm_1}^2$$

在上、下限频率处，即 $f_l = f_{l_1} = f_{l_2}$，$f_h = f_{h_1} = f_{h_2}$ 处，各级的电压放大倍数均下降到中频区放大倍数的 0.707，即

$$\dot{A}_{ush_1} = \dot{A}_{ush_2} = 0.707 A_{usm_1} = 0.707 A_{usm_2}$$

$$\dot{A}_{usl_1} = \dot{A}_{usl_2} = 0.707 A_{usm_1} = 0.707 A_{usm_2}$$

而此时总的电压放大倍数为

$$\dot{A}_{ush} \approx \dot{A}_{ush_1} \cdot \dot{A}_{ush_2} = 0.5 A_{usm_1} \cdot A_{usm_2}$$

$$\dot{A}_{usl} \approx \dot{A}_{usl_1} \cdot \dot{A}_{usl_2} = 0.5 A_{usm_1} \cdot A_{usm_2}$$

截止频率是放大倍数下降至中频区放大倍数的 0.707 时的频率。所以，总的截止频率 $f_h < f_{h_1} (= f_{h_2})$；$f_l > f_{l_1} (= f_{l_2})$。总的频带为

$$f_{bw} (= f_h - f_l) < f_{bw_1} (= f_{h_1} - f_{l_1}) \qquad (3-38)$$

所以，多级放大器的频带窄于单级放大器的频带；多级放大器的上限频率低于单级放大器的上限频率；多级放大器的下限频率高于单级放大器的下限频率。

3.4.2 上、下限频率的计算

可以证明，多级放大电路的上限频率和组成它的各级电路的上限频率之间的关系为

$$\frac{1}{f_{\rm h}} \approx 1.1 \sqrt{\frac{1}{f_{\rm h_1}^2} + \frac{1}{f_{\rm h_2}^2} + \cdots + \frac{1}{f_{\rm h_n}^2}} \qquad (3-39)$$

下限频率满足下述近似关系：

$$f_{\rm l} \approx 1.1 \sqrt{f_{\rm l_1}^2 + f_{\rm l_2}^2 + \cdots + f_{\rm l_n}^2} \qquad (3-40)$$

实际中，各级参数很少完全相同。当各级上、下限频率相差悬殊时，可取起主要作用的那一级作为估算的依据。例如，多级放大器中，其中某一级的上限频率 $f_{\rm h_k}$ 比其它各级低很多，而下限频率 $f_{\rm l_k}$ 比其它各级高很多时，总的上、下限频率近似为

$$f_{\rm h} \approx f_{\rm h_k}, \qquad f_{\rm l} \approx f_{\rm l_k}$$

【例 1】 共 e 极放大电路如图 3-18 所示，设三极管的 $\beta=100$，$r_{\rm be}=6\ {\rm k}\Omega$，$r_{\rm bb'}=100\ \Omega$，$f_{\rm T}=100\ {\rm MHz}$，$C_\mu=4\ {\rm pF}$。

(1) 估算中频电压放大倍数 $A_{\rm usm}$；

(2) 估算下限频率 $f_{\rm l}$；

(3) 估算上限频率 $f_{\rm h}$。

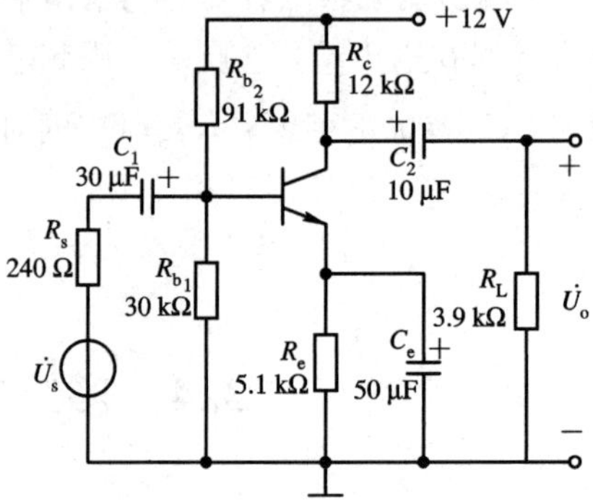

解 (1) 估算 $A_{\rm usm}$。由公式 (3-18) 有

$$A_{\rm usm} = -\frac{r_{\rm i}}{R_{\rm s}+r_{\rm i}} p g_{\rm m} R_{\rm L}'$$

其中 $r_{\rm i} = r_{\rm be} /\!/ R_{\rm b_1} /\!/ R_{\rm b_2} = 6 /\!/ 30 /\!/ 91 = 4.7\ {\rm k}\Omega$

$$p = \frac{r_{\rm b'e}}{r_{\rm bb'}+r_{\rm b'e}} = \frac{6-0.1}{6} = 0.98$$

$$g_{\rm m} = \frac{\beta}{r_{\rm b'e}} = \frac{100}{5.9} = 16.9\ {\rm mA/V}$$

$$R_{\rm L}' = R_{\rm c} /\!/ R_{\rm L} = 12 /\!/ 3.9 = 2.9\ {\rm k}\Omega$$

故

$$A_{\rm usm} = -\frac{4.7}{0.24+4.7} \times 0.98 \times 16.9 \times 2.9 = -45.7$$

图 3-18 例 1 电路图

(2) 估算下限频率 $f_{\rm l}$。电路中有两个隔直电容 C_1 和 C_2 以及一个旁路电容 $C_{\rm e}$，先分别计算出它们各自相应的下限频率 $f_{\rm l_1}$、$f_{\rm l_2}$ 和 $f_{\rm l_e}$。

$$f_{\rm l_1} = \frac{1}{2\pi(R_{\rm s}+r_{\rm i})C_1} = \frac{1}{2\pi(0.24+4.7)\times 10^3 \times 30 \times 10^{-6}} = 1.07\ {\rm Hz}$$

$$f_{\rm l_2} = \frac{1}{2\pi(R_{\rm c}+R_{\rm L})C_2} = \frac{1}{2\pi(12+3.9)\times 10^3 \times 10 \times 10^{-6}} = 1.0\ {\rm Hz}$$

$$f_{\rm l_e} = \frac{1}{2\pi\left(R_{\rm e} /\!/ \dfrac{R_{\rm s}'+r_{\rm be}}{1+\beta}\right)C_{\rm e}} = \frac{1}{2\pi \times 50 \times 10^{-6} \times \left[5.1 /\!/ \dfrac{6+(0.24 /\!/ 30 /\!/ 91)\times 10^3}{101}\right]}$$

$$\approx 52\ {\rm Hz}$$

由于 $f_{\rm l_e} \gg f_{\rm l_1}$、$f_{\rm l_2}$，所以

$$f_{\rm l} \approx f_{\rm l_e} = 52\ {\rm Hz}$$

（3）估算上限频率 f_h。高频等效电路如图 3-19 所示。根据给定参数可算出

$$C_\pi \approx \frac{g_m}{2\pi f_T} = \frac{16.9 \times 10^{-3}}{2\pi \times 100 \times 10^6} = 26.9 \times 10^{-12} = 26.9 \text{ pF}$$

$$C_\pi' = C_\pi + (1 + g_m R_L')C_\mu = 26.9 \times 10^{-12} + (1 + 16.9 \times 2.9) \times 4 \times 10^{-12}$$
$$= 226.9 \text{ pF}$$

$$R = r_{b'e} /\!/ [r_{bb'} + (R_s /\!/ R_{b_1} /\!/ R_{b_2})] = 5.9 /\!/ [0.1 + (0.24 /\!/ 30 /\!/ 91)]$$
$$= 0.32 \text{ k}\Omega$$

输入回路的时间常数为

$$\tau_{h_1} = RC_\pi' = 320 \times 226.9 \times 10^{-12} = 72.6 \times 10^{-9} \text{ s}$$

则

$$f_{h_1} = \frac{1}{2\pi\tau_{h_1}} = \frac{1}{2\pi \times 72.6 \times 10^{-9}} = 2.19 \text{ MHz}$$

输出回路的时间常数为

$$\tau_{h_2} = R_L' \frac{K+1}{K} C_\mu = 2.9 \times 10^3 \times \frac{16.9 \times 2.9 + 1}{16.9 \times 2.9} \times 4 \times 10^{-12}$$
$$= 11.8 \times 10^{-9} \text{ s}$$

则

$$f_{h_2} = \frac{1}{2\pi\tau_{h_2}} = \frac{1}{2\pi \times 11.8 \times 10^{-9}} = 13.5 \text{ MHz}$$

总的上限频率可由下式近似估算：

$$\frac{1}{f_h} \approx 1.1 \sqrt{\frac{1}{f_{h_1}^2} + \frac{1}{f_{h_2}^2}} = 1.1 \sqrt{\frac{1}{2.19^2} + \frac{1}{13.5^2}} = 0.509 \times 10^{-6} \text{ s}$$

$$f_h = \frac{1}{0.509 \times 10^{-6}} = 1.97 \text{ MHz}$$

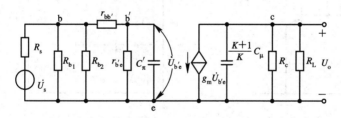

图 3-19 例 1 高频等效电路

思考题和习题

1. 电路的频率响应是指对于不同频率的输入信号，其放大倍数的变化情况。高频时放大倍数下降，主要是因为_____的影响；低频时放大倍数下降，主要是因为_____的影响。

2. 当输入信号频率为 f_1 或 f_h 时，放大倍数的幅值约下降为中频时的_____，或者是下降了_____dB。此时与中频时相比，放大倍数的附加相移约为_____。

3. 某三极管 $I_{CQ} = 2.5 \text{ mA}$，$f_T = 500 \text{ MHz}$，$r_{b'e} = 1 \text{ k}\Omega$。求高频参数 g_m、C_π、β、f_β。

4. 电路如图 3-20 所示，三极管参数为 $\beta = 100$，$r_{bb'} = 100 \ \Omega$，$U_{be} = 0.6 \text{ V}$，$f_T = 10 \text{ MHz}$，$C_\mu = 10 \text{ pF}$。试通过下列情况的分析计算，说明放大电路各种参数变化对放大器

频率特性的影响。

(1) 画出中频段、低频段和高频段的简化等效电路，并计算中频电压放大倍数 A_{um}、上限频率 f_h、下限频率 f_l。

(2) 在不影响电路其它指标的情况下，欲将下限频率 f_l 降到 200 Hz 以下，电路参数应作怎样的变更？

(3) 其它参数不变，若将负载电阻 R_c 降到 200 Ω，对电路性能有何影响？

(4) 在不换管子，也不改变电路接法的前提下，如何通过电路参数的调整进一步展宽频带？

(5) 其它参数不变，重选三极管：$f_T = 200$ MHz，$r_{bb'} = 50 \ \Omega$，$C_\mu = 2$ pF，$\beta = 100$。上限频率可提高多少？

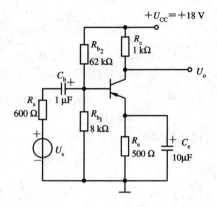

图 3 - 20 题 4 图

5. 电路如图 3 - 21 所示，已知三极管的 $r_{bb'} = 200 \ \Omega$，$r_{b'e} = 1.2$ kΩ，$g_m = 40$ mA/V，$C_\pi' = 1000$ pF。

(1) 试画出包括外电路在内的简化混合 π 型等效电路。

(2) 估算中频电压放大倍数 A_{usm}、上限频率 f_h、下限频率 f_l(可作合理简化)。

(3) 画出对数幅频特性和相频特性。其对数增益 G_u 与电压放大倍数的关系如下表所示。

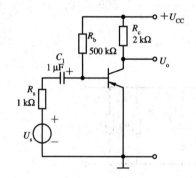

A_{um}	10	20	30	40	50	60	100
G_u /dB	20	26	30	32	34	35.6	40

图 3 - 21 题 5 图

6. 两个放大器其上限频率均为 10 MHz，下限频率均为 100 Hz，当用它们组成二级放大器时，总的上限频率 f_h 和下限频率 f_l 为多少？

第四章

场效应管放大电路

由于半导体三极管工作在放大状态时必须保证发射结正向运用，故输入端始终存在输入电流。改变输入电流就可改变输出电流，所以三极管是电流控制器件，因而三极管组成的放大器其输入电阻不高。

场效应管是通过改变输入电压（即利用电场效应）来控制输出电流的，属于电压控制器件。它不吸收信号源电流，不消耗信号源功率，因此其输入电阻十分高，可高达上百兆欧。除此之外，场效应管还具有温度稳定性好、抗辐射能力强、噪声低、制造工艺简单、便于集成等优点，所以得到广泛的应用。

场效应管分为结型场效应管（JFET）和绝缘栅场效应管（IGFET，常称 MOS管），目前最常用的是 MOS 管。

由于半导体三极管参与导电的是两种极性的载流子：电子和空穴，所以又称半导体三极管为双极性三极管。场效应管仅依靠一种极性的载流子导电，所以又称为单极性三极管。

4.1 结型场效应管

4.1.1 结构

结型场效应管有两种结构形式。图 4-1(a) 为 N 型沟道结型场效应管。图 4-1(b) 是 P型沟道结型场效应管。其电路符号如图 4-1(c)、(d) 所示。

以 N 沟道为例。在一块 N 型硅半导体材料的两边，利用合金法、扩散法或其它工艺做成高浓度的 P^+ 型区，使之形成两个 PN 结，然后将两边的 P^+ 型区连在一起，引出一个电极，称为栅极 G。在 N 型半导体两端各引出一个电极，分别作为源极 S 和漏极 D。夹在两个 PN 结中间的 N 型区是源极与漏极之间的电流通道，称为导电沟道。由于 N 型半导体多数载流子是电子，故此沟道称为 N 型沟道。同理，P 型沟道结型场效应管中，沟道是 P 型区，称为 P 型沟道，栅极与 N^+ 型区相连。电路符号中栅极的箭头方向可理解为两个 PN 结的正向导电方向。

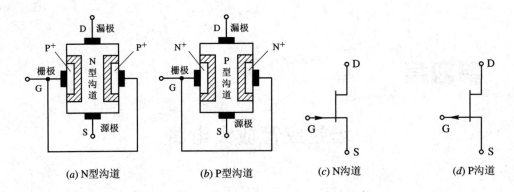

| (a) N型沟道 | (b) P型沟道 | (c) N沟道 | (d) P沟道 |

图 4-1   结型场效应管的结构示意图和符号

4.1.2   工作原理

从结构图 4-1(a)可看出，在 D、S 间加上电压 U_{DS}，则在源极和漏极之间形成电流 I_D。通过改变栅极和源极的反向电压 U_{GS}，则可以改变两个 PN 结阻挡层(耗尽层)的宽度。由于栅极区是高掺杂区，所以阻挡层宽度变化主要在沟道区。故 $|U_{GS}|$ 的改变会引起沟道宽度的变化，其沟道电阻也随之而变，从而改变了漏极电流 I_D。如果 $|U_{GS}|$ 上升，则沟道变窄，电阻增加，I_D 下降。反之亦然。所以，改变 U_{GS} 的大小，可以控制漏极电流，这是场效应管工作的核心部分。

1. U_{GS} 对导电沟道的影响

为便于讨论，先假设 $U_{DS}=0$。

当 U_{GS} 由零向负值增大时，PN 结的阻挡层加厚，沟道变窄，电阻增大，如图 4-2(a)、(b)所示。

若 U_{GS} 的负值再进一步增大，当 $U_{GS}=-U_P$ 时两个 PN 结的阻挡层相遇，沟道消失，我们称为沟道被"夹断"了，U_P 称为夹断电压，无载流子通道，如图 4-2(c)所示。

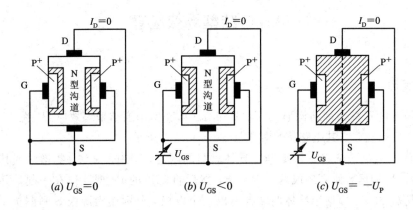

| (a) $U_{GS}=0$ | (b) $U_{GS}<0$ | (c) $U_{GS}=-U_P$ |

图 4-2   当 $U_{DS}=0$ 时 U_{GS} 对导电沟道的影响示意

2. I_D 与 U_{DS}、U_{GS} 之间的关系

假定栅、源电压 $|U_{GS}|<|U_P|$，如 $U_{GS}=-1$ V，而 $U_P=-4$ V，当漏、源之间加上电压

$U_{DS}=2$ V 时，沟道中将有电流 I_D 通过。此电流将沿着沟道的方向产生一个电压降，这样沟道上各点的电位就不同，因而沟道内各点与栅极之间的电位差也就不相等。漏极端与栅极之间的反向电压最高，如 $U_{DG}=U_{DS}-U_{GS}=2-(-1)=3$ V，沿着沟道向下逐渐降低，使源极端为最低，如 $U_{SG}=-U_{GS}=1$ V，两个 PN 结的阻挡层将出现楔形，使得靠近源极端沟道较宽，而靠近漏极端的沟道较窄，如图 4-3(a)所示。此时，若增大 U_{DS}，由于沟道电阻增长较慢，所以 I_D 随之增加。当 U_{DS} 进一步增加到使栅、漏间电压 U_{DG} 等于 U_P 时，即

$$U_{DG}=U_{DS}-U_{GS}=U_P \tag{4-1}$$

则在 D 极附近，两个 PN 结的阻挡层相遇，如图 4-3(b)所示，称为预夹断。如果继续升高 U_{DS}，就会使夹断区向源极端方向发展，沟道电阻增加。由于沟道电阻的增长速率与 U_{DS} 的增加速率基本相同，故这期间 I_D 趋于一个恒定值，不随 U_{DS} 的增大而增大，此时，漏极电流的大小仅取决于 U_{GS} 的大小。U_{GS} 越负，沟道电阻越大，I_D 便越小，直到 $U_{GS}=U_P$，沟道被全部夹断，$I_D=0$，如图 4-3(c)所示。

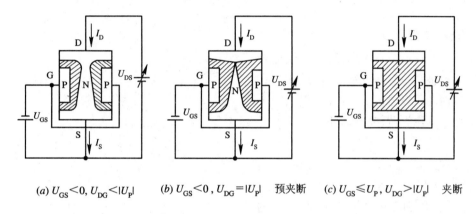

(a) $U_{GS}<0$, $U_{DG}<|U_P|$ (b) $U_{GS}<0$, $U_{DG}=|U_P|$ 预夹断   (c) $U_{GS}\leqslant U_P$, $U_{DG}>|U_P|$ 夹断

图 4-3 U_{DS} 对导电沟道和 I_D 的影响

由于结型场效应管工作时，总是在栅、源之间加一个反向偏置电压，使得 PN 结始终处于反向接法，故 $I_G \approx 0$，所以场效应管的输入电阻 r_{gs} 很高。

4.1.3 特性曲线

1. 输出特性曲线

图 4-4 为 N 沟道结型场效应管输出特性曲线。以 U_{GS} 为参变量时，漏极电流 I_D 与漏、源电压 U_{DS} 之间的关系称为输出特性，即

$$I_D=f(U_{DS})|_{U_{GS}=常数} \tag{4-2}$$

根据工作情况，输出特性可划分为 4 个区域，即：可变电阻区、恒流区、击穿区和截止区。

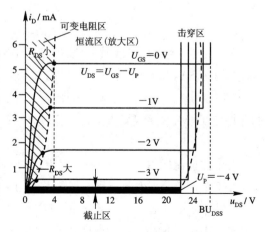

图 4-4   N 沟道结型场效应管的输出特性

（1）可变电阻区。可变电阻区位于输出特性曲线的起始部分，图中用阴影线标出。此区的特点是：固定 U_{GS} 时，I_D 随 U_{DS} 增大而线性上升，相当于线性电阻；改变 U_{GS} 时，特性曲线的斜率变化，即相当于电阻的阻值不同。U_{GS} 增大，相应的电阻增大。因而在此区域，场效应管可看作一个受 U_{GS} 控制的可变电阻，即漏、源电阻 $R_{DS} = f(U_{GS})$。

（2）恒流区。该区的特点是：I_D 基本不随 U_{DS} 而变化，仅取决于 U_{GS} 的值，输出特性曲线趋于水平，故称为恒流区或饱和区。当组成场效应管放大电路时，为防止出现非线性失真，应使工作点设置在此区域内。

（3）击穿区。位于特性曲线的最右部分，当 U_{DS} 升高到一定程度时，反向偏置的 PN 结被击穿，I_D 将突然增大。由于 U_{GS} 愈负时达到雪崩击穿所需的 U_{DS} 电压愈小，故对应于 U_{GS} 愈负的特性曲线击穿越早。其击穿电压用 BU_{DS} 表示，当 $U_{GS} = 0$ 时，其击穿电压用 BU_{DSS} 表示。

（4）截止区。当 $|U_{GS}| \geqslant |U_P|$ 时，管子的导电沟道处于完全夹断状态，$I_D = 0$，场效应管截止。

2. 转移特性曲线

图 4 - 5 所示为 N 沟道结型场效应管的转移特性曲线。当漏、源之间的电压 U_{DS} 保持不变时，漏极电流 I_D 和栅、源之间电压 U_{GS} 的关系称为转移特性，即

$$I_D = f(U_{GS}) \mid_{U_{DS}=常数} \qquad (4-3)$$

它描述了栅、源之间电压 U_{GS} 对漏极电流 I_D 的控制作用。由图可见，$U_{GS} = 0$ 时，$I_D = I_{DSS}$ 称为饱和漏极电流。随着 $|U_{GS}|$ 的增大，I_D 越来越小，当 $U_{GS} = -U_P$ 时，$I_D = 0$。U_P 称为夹断电压。

结型场效应管的转移特性在 $U_{GS} = 0 \sim U_P$ 范围内可用下面近似公式表示：

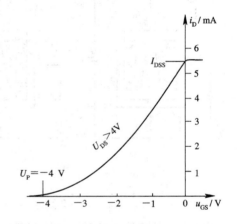

图 4 - 5 N 沟道结型场效应管的转移特性曲线

$$I_D = I_{DSS}\left(1 - \frac{U_{GS}}{U_P}\right)^2 \qquad (4-4)$$

转移特性和输出特性同样是反映场效应管工作时 U_{DS}、U_{GS} 和 I_D 三者之间关系的，所以它们之间是可以相互转换的。如根据输出特性曲线可作出转移特性曲线，其作法如下：在输出特性曲线上，对应于 U_{DS} 等于某一固定电压作一条垂直线，将垂线与各条输出特性曲线的交点所对应的 I_D、U_{GS} 转移到 I_D-U_{GS} 坐标中，即可得转移特性曲线，如图 4 - 6 所示。

由于在恒流区内，同一 U_{GS} 下，不同的 U_{DS}、I_D 基本不变，故不同的 U_{DS} 下的转移特性曲线几乎全部重合，因此可用一条转移特性曲线来表示恒流区中 U_{GS} 与 I_D 的关系。

在结型场效应管中，由于栅极与沟道之间的 PN 结被反向偏置，所以输入端电流近似为零，其输入电阻可达 $10^7 \ \Omega$ 以上。当需要更高的输入电阻时，则应采用绝缘栅场效应管。

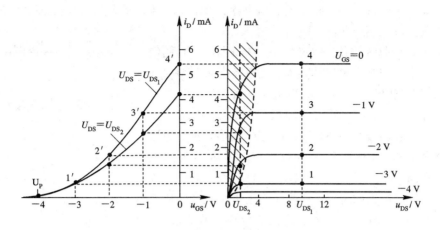

图 4 - 6 由输出特性画转移特性

可查看 N - JFET 特性曲线测试仿真

4.2 绝缘栅场效应管

绝缘栅场效应管通常由金属、氧化物和半导体制成,所以又称为金属 - 氧化物 - 半导体场效应管(metal - oxide - semiconductor),简称为 MOS 场效应管。由于这种场效应管的栅极被绝缘层(SiO₂)隔离,因此其输入电阻更高,可达 10^{12} Ω 以上。从导电沟道来区分,绝缘栅场效应管也有 N 沟道和 P 沟道两种类型。此外,无论是 N 沟道或 P 沟道,又有增强型和耗尽型两种类型。下面以 N 沟道增强型的 MOS 场效应管为主,介绍其结构、工作原理和特性曲线。

4.2.1 N 沟道增强型 MOS 场效应管

1. 结构

N 沟道增强型 MOS 场效应管的结构示意图如图 4 - 7 所示。把一块掺杂浓度较低的 P 型半导体作为衬底,然后在其表面上覆盖一层 SiO₂ 的绝缘层,再在 SiO₂ 层上刻出两个窗口,通过扩散工艺形成两个高掺杂的 N 型区(用 N⁺ 表示),并在 N⁺ 区和 SiO₂ 的表面各自喷上一层金属铝,分别

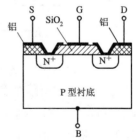

图 4 - 7 N 沟道增强型 MOS 场效应管的结构示意图

引出源极、漏极和控制栅极。衬底上也接出一根引线,通常情况下将它和源极在内部相连。

2. 工作原理

结型场效应管是通过改变 U_{GS} 来控制 PN 结的阻挡层的宽窄,从而改变导电沟道的宽度,达到控制漏极电流 I_D 的目的。而绝缘栅场效应管则是利用 U_{GS} 来控制"感应电荷"的多少,以改变由这些"感应电荷"形成的导电沟道的状况,然后达到控制漏极电流 I_D 的目的。

对于 N 沟道增强型的 MOS 场效应管,当 $U_{GS} = 0$ 时,在漏极和源极的两个 N⁺ 区之间

是 P 型衬底，因此漏、源之间相当于两个背靠背的 PN 结。所以，无论漏、源之间加上何种极性的电压，总是不导通的，即 $I_D=0$。

当 $U_{GS}>0$ 时（为方便，假定 $U_{DS}=0$），则在 SiO_2 的绝缘层中，产生一个垂直半导体表面，由栅极指向 P 型衬底的电场。这个电场排斥空穴吸引电子，当 $U_{GS} \geqslant U_T$ 时，在绝缘栅下的 P 型区中形成了一层以电子为主的 N 型层。由于源极和漏极均为 N^+ 型，故此 N 型层在漏、源极间形成电子导电的沟道，称为 N 型沟道。U_T 称为开启电压，此时在漏、源极间加 U_{DS}，则形成电流 I_D。显然，改变 U_{GS} 则可改变沟道的宽窄，即改变沟道电阻大小，从而控制漏极电流 I_D 的大小。由于这类场效应管在 $U_{GS}=0$ 时 $I_D=0$，只有在 $U_{GS}>U_T$ 后才出现沟道，形成电流，故称为增强型。上述过程如图 4-8 所示。

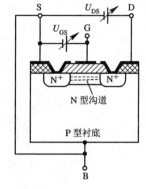

图 4-8 $U_{GS}>U_T$ 时形成导电沟道

3. 特性曲线

对于 N 沟道增强型场效应管，也用输出特性、转移特性表示 I_D、U_{GS}、U_{DS} 之间的关系，如图 4-9 所示。

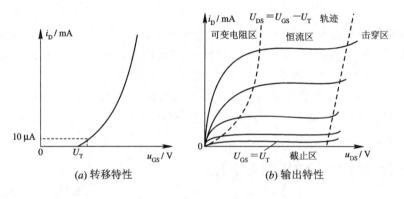

图 4-9 N 沟道增强型 MOS 场效应管的特性曲线

可查看 ENMOSFET 特性曲线测试仿真

由图 4-9(a) 的转移特性曲线可见，当 $U_{GS}<U_T$ 时，由于尚未形成导电沟道，因此 I_D 基本为零。当 $U_{GS} \geqslant U_T$ 时，形成导电沟道，才形成电流，而且 U_{GS} 增大，沟道变宽，沟道电阻变小，I_D 也增大。通常将 I_D 开始出现某一小数值（例如 10 μA）时的 U_{GS} 定义为开启电压 U_T。

MOS 场效应管的输出特性同样可以划分为 4 个区：可变电阻区、恒流区、击穿区和截止区，如图 4-9(b) 所示。

4.2.2 N 沟道耗尽型 MOS 场效应管

耗尽型 MOS 场效应管是在制造过程中，预先在 SiO_2 绝缘层中掺入大量的正离子，因此，$U_{GS}=0$ 时，这些正离子产生的电场也能在 P 型衬底中"感应"出足够的电子，形成 N 型导电沟道，如图 4-10 所示。所以当 $U_{DS}>0$ 时，将产生较大的漏极电流 I_D。

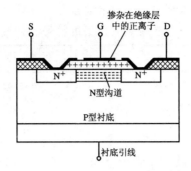

图 4 - 10 N 沟道耗尽型 MOS 管的结构示意图

如果使 $U_{GS} < 0$，则它将削弱正离子所形成的电场，使 N 沟道变窄，从而使 I_D 减小。当 U_{GS} 更负，达到某一数值时沟道消失，$I_D = 0$。使 $I_D = 0$ 的 U_{GS} 我们也称为夹断电压，仍用 U_P 表示。N 沟道 MOS 耗尽型场效应管的特性曲线如图 4 - 11 所示。

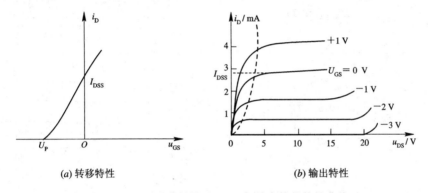

(a) 转移特性   (b) 输出特性

图 4 - 11 N 沟道耗尽型 MOS 场效应管的特性曲线

N 沟道 MOS 场效应管的电路符号见图 4 - 12(a)、(b) 和 (c)。图 (a) 表示增强型，图 (b) 表示耗尽型，而图 (c) 是 N 沟道 MOS 管的简化符号，即可表示增强型，也可表示耗尽型。

P 沟道场效应管的工作原理与 N 沟道类似，此处不赘述，它们的电路符号也与 N 沟道相似，图中箭头方向相反，如图 4 - 12(d)、(e)、(f) 所示。

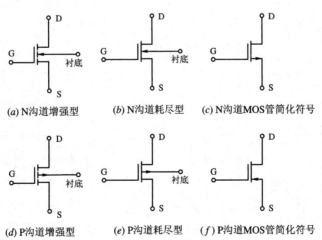

(a) N沟道增强型   (b) N沟道耗尽型   (c) N沟道MOS管简化符号

(d) P沟道增强型   (e) P沟道耗尽型   (f) P沟道MOS管简化符号

图 4 - 12 MOS 场效应管电路符号

为便于比较,将各种场效应管的符号和特性曲线列于表 4-1 中。

表 4-1 各种场效应管的符号和特性曲线

类型	符号和极性	转移特性	输出特性
JFET N沟道			
JFET P沟道			
增强型 N MOS			
耗尽型 N MOS			
增强型 P MOS			
耗尽型 P MOS			

4.3 场效应管的主要参数

场效应管主要参数包括直流参数、交流参数、极限参数三部分。

4.3.1 直流参数

1. 饱和漏极电流 I_{DSS}

I_{DSS} 是耗尽型和结型场效应管的一个重要参数，它的定义是当栅源之间的电压 U_{GS} 等于零，而漏、源之间的电压 U_{DS} 大于夹断电压 U_P 时对应的漏极电流。

2. 夹断电压 U_P

U_P 也是耗尽型和结型场效应管的重要参数，其定义为当 U_{DS} 一定时，使 I_D 减小到某一个微小电流（如 1 μA，50 μA）时所需的 U_{GS} 值。

3. 开启电压 U_T

U_T 是增强型场效应管的重要参数，它的定义是当 U_{DS} 一定时，漏极电流 I_D 达到某一数值（例如 10 μA）时所需加的 U_{GS} 值。

4. 直流输入电阻 R_{GS}

R_{GS} 是栅、源之间所加电压与产生的栅极电流之比。由于栅极几乎不索取电流，因此输入电阻很高，结型为 10^6 Ω 以上，MOS管可达 10^{12} Ω 以上。

4.3.2 交流参数

1. 低频跨导 g_m

此参数用于描述栅、源电压 U_{GS} 对漏极电流 I_D 的控制作用。它的定义是当 U_{DS} 一定时，U_{GS} 每变化 1 伏，I_D 变化多少毫安，即

$$g_m = \frac{\partial I_D}{\partial U_{GS}}\bigg|_{U_{DS}=\text{常数}} \qquad (4-5)$$

跨导 g_m 的单位是 mA/V，它的值可由转移特性或输出特性求得。在转移特性上工作点 Q 外切线的斜率即是 g_m，见图 4-13(a)。或由输出特性看，在工作点处作一条垂直于横坐标的直线（表示 $U_{DS}=$ 常数），在 Q 点上下取一个较小的栅、源电压变化量 ΔU_{GS}，然后从纵坐标上找到相应的漏极电流的变化量 ΔI_D，则 $g_m = \Delta I_D/\Delta U_{GS}$，见图 4-13(b)。

此外，对结型场效应管，可由式(4-4)求导而得

$$g_m = \frac{\partial I_D}{\partial U_{GS}} = -\frac{2I_{DSS}}{U_P}\left(1 - \frac{U_{GS}}{U_P}\right) \qquad (4-6)$$

若已知 I_{DSS}、U_P 之值，只需将工作点处的 U_{GS} 值和 I_{DSS}、U_P 值代入式(4-6)，既可求得 g_m 值。

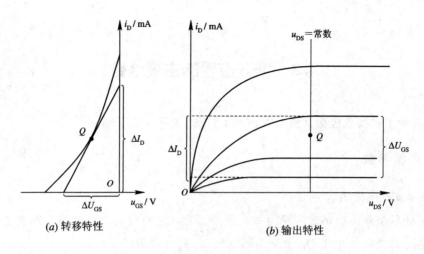

图 4 – 13　根据场效应管的特性曲线求 g_m

2. 极间电容

场效应管三个电极之间的电容包括 C_GS、C_GD 和 C_DS。这些极间电容愈小，管子的高频性能愈好。一般为几个 pF。

4.3.3　极限参数

1. 漏极最大允许耗散功率 P_Dm

P_Dm 与 I_D、U_DS 有如下关系：

$$P_\mathrm{Dm} = I_\mathrm{D}U_\mathrm{DS}$$

这部分功率将转化为热能，使管子的温度升高。P_Dm 决定于场效应管允许的最高温度。

2. 漏、源间击穿电压 BU_DS

BU_DS 指在场效应管输出特性曲线上，当漏极电流 I_D 急剧上升产生雪崩击穿时的 U_DS。工作时外加在漏、源之间的电压不得超过此值。

3. 栅源间击穿电压 BU_GS

结型场效应管正常工作时，栅、源之间的 PN 结处于反向偏置状态，若 U_GS 过高，PN 结将被击穿。此时的栅源间电压即为击穿电压 BU_GS。

对于 MOS 场效应管，由于栅极与沟道之间有一层很薄的二氧化硅绝缘层，当 U_GS 过高时，可能将 SiO_2 绝缘层击穿，使栅极与衬底发生短路。这种击穿不同于 PN 结击穿，而和电容器击穿的情况类似，属于破坏性击穿，即栅、源间发生击穿，MOS 管立即被损坏。

4.4　场效应管的特点

场效应管具有放大作用，可以组成各种放大电路，它与双极性三极管相比，具有如下几个特点：

（1）场效应管是一种电压控制器件，即通过 U_GS 来控制 I_D。而双极性三极管是电流控制器件，通过 I_B 来控制 I_C。

（2）场效应管输入端几乎没有电流，所以其直流输入电阻和交流输入电阻都非常高。而双极性三极管，e 结始终处于正向偏置，总是存在输入电流，故 b、e 极间的输入电阻较小。

（3）由于场效应管是利用多数载流子导电的，因此，与双极性三极管相比，具有噪声小、受幅射的影响小、热稳定性较好而且存在零温度系数工作点等特性。图 4-14 为同一场效应管在不同温度下的转移特性，几条特性曲线有一个交点，若放大电路中场效应管的栅极电压选在该点，则当温度改变时 I_D 的值不变，该点称为零温度系数工作点。

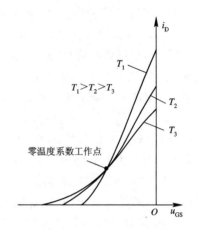

图 4-14 场效应管的零温度系数工作点

（4）由于场效应管的结构对称，有时漏极和源极可以互换使用，而各项指标基本上不受影响，因此应用时比较方便、灵活。对于有的绝缘栅场效应管，制造时源极已和衬底连在一起，则漏极和源极不能互换。

（5）场效应管的制造工艺简单，有利于大规模集成。特别是 MOS 电路，每个 MOS 场效应管的硅片上所占的面积只有双极性三极管的 5%，因此集成度更高。

（6）由于 MOS 场效应管的输入电阻可高达 10^{12} Ω 以上，因此，由外界静电感应所产生的电荷不易泄漏，而栅极上的 SiO_2 绝缘层又很薄，这将在栅极上产生很高的电场强度，以致引起绝缘层击穿而损坏管子。为此，在存放时，应将各电极引线短接。焊接时，要注意将电烙铁外壳接上可靠地线，或者在焊接时，将电烙铁与电源暂时脱离。目前，一些 MOS 管子采用图 4-15 所示的栅极保护电路，正常工作时，稳压管 V_{D1}、V_{D2} 都截止，R 上压降为零，对 MOS 管的工作无影响。

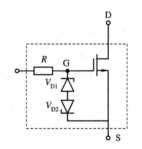

图 4-15 栅极过压保护电路

（7）场效应管的跨导较小，当组成放大电路时，在相同的负载电阻下，电压放大倍数比双极型三极管低。

4.5 场效应管放大电路

场效应管具有放大作用，它的三个极与双极性三极管的三个极存在着对应关系，即：栅极 G 对应基极 b；源极 S 对应发射极 e；漏极 D 对应集电极 c。所以根据双极性三极管放大电路，可组成相应的场效应管放大电路。但由于两种放大器件各自的特点，故不能将双极性三极管放大电路中的三极管简单地用场效应管取代，组成场效应管放大电路。

双极性三极管是电流控制器件，组成放大电路时，应给双极性三极管设置偏流。而场效应管是电压控制器件，故组成放大电路时，应给场效应管设置偏压，保证放大电路具有合适的工作点，避免输出波形产生严重的非线性失真。

4.5.1 静态工作点与偏置电路

由于场效应管种类较多，故对于所采用的偏置电路，其电压极性必须考虑。

下面以 N 沟道为例进行讨论。由于 MOS 管又分为耗尽型和增强型，故偏置电路也有所区别。结型场效应管只能工作在 $U_{GS}<0$ 的区域。图 4-16 为自给偏压电路，它适用于结型场效应管或耗尽型场效应管。它依靠漏极电流 I_D 在 R_S 上的电压降提供栅极偏压，即

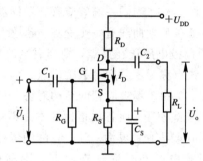

$$U_{GS} = -I_D R_S \qquad (4-7)$$

为减少 R_S 对放大倍数的影响，在 R_S 两端同样也并联一个足够大的旁路电容 C_S。

由场效应管工作原理我们知道 I_D 是随 U_{GS} 变化的，而现在 U_{GS} 又取决于 I_D 的大小，怎样确定静态工作点 I_D 和 U_{GS} 的值呢？一般可采用两种方法：图解法和计算法。

图 4-16　自给偏压电路

可查看 N-JFET 共源放大电路仿真

1. 图解法

首先，由漏极回路写出方程

$$U_{DS} = U_{DD} - I_D(R_D + R_S) \qquad (4-8)$$

由此在场效应管的输出特性曲线上作出直流负载线 AB，将此直流负载线逐点转到 $u_{GS} \sim i_D$ 坐标，得到对应直流负载线的转移特性曲线 CD，如图 4-17 所示。再由式（4-7）在 $u_{GS} \sim i_D$ 坐标系中作另一条直线，两线的交点即为 Q 点。

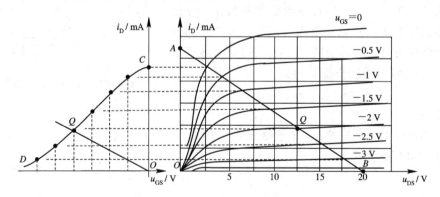

图 4-17　求自给偏压电路 Q 点的图解法

2. 计算法

场效应管的 I_D 和 U_{GS} 之间的关系可用式（4-4）近似表示，即

$$I_D = I_{DSS}\left(1 - \frac{U_{GS}}{U_P}\right)^2 \qquad (4-9)$$

I_{DSS} 为饱和漏极电流，U_P 为夹断电压，可由手册查出。联立求解式（4-7）和式（4-9）即可得到静态时的 I_D 和 U_{GS} 值。

【例1】 电路如图 4-16 所示，场效应管为 3DJG，其输出特性曲线如图 4-18 所示。已知 $R_D = 2\ \text{k}\Omega$，$R_S = 1.2\ \text{k}\Omega$，$U_{DD} = 15\ \text{V}$，试用图解法确定该放大器的静态工作点。

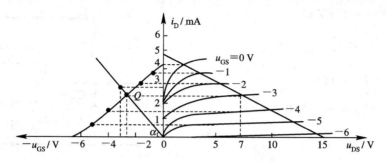

图 4-18 图解法确定工作点（例1）

解 写出输出回路的电压电流方程，即直流负载线方程

$$U_{DS} = U_{DD} - I_D(R_D + R_S)$$

设 $U_{DS} = 0\ \text{V}$ 时，

$$I_D = \frac{U_{DD}}{R_D + R_S} = \frac{15}{2 + 1.2} = 4.7\ \text{mA}$$

$I_D = 0\ \text{mA}$ 时，

$$U_{DS} = 15\ \text{V}$$

在输出特性图上将上述两点相连得直流负载线。

再根据上述直流负载线与输出特性曲线簇的交点，转移到 $u_{GS} \sim i_D$ 坐标系中，画出相应于该直流负载线的转移特性曲线，见图 4-18。

在转移特性曲线上，作出 $U_{GS} = -I_D R_S$ 的曲线。由上式可看出它在 $u_{GS} \sim i_D$ 坐标系中是一条直线，找出两点即可画出此线。

令

$$I_D = 0, \qquad U_{GS} = 0$$
$$I_D = 3\ \text{mA}, \qquad U_{GS} = 3.6\ \text{V}$$

连接该两点，在 $u_{GS} \sim i_D$ 坐标系中得一直线，此线与转移特性曲线的交点，即为 Q 点，对应 Q 点的值为

$$I_D = 2.5\ \text{mA}, \qquad U_{GS} = -3\ \text{V}, \qquad U_{DS} = 7\ \text{V}$$

另一种常用的偏置电路为分压式偏置电路，如图 4-19 所示。该电路适合各种场效应管。为了不使分压电阻 R_1、R_2 对放大电路的输入电阻影响太大，通过 R_G 与栅极相连。该电路栅、源电压为

$$U_{GS} = U_G - U_S = \frac{R_1}{R_2 + R_1} U_{DD} - I_D R_S \qquad (4-10)$$

利用图解法求 Q 点时，此方程的直线不通过 $u_{GS} \sim i_D$ 坐标系的原点，而是通过 $I_D = 0$，$U_{GS} = \dfrac{R_1}{R_2 + R_1} U_{DD}$ 点，其它过程与自给偏压电路相同，此处不赘述。

利用计算法求解时，需联立解下面的方程组

$$\begin{cases} U_{GS} = \dfrac{R_1}{R_1 + R_2} U_{DD} - I_D R_S \\[2mm] I_D = I_{DSS}\left(1 - \dfrac{U_{GS}}{U_P}\right)^2 \end{cases} \qquad (4-11)$$

为使工作点受温度的影响最小，应尽量将栅偏压设置在零温度系数附近。

【例 2】 试计算图 4 - 19 的静态工作点。已知 $R_1 = 50$ kΩ，$R_2 = 150$ kΩ，$R_G = 1$ MΩ，$R_D = R_S = 10$ kΩ，$U_{DD} = 20$ V。场效应管为 3DJ7F，其 $U_P = -5$ V，$I_{DSS} = 1$ mA。

解 由式(4 - 11)可得

$$U_{GS} = \frac{50}{50 + 150} \times 20 - 10I_D$$

$$I_D = 1\left(1 + \frac{U_{GS}}{5}\right)^2$$

即

$$U_{GS} = 5 - 10I_D$$

$$I_D = \left(1 + \frac{U_{GS}}{5}\right)^2$$

将 U_{GS} 代入上式得

$$I_D = \left(1 + \frac{5 - 10I_D}{5}\right)^2$$

$$4I_D{}^2 - 9I_D + 4 = 0$$

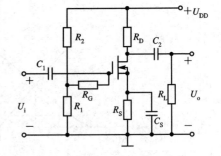

图 4 - 19　分压式偏置电路

可查看 ENMOSEFET 共源放大电路仿真

解得

$$I_{D1} = 0.61 \text{ mA}, \quad I_{D2} = 1.64 \text{ mA}$$

所以

$$U_{GS1} = 5 - 0.61 \times 10 = -1.1 \text{ V}$$
$$U_{GS2} = 5 - 1.64 \times 10 = -11.4 \text{ V(舍去)}$$

漏极对地电压为

$$U_D = U_{DD} - I_D R_D = 20 - 0.61 \times 10 = 13.9 \text{ V}$$

4.5.2　场效应管的微变等效电路

由于场效应管输入端不取电流，输入电阻极大，故输入端可视为开路。场效应管仅存在如下关系：

$$i_D = f(u_{GS}, u_{DS}) \tag{4 - 12}$$

求微分式

$$di_D = \frac{\partial i_D}{\partial u_{GS}}\bigg|_{U_{DS}} du_{GS} + \frac{\partial i_D}{\partial u_{DS}}\bigg|_{U_{GS}} du_{DS} \tag{4 - 13}$$

定义

$$g_m = \frac{\partial i_D}{\partial u_{GS}}\bigg|_{U_{DS}} \tag{4 - 14}$$

$$\frac{1}{r_D} = \frac{\partial i_D}{\partial u_{DS}}\bigg|_{U_{GS}} \tag{4 - 15}$$

g_m 为跨导，r_D 为漏极电阻。

如果用 i_d、u_{gs}、u_{ds} 分别表示 i_D、u_{GS}、u_{DS} 的变化部分，则式(4 - 13)可写为

$$i_d = g_m u_{gs} + \frac{1}{r_D} u_{ds} \tag{4 - 16}$$

其中 g_m、r_D 的数值可从特性曲线上求出。g_m 也可通过式(4 - 6)求得，即

$$g_m = -\frac{2I_{DSS}}{U_P}\left(1 - \frac{U_{GS}}{U_P}\right) \tag{4 - 17}$$

当 $U_{GS} = 0$ 时，以 g_{m0} 表示此时的 g_m 值，则有

$$g_{m0} = -\frac{2I_{DSS}}{U_P} \qquad (4-18)$$

将 g_{m0} 代入式(4-17)则得

$$g_m = g_{m0}\left(1 - \frac{U_{GS}}{U_P}\right) \qquad (4-19)$$

通常 r_D 的数值均为几百千欧的数量级，当负载电阻比 r_D 小很多时，可认为 r_D 开路。

有了等效电路，我们就可用它计算场效应管放大电路的电压放大倍数 A_u、输入电阻 r_i 和输出电阻 r_o。

4.5.3 共源极放大电路

电路如图 4-19 所示，其微变等效电路如图 4-20 所示。

1. 电压放大倍数 A_u

$$A_u = \frac{U_o}{U_i}$$

$$U_o = -g_m U_{gs} R_L'$$

式中，$R_L' = R_D /\!/ R_L$。而 $U_{gs} = U_i$，所以

$$A_u = \frac{U_o}{U_i} = -g_m R_L' \qquad (4-20)$$

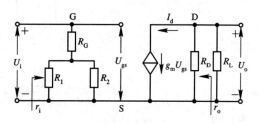

图 4-20　共源极放大电路微变等效电路

2. 输入电阻 r_i

$$r_i = R_G + R_1 /\!/ R_2 \qquad (4-21)$$

由于 R_1、R_2 主要用来确定静态工作点，所以，输入电阻主要由 R_G 确定。一般 R_G 阻值都较高，常为几百千欧至几兆欧，甚至几十兆欧。

3. 输出电阻 r_o

$$r_o = R_D \qquad (4-22)$$

4.5.4 共漏放大器(源极输出器)

电路如图 4-21(a)所示，其微变等效电路如图 4-21(b)所示。

1. 电压放大倍数 A_u

$$A_u = \frac{U_o}{U_i}$$

$$U_o = g_m U_{gs} R_L'$$

式中 $R_L' = R_S /\!/ R_L$，而

$$U_i = U_{gs} + U_o, \quad U_{gs} = U_i - U_o$$

所以

$$U_o = g_m(U_i - U_o)R_L'$$

整理后得

$$U_o = \frac{g_m R_L' U_i}{1 + g_m R_L'}$$

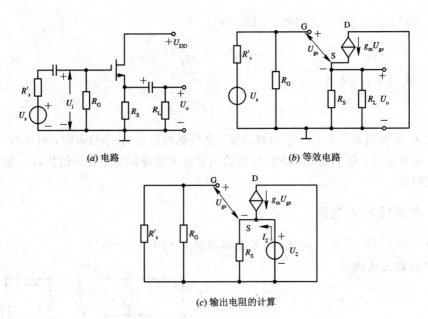

(a) 电路　　　　　　　　　　　(b) 等效电路

(c) 输出电阻的计算

图 4 – 21　源 极 输 出 器

可查看源极输出器仿真

于是得

$$A_u = \frac{g_m R_L^{'}}{1 + g_m R_L^{'}} \tag{4-23}$$

当 $g_m R_L^{'} \gg 1$ 时，$A_u \approx 1$。

2. 输入电阻 r_i

$$r_i = R_G \tag{4-24}$$

3. 输出电阻 r_o

在求输出电阻时，令 $U_s = 0$，并在输出端加一信号 U_2，如图 4 – 21(c)所示。这时从输出端流入的电流为

$$I_2 = \frac{U_2}{R_S} - g_m U_{gs}$$

而 $U_{gs} = -U_2$，所以

$$I_2 = \frac{U_2}{R_S} + g_m U_2 = \left(g_m + \frac{1}{R_S} \right) U_2$$

故

$$r_o = \frac{U_2}{I_2} = \frac{1}{g_m + \frac{1}{R_S}} = \frac{1}{g_m} /\!/ R_S \tag{4-25}$$

【例 3】　计算例 2 电路(图 4 – 19)的电压放大倍数、输入电阻、输出电阻。电路参数及管子参数如例 2，且 $R_L = 1\ \text{M}\Omega$，$C_S = 100\ \mu\text{F}$。

解　由例 2 已求得该电路的静态工作点，$U_{GS} = -1.1\ \text{V}$，$I_D = 0.61\ \text{mA}$，则根据式 (4 – 17)得

$$g_m = \frac{2 \times 1}{5} \left(1 - \frac{1.1}{5} \right) = 0.312\ \text{mA/V}$$

直接利用式(4-20)、(4-21)、(4-22)得

$$A_u = -g_m R_L' = -0.312 \times \frac{10 \times 1000}{10 + 1000} \approx -3.12$$

$$r_i = R_G + R_1 \,/\!/\, R_2 = 1000 + \frac{50 \times 150}{50 + 150} = 1038 \text{ k}\Omega \approx 1.04 \text{ M}\Omega$$

$$r_o = R_D = 10 \text{ k}\Omega$$

【例4】 计算图4-21(a)源极输出器的 A_u、r_i、r_o。(已知 $R_G = 5$ MΩ，$R_S = 10$ kΩ，$R_L = 10$ kΩ，场效应管 $g_m = 4$ mA/V)

解 由于 g_m 已给出，所以可不计算直流状态。根据式(4-23)、(4-24)、(4-25)可求出

$$A_u = \frac{g_m R_L'}{1 + g_m R_L'} = \frac{4 \times 5}{1 + 4 \times 5} = \frac{20}{21} = 0.95$$

式中 $R_L' = R_S \,/\!/\, R_L = 5$ kΩ。

$$r_i = R_G = 5 \text{ M}\Omega$$

$$r_o = \frac{1}{g_m} \,/\!/\, R_S = \frac{1}{4} \,/\!/\, 10 \approx \frac{1}{4} = 0.25 \text{ k}\Omega$$

由上述可知，源极输出器也具有与晶体管射极输出器相似的特性：A_u 接近于1，r_i 很高，r_o 很小。

思考题和习题

1. 场效应管又称为单极性管，因为_____；半导体三极管又称为双极性管，因为_____。

2. 半导体三极管通过基极电流控制输出电流，所以属于_____控制器件，其输入电阻_____；场效应管通过控制栅极电压，控制输出电流，所以属于_____控制器件，其输入电阻_____。

3. 简述 N 沟道结型场效应管的工作原理。

4. 简述绝缘栅 N 沟道增强型场效应管的工作原理。

5. 绝缘栅 N 沟道增强型与耗尽型场效应管有何不同？

6. 场效应管的转移特性曲线如图4-22所示，试标出管子的类型(N 沟道还是 P 沟道，增强型还是耗尽型，结型还是绝缘栅型)。

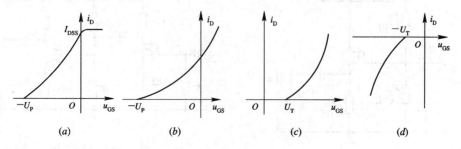

图4-22 题6图

7. 已知 N 沟道结型场效应管的 $I_{DSS} = 2$ mA，$U_P = -4$ V，画出它的转移特性曲线。

8. 已知某 MOS 场效应管的输出特性如图 4-23 所示，分别画出 $u_{DS}=9$ V、6 V、3 V 时的转移特性曲线。

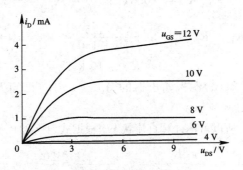

图 4-23　题 8 图

9. 场效应管放大电路及管子转移特性如图 4-24 所示。

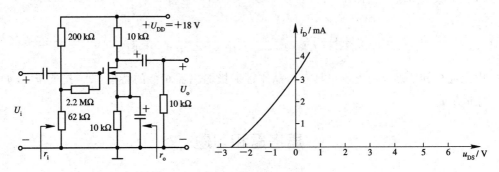

图 4-24　题 9 图

(1) 用图解法计算静态工作点参数 I_{DQ}、U_{GSQ}、U_{DSQ}。

(2) 若静态工作点处跨导 $g_m=2$ mA/V，计算 A_u、r_i、r_o。

10. 源极跟随器电路如图 4-25 所示，设场效应管参数 $U_P=-2$ V，$I_{DSS}=1$ mA。

(1) 用解析法确定静态工作点 I_{DQ}、U_{GSQ}、U_{DSQ} 及工作点跨导。

(2) 计算 A_u、r_i、r_o。

11. 由场效应管及三极管组成二级放大电路如图 4-26 所示，场效应管参数为 $I_{DSS}=2$ mA，$g_m=1$ mA/V；三极管参数 $r_{bb'}=86$ Ω，$\beta=80$。

(1) 估算电路的静态工作点。

(2) 计算该二级放大电路的电压放大倍数 A_u 及输入电阻 r_i 和输出电阻 r_o。

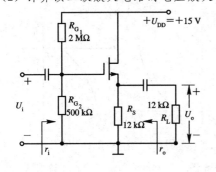

图 4-25　题 10 图

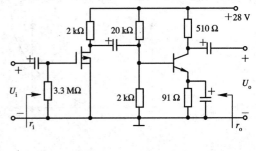

图 4-26　题 11 图

第五章

负反馈放大电路

前面介绍了各种基本放大器，它们虽然都具有放大功能，但其性能指标往往不能满足实际需要，比如：其增益的稳定性较低，通频带较窄，……。为了改善放大器的性能，通常都在放大器中引入各种形式的负反馈。

5.1 反馈的基本概念

5.1.1 反馈的定义

所谓反馈就是把放大器的输出量（电压或电流）的一部分或全部，通过一定的方式送回到放大器的输入端并影响输入量（电压或电流）和输出量的过程，可用图 5-1 所示的方框图表示。

图中，上面一个方框表示基本放大器，下面一个方框表示能够把输出信号的一部分送回到输入端的电路，称为反馈网络；箭头线表示信号的传输方向；符号 Σ 表示信号叠加；X_i 称为输入信号，它由前级电路提供；X_f 称为反馈信号，它是由反馈网络送回到输入端的

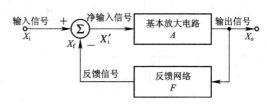

图 5-1 反馈放大器的方框图

信号；X_i' 称为净输入信号或有效控制信号；"＋"和"－"表示 X_i 和 X_f 参与叠加时的规定正方向，即 $X_i - X_f = X_i'$；X_o 称为输出信号。通常，把输出信号的一部分取出的过程称为"取样"；把 X_i 与 X_f 的叠加过程叫作"比较"。引入反馈后，按照信号的传输方向，基本放大器和反馈网络构成一个闭合环路，所以有时把引入了反馈的放大器叫作闭环放大器，而未引入反馈的放大器叫作开环放大器。

定义：

$$开环放大倍数 A = \frac{输出信号}{净输入信号} = \frac{X_o}{X_i'} \tag{5-1}$$

$$反馈系数 F = \frac{反馈信号}{输出信号} = \frac{X_f}{X_o} \tag{5-2}$$

$$闭环放大倍数 A_f = \frac{输出信号}{输入信号} = \frac{X_o}{X_i} \tag{5-3}$$

由于

$$X_i = X_i^{'} + X_f = X_i^{'} + FX_o = X_i^{'} + FAX_i^{'} = (1 + FA)X_i^{'}$$

故可得三者之间的关系

$$A_f = \frac{X_o}{X_i} = \frac{X_o}{(1 + FA)X_i^{'}} = \frac{A}{1 + FA} \tag{5-4}$$

式(5-4)反映了反馈放大电路的基本关系，是分析反馈问题的基础。式中$1+FA$是描述反馈强弱的物理量，称为反馈深度，在定量分析反馈放大器时是十分重要的物理量。

5.1.2 反馈的分类及判断

1. 正反馈与负反馈

按反馈的极性分，可将反馈分为负反馈和正反馈。

当反馈信号X_f削弱输入信号X_i，使净输入信号$X_i^{'} = X_i - X_f < X_i$，闭环放大倍数$A_f <$开环放大倍数$A$时，称为负反馈。负反馈主要用来改善放大器的性能。

反之，当X_f增加输入信号X_i，使$X_i^{'} = X_i + X_f > X_i$，且$A_f > A$时，称为正反馈。正反馈主要用于振荡电路。

正、负反馈的判断，多采用瞬时极性法。假设输入信号增大用⊕表示，经过放大电路反馈至输入回路的信号如是削弱输入信号，则是负反馈，反之则是正反馈。以图5-2(a)、(b)为例。

图5-2(a)中，输入信号U_i使基极电位U_b增加，标为⊕，根据三极管工作原理，其电流I_e增大，电阻R_e上电压I_eR_e也上升，使反馈至输入回路的发射极电压U_e上升，则放大器的净输入$U_{be} = U_b - U_e$，反馈电压抵消了输入电压的作用，故为负反馈。

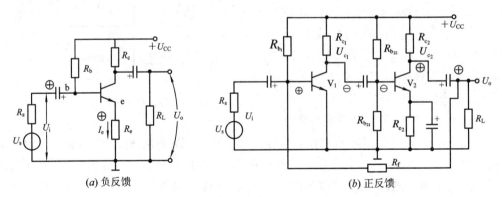

(a) 负反馈   (b) 正反馈

图5-2 反馈极性的判断

图5-2(b)中，输入信号使V_1管基极电位上升，根据放大器的相位关系，U_{c1}下降，经电路耦合使V_2管基极U_{b2}也下降，U_{c2}上升，经电阻R_f反馈至输入端，使U_{b1}上升，即反馈信号增强了输入信号的作用，故该电路为正反馈。

2. 电压反馈与电流反馈

按反馈电路在输出端的取样对象不同，可将反馈电路分为电压反馈和电流反馈。

(1) 电压反馈。在反馈电路中，反馈信号的取样对象是输出电压，此时反馈信号正比于输出电压，此时输出量X_o为电压U_o。为了取样输出电压，电路上，反馈电路是并接在输出回路两端，即反馈电路与输出端相接。

（2）电流反馈。在反馈电路中，反馈信号的取样对象是输出电流，此时反馈信号正比于输出电流，此时输出量 X_o 为电流 I_o，为了取样输出电流。电路上反馈电路是串接在输出回路中，即反馈电路不与输出端相连。

图 5-3 表示上述两种反馈电路在输出级的连接方式。

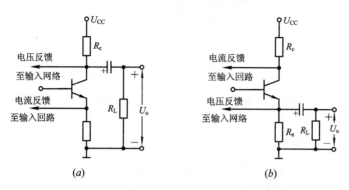

图 5-3　反馈电路与输出回路的联接

两种反馈电路的判断方法如下：

① 输出短路法。

将输出短路，即 $U_o=0$，若此时反馈信号也为 0，说明反馈信号正比于输出电压，故为电压反馈；若此时反馈信号仍存在，说明反馈信号不与电压成正比关系，则为电流反馈。

② 通过电路结构判断。

如果放大器的反馈电路在输出回路上与输出端同一极，则为电压反馈；否则，为电流反馈。

按上述方法，可对图 5-2 所示两图进行判断。对于图 5-2(a)，将输出短路，$U_o=0$，但电流仍存在，即反馈信号 I_eR_e 仍存在；输出电压是从管子的集电极输出，而反馈信号是通过发射极引出，输出与反馈引出点不同极，故该电路为电流反馈。对于图 5-2(b)，当 $U_o=0$ 时，反馈信号也消失了；输出端与反馈引出端在同一极，故该电路为电压反馈。

3. 串联反馈与并联反馈

按反馈电路与输入回路的连接方式（比较方式），反馈可分为串联反馈与并联反馈。

（1）串联反馈。串联反馈的反馈电路是串接在输入回路上的，信号是以电压形式出现，即输入信号 U_i，反馈信号 U_f 和净输入信号 U_i'。电路结构上是信号输入端与反馈电路的接入端不在同一极。如图 5-4 所示。串联反馈要求信号源内阻 R_s 愈小愈好，即要求是恒压源。如 R_s 太大，接近为恒流源，串联反馈基本失效。

（2）并联反馈。并联反馈的反馈电路是并接在输入回路上的，信号是以电流形式出现，即输入信号 I_i，反馈信号 I_f 和净输入信号 I_i'。电路结构上是信号输入端与反馈电路的接入端接在同一极上，如图 5-4 所示。并联反馈要求信号源内阻 R_s 愈大愈好，即要求是恒流源。如 R_s 太小，接近为恒压源，并联反馈基本失效。

按上述方法，可对图 5-2 所示两图进行判断。对于图 5-2(a)，输入信号加至基极，而反馈电路 R_e 是接至发射极的不同极上，故为串联反馈；对于 5-2(b)，输入信号与反馈信号均接至同一极（基极），故为并联反馈。

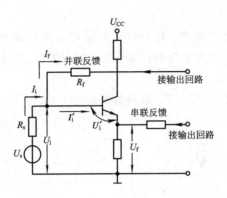

图 5 - 4   串联反馈与并联反馈

4. 直流反馈与交流反馈

（1）直流反馈。若反馈回输入端的信号是直流成分，则称为直流反馈。在放大电路中如引入直流负反馈，其目的一般是稳定直流工作状态。图 5 - 2(a)流过 R_e 的电流有直流也有交流，故该电路引入的反馈是交、直流反馈。如在 R_e 两端并接一支大电容，对交流短路，流过 R_e 仅有直流成分，此时电路引入的是直流反馈。

（2）交流反馈。若反馈回输入端的信号是交流成分，则称交流反馈。在放大电路中如引入交流负反馈，其目的一般是改善放大电路的性能。如图 5 - 2(b)所示，由于反馈是通过输出级的隔直流电容引出，故该电路为交流反馈。

由于放大电路主要引入负反馈来改善放大器的性能，所以本章仅讨论负反馈。

按上述反馈的分类，负反馈放大电路有四种组态：串联电压负反馈；串联电流负反馈；并联电压负反馈；并联电流负反馈。

5.2　负反馈放大器的四种基本组态

5.2.1　串联电压负反馈

串联电压负反馈电路如图 5 - 5(a)所示，这是一个两级 RC 耦合放大电路。

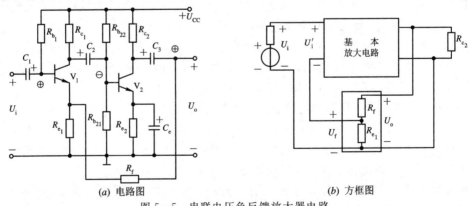

(a) 电路图　　　　　　　　　　　　(b) 方框图

图 5 - 5　串联电压负反馈放大器电路

可查看串联电压负反馈仿真

该电路输出电压 U_o 通过电阻 R_f 和 R_{e_1} 分压后送回到第一级的输入回路。当 $U_o=0$ 时，反馈电压 U_f 就消失了，所以是电压反馈。由于输入回路中，输入信号 U_i 和反馈信号 U_f 是串联的，故是串联反馈。用瞬时极性法，输入 $\oplus$ 信号，经两级反相后 U_o 也是 $\oplus$，经 R_f、R_{e_1} 分压后使 V_1 管射极电压也上升，削弱了输入信号的作用，所以是负反馈。用方框图表示，如图 5-5(b) 所示。串联电压负反馈的放大倍数为 A_{uf}，因为在输出端取样的是电压，故 $X_o=U_o$，反馈回来是以电压形式在输入端相加，故 $X_i=U_i$，$X_i'=U_i'$，$X_f=U_f$，所以基本放大电路的放大倍数（开环放大倍数）

$$A_u = \frac{U_o}{U_i'} \quad \text{（电压放大倍数）}$$

反馈系数为

$$F_u = \frac{U_f}{U_o}$$

闭环放大倍数为

$$A_{uf} = \frac{U_o}{U_i} = \frac{A_u}{1+F_u A_u} \tag{5-5}$$

此式说明串联电压负反馈的闭环电压放大倍数是开环电压放大倍数的 $1/(1+F_u A_u)$。

由于是电压负反馈，所以它稳定输出电压 U_o。当 U_i 为某一固定值时，由于管子参数或负载电阻发生变化使 U_o 减小，则 U_f 也随之减小，结果使净输入电压 $U_i'=U_i-U_f$ 增大，故 U_o 将增大，故电压负反馈使 U_o 基本不变。用下述方法也可表示上述方程。

$$R_L \downarrow \rightarrow U_o \downarrow \rightarrow U_f \downarrow \rightarrow U_i' \uparrow$$
$$U_o \uparrow$$

5.2.2　串联电流负反馈

串联电流负反馈电路如图 5-6(a) 所示。该电路实际上就是一个工作点稳定电路。发射极的电阻 R_f 将输出回路的电流 I_e 送回到输入回路中去。当将输出端短路（即 $U_o=0$）后，仍有电流流过 R_f，故反馈仍存在，所以是电流反馈。反馈电压 U_f 在输入回路与输入电压 U_i 呈串联关系，即 $U_i'=U_i-U_f$，因此是串联负反馈。反馈极性的判断，仍采用瞬时极性

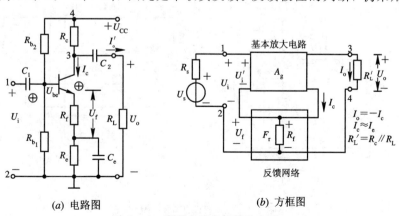

(a) 电路图　　　　　　　　　　(b) 方框图

图 5-6　串联电流负反馈放大器

可查看串联电流负反馈仿真

法。输入为⊕时，电流增大，R_f 上电压增大，故 U_e 上升，它抵消了输入信号的作用，因此是负反馈。

其方框图如图 5-6(b) 所示。

串联电流负反馈的放大倍数的关系如下：因为在输出端取样的是电流，故 $X_o = I_o$，反馈回来是以电压形式在输入端相加，$X_i' = U_i'$，$X_i = U_i$，$X_f = U_f$，故基本放大电路的放大倍数为

$$A_g = \frac{I_o}{U_i'} \quad （互导放大倍数，电导量纲）$$

$$F_r = \frac{U_f}{I_o} \quad （电阻量纲）$$

$$A_{gf} = \frac{I_o}{U_i} = \frac{A_g}{1 + F_r A_g} \tag{5-6}$$

串联电流负反馈的闭环放大倍数下降到开环时的 $1/(1 + F_r A_g)$。

由于是电流负反馈，所以稳定了输出电流。更换管子或温度变化时，使管子的 β 值增大，则输出电流 I_c（或 I_e）将增大，U_f 也随之增大，结果使净输入 U_i' 下降，使输出电流下降，故电流 I_c 基本保持不变，即

$$\beta \uparrow \rightarrow I_c \uparrow \rightarrow U_f \uparrow \rightarrow U_i' \downarrow \rightarrow I_b \downarrow$$
$$I_c \downarrow$$

5.2.3 并联电压负反馈

并联电压负反馈电路如图 5-7(a) 所示，它实质上是一个共 e 极基本放大电路，在 c、b 间接入电阻 R_f 引入反馈。我们可按与前面同样的方法，从定义出发判断反馈的组态。下面我们按图 5-3、图 5-4 提出的电路结构特点，判断反馈的组态。该电路从输出回路看，反馈的引出端与电压输出端是同一点，故为电压反馈；从输入回路看，反馈引入点与信号输入端为同一点，故为并联反馈。用瞬时极性法判断，输入信号为⊕，反馈回的作用使同一点为⊖，故削弱了输入信号的作用，为负反馈。其方框图如图 5-7(b) 所示。

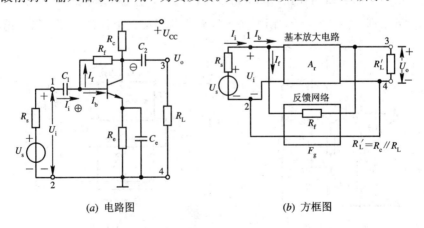

(a) 电路图　　　　　　　(b) 方框图

图 5-7　并联电压负反馈放大器

可查看并联电压负反馈仿真

并联电压负反馈电路的放大倍数的关系如下：

由于是电压负反馈，取样输出为电压，故 $X_o=U_o$。

由于是并联负反馈，输入回路用电流叠加关系讨论较方便、直观，故

$$X_i' = I_i'$$

所以

$$X_i = I_i, \quad X_f = I_f$$

开环放大倍数

$$A_r = \frac{U_o}{I_i'} \quad （互阻放大倍数，电阻量纲）$$

$$F_g = \frac{I_f}{U_o} \quad （电导量纲）$$

闭环放大倍数

$$A_{rf} = \frac{U_o}{I_i} = \frac{A_r}{1 + F_g A_r} \tag{5-7}$$

由于是电压负反馈，与前分析一样，它稳定了输出电压。

5.2.4 并联电流负反馈

并联电流负反馈电路如图 5-8(a)所示。反馈通过电阻 R_f，从输出级的发射极引入到输入级的基极。由于反馈的引出端与输出电压端不同极，故为电流反馈；反馈引入端与输入信号端为同一电极，故为并联反馈。按瞬时极性法（极性标在图 5-8(a)上）判断是负反馈。

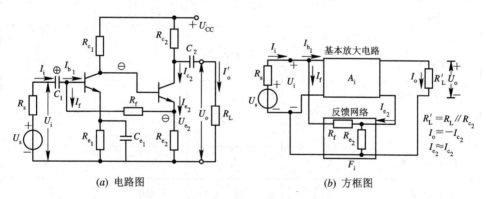

(a) 电路图　　　　　　(b) 方框图

图 5-8　并联电流负反馈放大器

可查看并联电流负反馈仿真

同样，由于是电流负反馈，所以稳定输出电流。

并联电流负反馈放大系数的关系如下：

由于电流负反馈，取样输出为电流，故

$$X_o = I_o$$

由于是并联负反馈，所以

$$X_i = I_i$$

$$X_i' = I_i'$$

$$X_f = I_f$$

故开环放大倍数为

$$A_i = \frac{I_o}{I_i'} \quad \text{（电流放大倍数）}$$

$$F_i = \frac{I_f}{I_o}$$

闭环放大倍数为

$$A_{if} = \frac{A_i}{1 + F_i A_i} \tag{5-8}$$

综上所述，以上 4 种不同组态的反馈电路，其放大倍数具有不同的量纲，有电压放大倍数、电流放大倍数，也有互阻放大倍数和互导放大倍数、绝不能都认为是电压放大倍数，为了严格区分这 4 个不同含义的放大倍数，在用符号表示时，加上不同的脚注，相应地，4 种不同组态的反馈系数也用不同下标表示出来。为便于比较，详见表 5-1。

表 5-1 四种反馈组态下 A、F 和 A_f 的不同含义

反馈方式	串联电压型	并联电压型	串联电流型	并联电流型
被取样的输出信号 X_o	U_o	U_o	I_o	I_o
参与比较的输入量 X_i、X_f、X_i'	U_i、U_f、U_i'	I_i、I_f、I_i'	U_i、U_f、U_i'	I_i、I_f、I_i'
开环放大倍数 $A = \dfrac{X_o}{X_i'}$	$A_u = \dfrac{U_o}{U_i'}$	$A_r = \dfrac{U_o}{I_i'}$	$A_g = \dfrac{I_o}{U_i'}$	$A_i = \dfrac{I_o}{I_i'}$
反馈系数 $F = \dfrac{X_f}{X_o}$	$F_u = \dfrac{U_f}{U_o}$	$F_g = \dfrac{I_f}{U_o}$	$F_r = \dfrac{U_f}{I_o}$	$F_i = \dfrac{I_f}{I_o}$
闭环放大倍数 $A_f = \dfrac{X_o}{X_i} = \dfrac{A}{1+AF}$	$A_{uf} = \dfrac{A_u}{1+F_u A_u}$	$A_{rf} = \dfrac{A_r}{1+F_g A_r}$	$A_{gf} = \dfrac{A_g}{1+F_r A_g}$	$A_{if} = \dfrac{A_i}{1+F_i A_i}$
对 R_s 的要求	小	大	小	大
对 R_L 的要求	大	大	小	小

5.3 负反馈对放大器性能的影响

5.3.1 降低放大器的放大倍数

根据负反馈的定义可知，负反馈总是使净输入信号减弱。所以，对于负反馈放大器而言，必有 $X_i > X_i'$，所以 $\dfrac{X_o}{X_i} < \dfrac{X_o}{X_i'}$，即 $A_f < A$，其关系式为

$$A_f = \frac{A}{1 + FA}$$

可见，闭环放大倍数 A_f 仅是开环放大倍数 A 的 $(1+FA)$ 分之一。

负反馈使放大电路的放大倍数下降，但由于它改善了放大电路的性能，故其应用十分广泛，本节将分析负反馈对放大电路的哪些性能产生影响，使电路性能得到改善，其改善程度与反馈深度有何关系。

5.3.2 提高放大倍数的稳定性

前述已提到电压负反馈稳定输出电压，电流负反馈稳定输出电流。这样在放大电路输入信号一定的情况下，其输出受电路参数变化、电源电压波动和负载电阻改变的影响较小，即提高了放大倍数的稳定性。其定量关系如下：

由反馈放大器放大倍数的基本表达式

$$A_f = \frac{A}{1 + AF}$$

对 A_f 求导，则得

$$\frac{dA_f}{dA} = \frac{1}{1 + AF} - \frac{AF}{(1 + AF)^2} = \frac{1}{(1 + AF)^2} \tag{5-9}$$

实际上，常用相对变化量来表示放大倍数的稳定性，将表达式写成下式：

$$dA_f = \frac{dA}{(1 + AF)^2}$$

用 A_f 除以两端，并运用基本式得

$$\frac{dA_f}{A_f} = \frac{1}{1 + AF} \frac{dA}{A} \tag{5-10}$$

从此式可看出，引入负反馈后，放大倍数的稳定性提高了 $(1+AF)$ 倍。

【例1】 某负反馈放大电路，其 $A = 10^4$，反馈系数 $F = 0.01$。如由于某些原因，使 A 变化了 $\pm 10\%$，求 A_f 的相对变化量为多少。

解 由式 (5-10) 得

$$\frac{dA_f}{A_f} = \frac{1}{1 + 10^4 \times 0.01} \times (\pm 10\%) \approx \pm 0.1\%$$

即 A 变化 $\pm 10\%$ 情况下，A_f 只变化了 $\pm 0.1\%$。

【例2】 对于一个串联电压负反馈放大电路，若要求 $A_{uf} = 100$，当基本放大电路放大倍数 A_u 变化 10% 时，闭环增益变化不超过 0.5%，求 A_u 及反馈系数 F。

解 由式 (5-10) 得

$$1 + A_u F_u = \frac{\dfrac{\Delta A_u}{A_u}}{\dfrac{\Delta A_{uf}}{A_{uf}}} = \frac{10}{0.5} = 20$$

因此

$$A_u F_u = 19$$

又由于

$$A_{uf} = \frac{A_u}{1 + A_u F_u}$$

故
$$A_u = (1 + A_u F_u) \times A_{uf} = 20 \times 100 = 2000$$

则反馈系数
$$F_u = \frac{19}{A_u} = \frac{19}{2000} = 0.0095$$

5.3.3 减小非线性失真和抑制干扰、噪声

由于电路中存在非线性器件，所以即使输入信号 X_i 为正弦波，输出也不是绝对的正弦波，而会产生一定的非线性失真。引入负反馈以后，非线性失真将会减小。

如图 5-9(a) 所示，原放大电路产生了非线性失真。输入为正、负对称的正弦波，而输出是正半周大、负半周小的失真波形。加了负反馈后，输出端的失真波形反馈到输入端，与输入波形叠加后，因此净输入信号成为正半周小、负半周大的波形。此波形经放大后，使得其输出端正、负半周波形之间的差异减小，从而减小了放大电路输出波形的非线性失真，如图 5-9(b) 所示。

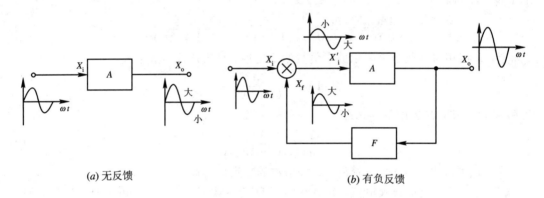

(a) 无反馈   (b) 有负反馈

图 5-9 负反馈减小非线性失真

需要指出的是，负反馈只能减小本级放大器自身产生的非线性失真，而对输入信号的非线性失真，负反馈是无能为力的。

可以证明，加了负反馈后，放大电路的非线性失真减小到 $r/(1+AF)$，其中 r 为无反馈时的非线性失真系数。

同样道理，采用负反馈也可抑制放大电路自身产生的噪声，其关系为 $N/(1+AF)$，其中 N 为无反馈的噪声系数。

但须指出的是，引入负反馈后，噪声系数减小到 $N/(1+AF)$，但输入信号也将按同样规律减小，结果输出端输出信号与噪声的比值(称为信噪比)并没有提高，因此为了提高信噪比，必须同时提高有用信号的输入，这就要求信号源要有足够的负载能力。

采用负反馈，也可抑制干扰信号。同样，如果干扰混在输入信号中，负反馈也无济于事。

5.3.4 扩展频带

在第二章我们讨论阻容耦合放大电路中，由于耦合电容和旁路电容的存在，将引起低频段放大倍数下降和产生相位移，分布电容和三极管极间电容的存在，引起高频段放大倍

数下降和产生相位移。而在前面讨论中已提到，对于任何原因引起的放大倍数下降，负反馈将起稳定作用。如 F 为一定值(不随频率而变)，在低频段和高频段由于输出减小，反馈到输入端的信号也减小，于是净输入信号增加，故放大倍数下降减少，使频带展宽。

负反馈将频带展宽了多少？分析如下：

考虑到电抗元件的影响，公式(5-4)中各量均为复数，即

$$\dot{A}_f = \frac{\dot{A}}{1 + \dot{A}\dot{F}}$$

根据频率特性的分析，无反馈时放大电路的高频特性为

$$\dot{A}_h = \frac{A_m}{1 + j\dfrac{f}{f_h}} \tag{5-11}$$

当 F 为一定值时(即为实数时)，引入负反馈后，其高频特性为

$$\dot{A}_{hf} = \frac{\dot{A}_h}{1 + \dot{A}_h F} = \frac{\dfrac{A_m}{1 + j\dfrac{f}{f_h}}}{1 + F \cdot \dfrac{A_m}{1 + j\dfrac{f}{f_h}}} = \frac{A_m}{1 + A_m F + j\dfrac{f}{f_h}}$$

$$= \frac{A_m}{1 + A_m F} \times \frac{1}{1 + j\dfrac{f}{(1 + A_m F)f_h}}$$

$$= \frac{A_{mf}}{1 + j\dfrac{f}{f_{hf}}}$$

式中 $A_{mf} = A_m / (1 + A_m F)$ 为引入负反馈后，闭环中频放大倍数。根据上限频率的定义，则引入负反馈后的上限频率，比无反馈时扩展了 $(1 + A_m F)$ 倍，即

$$f_{hf} = (1 + A_m F) f_h \tag{5-12}$$

同理，可得下限频率的关系式

$$\dot{A}_l = \frac{A_m}{1 - j\dfrac{f_l}{f}}$$

引入负反馈的低频特性为

$$\dot{A}_{lf} = \frac{\dot{A}_l}{1 + \dot{A}_l F} = \frac{\dfrac{A_m}{1 - j\dfrac{f_l}{f}}}{1 + F \cdot \dfrac{A_m}{1 - j\dfrac{f_l}{f}}}$$

$$= \frac{A_m}{1 + A_m F - j\dfrac{f_l}{f}} = \frac{A_m}{1 + A_m F} \times \frac{1}{1 - j\dfrac{f_l}{(1 + A_m F)f}}$$

$$= \frac{A_{mf}}{1 - j\dfrac{f_{lf}}{f}}$$

可见引入负反馈后其下限频率为

$$f_{\text{lf}} = \frac{f_1}{1 + A_{\text{m}}F} \tag{5-13}$$

也比反馈时下降了，下降到 $f_1/(1 + A_{\text{m}}F)$。

按频带定义：

$$f_{\text{bw}} = f_{\text{h}} - f_1$$

所以

$$f_{\text{bwf}} = f_{\text{hf}} - f_{\text{lf}} \approx f_{\text{hf}} = (1 + A_{\text{m}}F)f_{\text{h}}$$
$$\approx (1 + A_{\text{m}}F)f_{\text{bw}} \tag{5-14}$$

即引入负反馈后，将使频带展宽 $(1 + A_{\text{m}}F)$ 倍。当然它是以牺牲放大倍数为代价的。

5.3.5 负反馈对输入电阻的影响

负反馈对输入电阻的影响，只与反馈网络和基本放大器的连接方式有关，而与输出端连接方式无关，即仅取决于是串联反馈还是并联反馈。

1. 串联负反馈使输入电阻提高

图 5-10 所示为串联负反馈的方框图，r_{i} 为无反馈时放大电路的输入电阻，即

$$r_{\text{i}} = \frac{U_{\text{i}}'}{I_{\text{i}}} \tag{5-15}$$

有负反馈时的输入电阻 r_{if}，应为无反馈时的输入电阻 r_{i} 与反馈网络的等效电阻 r_{f} 之和，显然 r_{if} 大于 r_{i}，即

$$r_{\text{if}} = r_{\text{i}} + r_{\text{f}} > r_{\text{i}}$$

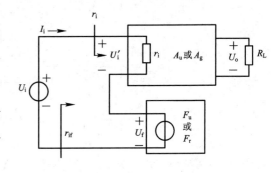

图 5-10 串联负反馈方框图

大了多少，其定量关系如下：

$$r_{\text{if}} = \frac{U_{\text{i}}'}{I_{\text{i}}} + \frac{U_{\text{f}}}{I_{\text{i}}} \tag{5-16}$$

当是串联压电负反馈时，$U_{\text{f}} = F_{\text{u}}U_{\text{o}} = F_{\text{u}}A_{\text{u}}U_{\text{i}}'$

$$r_{\text{if}} = \frac{U_{\text{i}}'}{I_{\text{i}}} + \frac{F_{\text{u}}A_{\text{u}}U_{\text{i}}'}{I_{\text{i}}} = (1 + F_{\text{u}}A_{\text{u}})r_{\text{i}} \tag{5-17}$$

即引入串联电压负反馈后，放大电路的输入电阻增加到 $(1 + A_{\text{u}}F_{\text{u}})r_{\text{i}}$。

若为串联电流负反馈，即 $U_{\text{f}} = F_{\text{r}}I_{\text{o}} = F_{\text{r}}A_{\text{g}}U_{\text{i}}'$，则

$$r_{\text{if}} = \frac{U_{\text{i}}'}{I_{\text{i}}} + \frac{F_{\text{r}}A_{\text{g}}U_{\text{i}}'}{I_{\text{i}}}$$
$$= (1 + F_{\text{r}}A_{\text{g}})r_{\text{i}} \tag{5-18}$$

即引入串联电流负反馈后，放大电路的输入电阻也提高到 $(1 + F_{\text{r}}A_{\text{g}})r_{\text{i}}$。

故只要是串联负反馈，由于 $r_{\text{if}} = r_{\text{i}} + r_{\text{f}}$，因此 r_{if} 将增大，增大到 $(1 + AF)r_{\text{i}}$。

但应指出的是，当考虑偏置电阻 R_{b} 时，输入电阻应为 $r_{\text{if}} /\!/ R_{\text{b}}$，故输入电阻的提高，受到 R_{b} 的限制，当 R_{b} 值较小时，则输入电阻取决于 R_{b} 值。

2. 并联负反馈使输入电阻减小

图 5-11 为并联负反馈方框图，r_{i} 为无反馈时的放大电路的输入电阻，即

$$r_i = \frac{U_i}{I'_i} \tag{5-19}$$

引入并联负反馈后，放大电路的输入电阻 r_{if} 等于无反馈时的输入电阻 r_i 与反馈网络等效电阻 r_f 并联，所以 $r_{if} < r_i$，即

$$r_{if} = r_i \,/\!/\, r_f$$

$$r_{if} = \frac{r_i \cdot r_f}{r_i + r_f}$$

如果引入并联电压负反馈

$$r_f = \frac{U_i}{I_f}$$

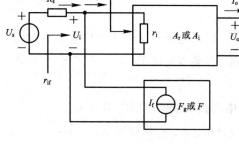

其中　　　$I_f = F_g U_o = F_g A_r I'_i$

故

$$r_f = \frac{U_i}{F_g A_r I'_i} = \frac{r_i}{F_g A_r}$$

图 5-11　并联负反馈方框图

$$r_{if} = \frac{r_i \dfrac{r_i}{F_g A_r}}{r_i + \dfrac{r_i}{F_g A_r}} = \frac{r_i}{1 + F_g A_r} \tag{5-20}$$

所以引入并联电压负反馈后，其输入电阻减小到 $r_i/(1 + F_g A_r)$。

如引入并联电流负反馈，$I_f = F_i I_o = F_i A_i I'_i$，则

$$r_f = \frac{U_i}{F_i A_i I'_i} = \frac{r_i}{F_i A_i}$$

$$r_{if} = \frac{r_i \cdot \dfrac{r_i}{F_i A_i}}{r_i + \dfrac{r_i}{F_i A_i}} = \frac{r_i}{1 + F_i A_i} \tag{5-21}$$

所以引入并联电流负反馈后，其输入电阻减小到 $r_i/(1 + F_i A_i)$。

综上所述，只要是并联负反馈，由于 $r_{if} = r_i \,/\!/\, r_f$ 故 r_{if} 将降低，降低到 $\dfrac{r_i}{(1 + AF)}$。

5.3.6　负反馈对输出电阻的影响

负反馈对输出电阻的影响，取决于反馈网络与放大电路输出端的连接方式，而与输入端的连接方式无关。

1. 电压负反馈使输出电阻减小

将放大电路输出端用电压源等效，如图 5-12 所示，r_o 为无反馈放大器的输出电阻。r_f 为反馈网络在输出端的等效电阻，定性分析得 $r_{of} = r_o \,/\!/\, r_f < r_o$。而下降多少通过定量分析求得。按求输出电阻的方法，令输入信号为零（$U_i = 0$ 或 $I_i = 0$）时，在输出端（不含负载电阻 R_L），外加电压 U_o，则无论

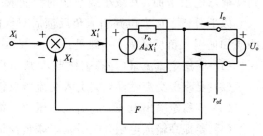

图 5-12　电压负反馈方框图

是串联反馈还是并联反馈，$X_i' = -X_f$ 均成立，故

$$A_o X_i' = -X_f A_o = -U_o F A_o$$

$$I_o = \frac{U_o - A_o X_i'}{r_o} = \frac{U_o + U_o AF}{r_o} = \frac{U_o(1 + AF)}{r_o}$$

$$r_{of} = \frac{U_o}{I_o} = \frac{r_o}{1 + AF} \tag{5-22}$$

可见，引入电压负反馈使输出电阻减小到 $r_o/(1+AF)$。不同的反馈形式，其 A、F 的含义不同。串联负反馈 $F = F_v = U_f/U_o$，$A = A_v = U_o/U_i'$；并联负反馈 $F = F_g = I_f/U_o$，$A = A_r = U_o/I_i'$。

2. 电流负反馈使输出电阻增大

定性分析：r_o、r_{of} 如前定义，$r_{of} = r_o + r_f > r_o$。其定量关系分析如下：

将放大器输出端用电流源等效，如图 5-13 所示。令输入信号为零，在输出端外加电压，则 $X_i' = -X_f$，则

$$I_o = A X_i' + \frac{U_o}{r_o}$$

而

$$A X_i' = -A X_f = -FA I_o$$

$$I_o = -FA I_o + \frac{U_o}{r_o}$$

$$(1 + AF) I_o = \frac{U_o}{r_o}$$

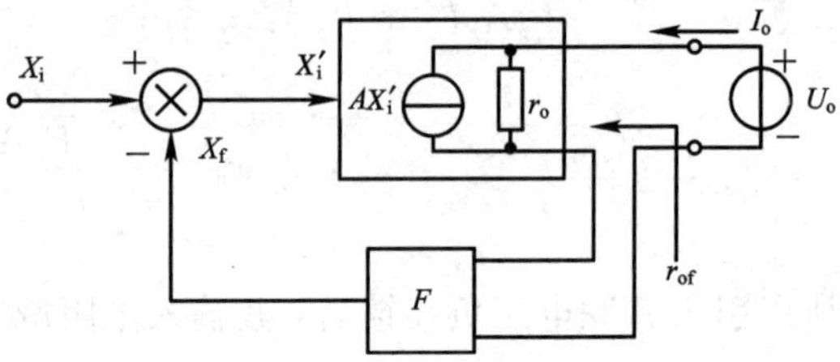

图 5-13　电流负反馈方框图

故

$$r_{of} = \frac{U_o}{I_o} = (1 + AF) r_o \tag{5-23}$$

可见，引入电流负反馈，使输出电阻增大到 $(1+AF)r_o$。同样，不同的反馈形式，其 A、F 的含义不同。串联负反馈 $F = F_r = U_f/I_o$，$A = A_g = I_o/U_i'$；并联负反馈 $F = F_o = I_f/I_i$，$A = A_i = I_o/I_i$。需要指出的是，电流负反馈使输出电阻增大，但当考虑 R 时，输出电阻为 $r_{of} // R_c$，故总的输出电阻增加不多，当 $R_c \ll r_{of}$ 时，则放大电路的输出电阻仍然近似等于 R_c。

综上所述得出：

(1) 放大电路引入负反馈后，如为串联负反馈则提高输入电阻，如为并联负反馈则使输入电阻降低。其提高或降低的程度取决于反馈深度 $(1+AF)$。

(2) 放大电路引入负反馈后，如为电压负反馈则能使输出电阻减小，如为电流负反馈则使输出电阻增加，其减小或增加的程度取决于反馈深度 $(1+AF)$。

以上分析了放大电路引入负反馈后对性能的改善及影响。为了改善放大电路的某些性能应如何引入负反馈呢？一般是：

(1) 要稳定直流量(静态工作点)，应该引入直流负反馈。

(2) 要改善交流性能，应引入交流负反馈。

(3) 要稳定输出电压，应引入电压负反馈；要稳定输出电流，应引入电流负反馈。

(4) 要提高输入电阻，应引入串联负反馈；要减小输入电阻，应引入并联负反馈。

性能的改善或改变都与反馈深度 $(1+AF)$ 有关，且均是以牺牲放大倍数为代价。

反馈深度愈大，对放大电路的放大性能的改善程度也愈好，但反馈过深容易引起自激振荡，使放大电路无法进行放大，性能改善也就失去了意义。

5.4 负反馈放大电路的计算

对于任何复杂的放大电路，均可用等效电路来求解放大倍数和输入、输出电阻等指标。放大电路在引入负反馈以后，由于增加了输入与输出之间的反馈网络，使电路在结构上出现多个回路和多个节点，必须解联立方程，这使计算十分复杂。虽然可以采用计算机求解，但因缺乏明确的物理概念，所得结果对实际工作无指导意义，所以除单级负反馈电路外，一般都不采用此法对负反馈进行计算。

另一种方法是将负反馈放大电路分解成为基本放大电路和反馈网络两部分，然后分别求出基本放大电路的放大倍数 A 和反馈系数 F，最后按上一节所得放大电路的公式，分别计算 A_f、r_{if}、r_{of}。

在深反馈的条件下，闭环放大倍数变得比较简单。在多数情况下，常采用多级负反馈放大器，所以均满足深反馈条件，即 $(1+AF) \gg 1$，因此，可以对放大倍数进行估算。这是本节讨论的重点。

5.4.1 深负反馈放大电路的近似估算

当 $(1+AF) \gg 1$ 时，则式 $(5-4)$ 为

$$A_f = \frac{A}{1+AF} \approx \frac{A}{AF} = \frac{1}{F} \tag{5-24}$$

此式表明，引入负反馈后，放大电路仅取决于反馈系数 F，而与基本放大电路的放大倍数 A 基本无关。

在具体进行估算时，可先求出反馈系数 F，然后根据式 $(5-24)$ 求得 A_f，但各种不同的反馈组态，其 A_f 含义不同，如表 $5-1$ 所示。而实际中，我们常常需要知道电压放大倍数，这样除串联电压负反馈外，其它各组态的负反馈电路均要经过转换，方能算出电压放大倍数。

为此，常从深负反馈的特点出发，找出 X_f 和输入信号 X_i 之间的联系，直接求出电压放大倍数。

由前已知

$$A_f = \frac{X_o}{X_i}$$

$$F = \frac{X_f}{X_o}$$

深负反馈时

$$A_f \approx \frac{1}{F}$$

故得

$$X_f \approx X_i \tag{5-25}$$

对于串联负反馈，

$$U_f \approx U_i \quad U_i' \approx 0 \qquad\qquad (5-26)$$

从此式找出输出电压 U_o 与输入电压 U_i 的关系，从而估算出电压放大倍数 A_{uf}。

对于并联负反馈，

$$I_f \approx I_i \quad I_i' \approx 0 \qquad\qquad (5-27)$$

从式(5-27)找出 U_o 与 U_i 的关系，估算出 A_{uf}。

另外，深负反馈时，其基本放大电路的电压放大倍数均很大，所以，$U_i' \approx 0$ 在并联负反馈时也满足。

下面通过 4 种负反馈组态的分析，说明如何利用上述近似条件进行估算。

5.4.2 串联电压负反馈

图 5-14(a)所示电路为串联电压负反馈放大电路。

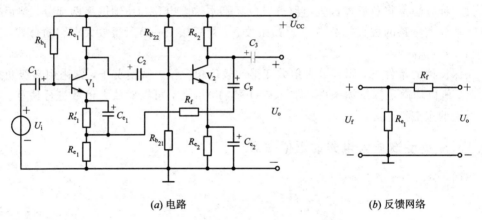

(a) 电路   (b) 反馈网络

图 5-14 串联电压负反馈放大电路

由于是串联电压负反馈，故 $U_i \approx U_f$。由图 5-14(b)可知，输出电压 U_o 经 R_f 和 R_{e_1} 分压后而反馈至输入回路，即

$$U_f \approx \frac{R_{e_1}}{R_{e_1} + R_f} U_o$$

则

$$A_{uf} = \frac{U_o}{U_i} \approx \frac{U_o}{U_f} = \frac{R_{e_1} + R_f}{R_{e_1}} \qquad\qquad (5-28)$$

如 $R_{e_1} = 100\ \Omega$，$R_f = 10\ k\Omega$，则

$$A_{uf} = \frac{10 + 0.1}{0.1} = 101$$

由于输出电压与输入电压相位一致，故电压放大倍数为正值。

5.4.3 串联电流负反馈

电路如图 5-15(a)所示，反馈电路如图 5-15(b)所示。

串联负反馈

$$U_i \approx U_f$$

而由图 5-15(b)可得

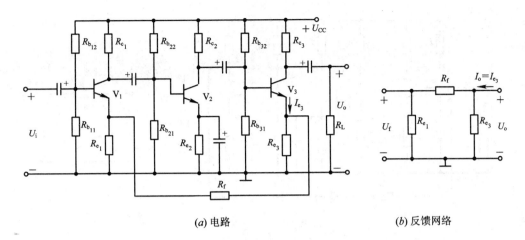

(a) 电路　　　　　　　　　　　　(b) 反馈网络

图 5-15　串联电流负反馈放大电路

$$U_f = \frac{R_{e_3} R_{e_1}}{R_{e_1} + R_f + R_{e_3}} \cdot I_o$$

又
$$U_o = -I_{c_3} R_L' \approx -I_o R_L', \qquad R_L' = R_{c_3} \mathbin{/\mkern-5mu/} R_L$$

所以
$$I_o = \frac{U_o}{R_L'}$$

故
$$U_f = \frac{R_{e_3} \cdot R_{e_1}}{R_{e_1} + R_f + R_{e_3}} \cdot \frac{U_o}{R_L'}$$

$$A_{uf} = \frac{U_o}{U_f} = -\frac{R_{e_1} + R_f + R_{e_3}}{R_{e_3} \cdot R_{e_1}} \cdot R_L' \tag{5-29}$$

负号表示输出电压与输入电压相位相反。设 $R_{e_1} = 1 \text{ k}\Omega$, $R_f = 10 \text{ k}\Omega$, $R_{e_3} = 100 \text{ }\Omega$, $R_{c_3} = 2 \text{ k}\Omega$, $R_L = 2 \text{ k}\Omega$, 则

$$R_L' = \frac{R_{c_3} R_L}{R_{c_3} + R_L} = 1 \text{ k}\Omega$$

$$A_{uf} = -\frac{1 + 10 + 0.1}{1 \times 0.1} \times 1 = -111$$

5.4.4　并联电压负反馈

电路如图 5-16(a) 所示，其反馈网络如图 5-16(b) 所示。

由于是并联负反馈，所以 $I_i \approx I_f$，且 $U_i' = 0$，所以

$$I_i = \frac{U_s}{R_s}$$

$$I_f = -\frac{U_o}{R_f}$$

故
$$\frac{U_s}{R_s} = -\frac{U_o}{R_f}$$

$$A_{usf} = \frac{U_o}{U_s} = -\frac{R_f}{R_s} \tag{5-30}$$

负号表示输出电压 U_o 与输入电压 U_i 相位相反。

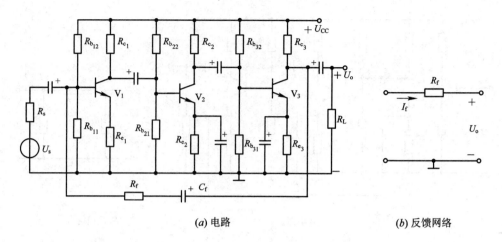

(a) 电路   (b) 反馈网络

图 5-16　并联电压负反馈放大电路

设 $R_s = 18\ \mathrm{k\Omega}$，$R_f = 470\ \mathrm{k\Omega}$，则

$$A_{usf} = \frac{U_o}{U_s} = -\frac{R_f}{R_s} = -\frac{470}{18} \approx -26$$

5.4.5　并联电流负反馈

电路图及反馈网络如图 5-17(a)、(b)所示。

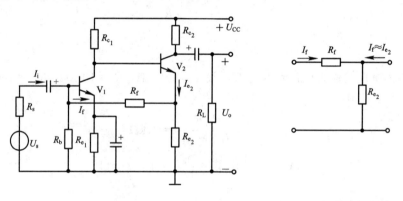

(a) 电路   (b) 反馈网络

图 5-17　并联电流负反馈放大电路

$$I_i = \frac{U_s}{R_s}$$

$$I_f = \frac{R_{e_2}}{R_f + R_{e_2}} I_o \quad I_o \approx I_{e_2}$$

而

$$I_o = \frac{U_o}{R'_L} \quad R'_L = R_{c_2} /\!/ R_L$$

故

$$I_f = \frac{R_{e_2}}{R_f + R_{e_2}} \cdot \frac{U_o}{R'_L}$$

根据

$$I_i \approx I_f$$

得
$$\frac{U_s}{R_s} \approx \frac{R_{e_2}}{R_f + R_{e_2}} \cdot \frac{U_o}{R_L'}$$

所以
$$A_{usf} = \frac{U_o}{U_s} \approx \frac{R_f + R_{e_2}}{R_{e_2} R_s} \cdot R_L'$$

如设 $R_s = 5.1 \text{ k}\Omega$，$R_f = 6.8 \text{ k}\Omega$，$R_{e_2} = 2 \text{ k}\Omega$，$R_{c_2} = 6.8 \text{ k}\Omega$，$R_L = 5.1 \text{ k}\Omega$，则
$$A_{usf} = \frac{6.8 + 2}{5.1 \times 2} \cdot \frac{6.8 \times 5.1}{6.8 + 5.1} = 2.5$$

由上述 4 种反馈组态电路的分析可看出，深负反馈时电压放大倍数可以十分方便地求出。但是，用上述方法难于求输入电阻 r_{if} 和输出电阻 r_{of}，且当放大电路不满足深反馈时，用上述方法求出的电压放大倍数误差很大，也就不适宜用上述方法。此时，可以采用方框图的计算方法，读者可参阅其它参考书。

5.5 负反馈放大电路的自激振荡

前面已提到，反馈深度愈大，对放大电路性能改善就愈明显。但是，反馈深度过大将引起放大电路产生自激振荡。也就是说，即使输入端不加信号，其输出端也有一定频率和幅度的输出波形。这就破坏了正常的放大功能。故放大电路应避免产生自激振荡。

5.5.1 产生自激振荡的原因及条件

对式(5-4)进行讨论可以发现，当 $1 + \dot{A}\dot{F} = 0$、$|\dot{A}_f| = \infty$ 时，即使无信号输入，也有输出波形，产生了自激振荡。产生的原因是由于电路中存在多级 RC 回路，因此，放大电路的放大倍数和相位移将随频率而变化(故式(5-1)中的 A、F、A_f 均用复数 $\dot{A}$、$\dot{F}$、$\dot{A}_f$ 代替)。每一级 RC 回路，最大相移为 $\pm 90°$。而前面讨论的负反馈，是指在中频信号时，反馈信号与输入信号极性相反，削弱了净输入信号。但当频率变高或变低时，输出信号和反馈信号将产生附加相移。若附加相移达到 $\pm 180°$，则反馈信号与输入信号将变成同相，增强了净输入信号，反馈电路变成正反馈。当反馈信号加强，使反馈信号大于净输入信号，此时，就是去掉输入信号也有信号输出。

故产生自激的条件为：负反馈变为正反馈；反馈信号要足够大。公式 $1 + \dot{A}\dot{F} = 0$ 可写成
$$\dot{A}\dot{F} = -1 \tag{5-31}$$
它含有幅值和相位两个条件：
$$\begin{cases} |\dot{A}\dot{F}| = 1 & \text{(5-32)} \\ \arg \dot{A}\dot{F} = \pm(2n+1)\pi \quad (n \text{ 为整数}) & \text{(5-33)} \end{cases}$$
从式(5-33)可以判断出单级负反馈放大电路是稳定的，不会产生自激振荡，因为其最大附加相移不可能超过 $90°$。两级反馈电路也不会产生自激，因为当附加相移为 $\pm 180°$ 时，相应的 $|\dot{A}\dot{F}| = 0$，振幅条件不满足。而当出现三级以上反馈电路时，则容易产生自激振荡。故在深度负反馈时，必须采取措施破坏其自激条件。

5.5.2 自激振荡的判断方法

自激振荡的判断方法是，首先看相位条件，只有相位条件满足了，绝大多数情况下，

只要 $|\dot{A}\dot{F}|\geqslant1$，放大器将产生自激。如果相位条件不满足，则肯定不产生自激。

我们根据放大电路的 $\dot{A}\dot{F}$ 的频率特性，即用波特图分析能否产生自激振荡。

由自激条件可知，当相位条件满足附加相移 $\varphi=\pm180°$，$|\dot{A}\dot{F}|<1$ 时，即 $20\lg|\dot{A}\dot{F}|\leqslant0$ dB 时，电路稳定；否则不稳定，将产生自激。图 5-18(a) 和 (b) 分别表示不稳定与稳定的两种情况。图中 f_c 为附加相移 $\varphi=180°$ 时的频率；f_0 为 $20\lg|\dot{A}\dot{F}|=0$ dB 时的频率。

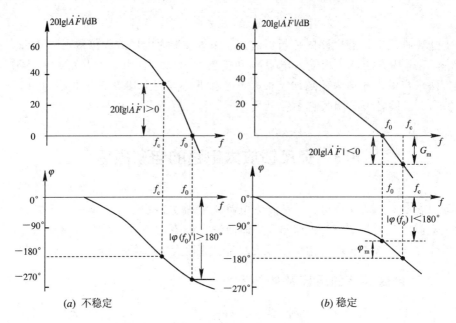

图 5-18 $\dot{A}\dot{F}$ 波特图

由图 5-18 可看出，$f_c<f_0$ 时负反馈放大电路不稳定；$f_c>f_0$ 时负反馈放大电路稳定。

衡量负反馈放大电路稳定程度的指标是稳定裕度。稳定裕度有"相位裕度"和"增益裕度"两种。

增益裕度 $G_m=20\lg|\dot{A}\dot{F}|$，对稳定的放大电路而言，$G_m$ 为负值，数值愈负，表示愈稳定。一般反馈放大电路要求 $G_m\leqslant-10$ dB。

相位裕度 $\varphi_m=180°-|\varphi(f_0)|$，式中 $\varphi(f_0)$ 为 $f=f_0$ 时的相位移。对于稳定的反馈放大电路，$|\varphi(f_0)|<180°$，故 φ_m 必为正值。φ_m 愈大表示反馈放大电路愈稳定。通常取 φ_m 为 30°～60°。

5.5.3 常用消除自激的方法

对于一个负反馈放大电路而言，消除自激的方法就是采取措施破坏自激的幅度或相位条件。

最简便的方法是减少其反馈系数或反馈深度，使当附加相移 $\varphi=180°$ 时，$|\dot{A}\dot{F}|<0$。这样虽然能够达到消振的目的，但是由于反馈深度下降，不利于放大电路其它性能的改善。为此，希望采取某些措施，使电路既有足够的反馈深度，又能稳定地工作。

通常采用的措施是在放大电路中加入由 RC 元件组成的校正电路，如图 5-19(a)、(b)、(c)所示。它们均会使高频放大倍数衰减快一些，以便当 $\varphi=180°$ 时，$|\dot{A}\dot{F}|<1$。以图 5-19(a)为例。电容 C 相当于在第一级负载 R_{c_1} 两端并联，频率较高时，容抗变小，使第一

级放大倍数下降，从而破坏自激振荡的条件，使电路稳定工作。为了不致使高频区放大倍数下降太多，尽可能选容量小的电容。也可用图 5 - 19(b)电路。图 5 - 19(c)将电容接在三极管的 b、c 极之间，根据密勒定理，电容的作用可增大|1+$\dot{A}_2$|倍，这样，可以选用较小的电容，达到同样的消振效果。

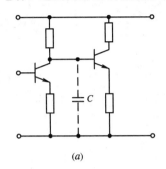 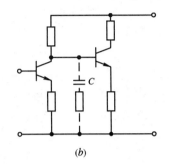 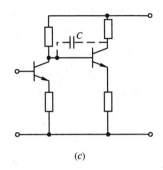

(a)   (b)   (c)

图 5 - 19　常用的消振电路

思考题和习题

1. 何谓正反馈、负反馈？如何判断放大电路的正、负反馈？

2. 何谓电流反馈、电压反馈？如何判断？

3. 何谓串联反馈、并联反馈？如何判断？

4. 为使反馈效果好，对信号源内阻 R_s 和负载电阻 R_L 有何要求？

5. 为稳定输出电流，应引入 ＿＿＿＿＿＿＿ 反馈；为稳定输出电压，应引入 ＿＿＿＿＿＿＿ 反馈；为稳定静态工作点，应引入 ＿＿＿＿＿＿＿ 反馈；为了展宽放大电路频带，应引入 ＿＿＿＿＿＿＿ 反馈。

6. 为提高放大电路输入电阻，应引入 ＿＿＿＿＿＿＿ 反馈；为降低放大电路的输出电阻，应引入 ＿＿＿＿＿＿＿ 反馈。

7. 能提高放大倍数的是 ＿＿＿＿＿＿＿ 反馈；能稳定放大电路的放大倍数的是 ＿＿＿＿＿＿＿ 反馈。

8. 负反馈所能抑制的干扰和噪声是 ＿＿＿＿＿＿＿ 。（从以下答案中，选出正确的答案填入）

(1) 输入信号所包含的干扰和噪声；

(2) 反馈环内的干扰和噪声；

(3) 反馈环外的干扰和噪声。

9. "负反馈改善非线性失真。所以，不管输入波形是否存在非线性失真，负反馈放大器总能将它改善为正弦波。"这种说法对吗？为什么？

10. 四种反馈类型中，它们的放大倍数 A_f 各是什么量纲？写出它们的表示式。反馈系数 F 又是什么量纲？写出它们的表示式。

11. 对于以下要求，分别填入(a)～(d)中正确的选项：(a) 串联电压负反馈，(b) 并联电压负反馈，(c) 串联电流负反馈，(d) 并联电流负反馈。

(1) 要求输入电阻 r_i 大，输出电流稳定，应选用_____。

(2) 某传感器产生的是电压信号(几乎不能提供电流)，经放大后要求输出电压与信号电压成正比，该放大电路应选用_____。

(3) 希望获得一个电流控制的电流源，应选用_____。

(4) 要得到一个由电流控制的电压源，应选用_____。

(5) 需要一个阻抗变换电路，要求 r_i 大，r_o 小，应选用_____。

(6) 需要一个输入电阻 r_i 小，输出电阻 r_o 大的阻抗变换电路，应选用_____。

12. 串联电压负反馈稳定_____放大倍数；串联电流负反馈稳定_____放大倍数；并联电压负反馈稳定_____放大倍数；并联电流负反馈稳定_____放大倍数。

13. 电路如图 5-20 所示。判断电路引入了什么性质的反馈(包括局部反馈和级间反馈：正、负、电流、电压、串联、并联、直流、交流)。

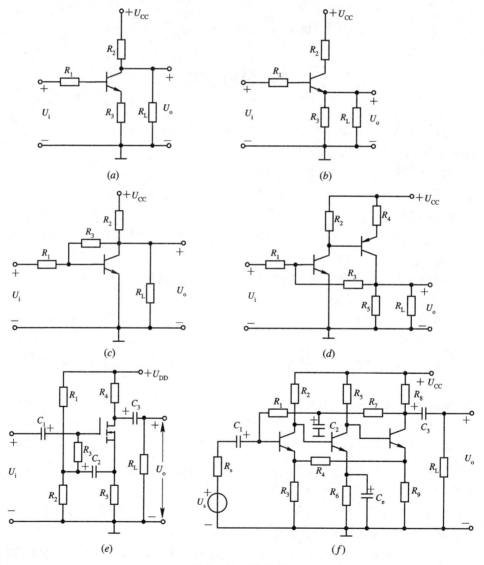

图 5-20 题 13 图

14. 某串联电压负反馈放大电路，若开环电压放大倍数 A_u 变化 20% 时，要求闭环电压放大倍数 A_{uf} 的变化不超过 1%，设 $A_{uf}=100$，求开环放大倍数 A_u 及反馈系数 F_u。

15. 一个阻容耦合放大电路在无反馈时，$A_{um}=-100$，$f_l=30$ Hz，$f_h=3$ kHz。如果反馈系数 $F=-10\%$，问闭环后 $A_{uf}=?$ $f_{lf}=?$ $f_{hf}=?$

16. 负反馈放大电路如图 5-21 所示。

(1) 定性说明反馈对输入电阻和输出电阻的影响。

(2) 求深度负反馈的闭环电压放大倍数 A_{uf}。

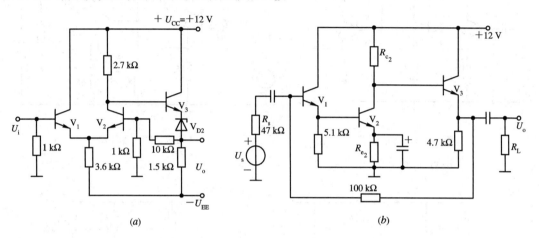

图 5-21 题 16 图

17. 负反馈放大电路如图 5-22 所示。

(1) 判断反馈类型；

(2) 说明对输入电阻和输出电阻的影响；

(3) 求深度负反馈的闭环电压放大倍数。

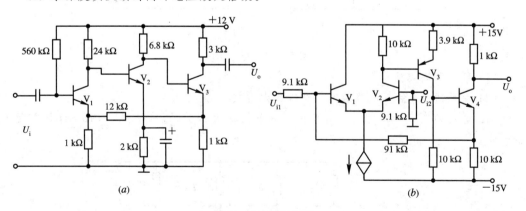

图 5-22 题 17 图

18. 在图 5-23 所示电路中，为实现下述性能要求，反馈应如何引入？

(1) 静态工作点稳定；

(2) 通过 R_{c_3} 的信号电流基本上不随 R_{c_3} 的变化而改变；

(3) 输出端接上负载后输出电压 U_o 基本上不随 R_L 的改变而变化；

(4) 向信号源索取的电流小。

19. 在图 5 - 24 所示电路中，要求：

(1) 稳定输出电流；

(2) 提高输入电阻。

试问 j、k、m、n 四点哪两点应连起来？

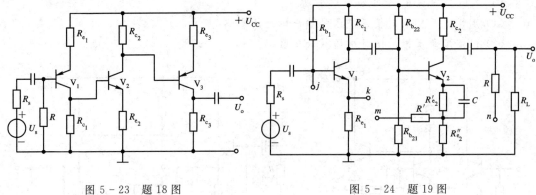

图 5 - 23　题 18 图　　　　　　　　图 5 - 24　题 19 图

20. 放大电路如图 5 - 25 所示。

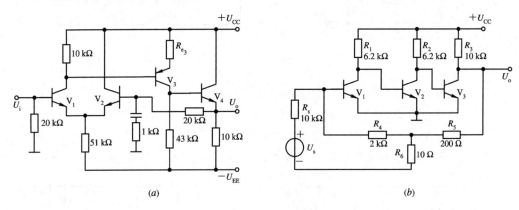

(a)　　　　　　　　　　　　(b)

图 5 - 25　题 20 图

(1) 判断反馈类型；

(2) 深反馈时，估算电路的闭环电压放大倍数。

21. 电路如图 5 - 26 所示，若要使闭环电压放大倍数 $A_{uf} = U_o/U_s \approx 15$，计算电阻 R_f 的大小。

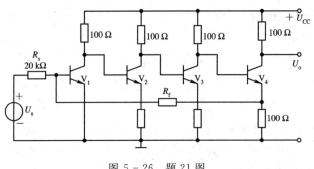

图 5 - 26　题 21 图

第六章

集成运算放大器

　　运算放大器是一种高放大倍数的多级直接耦合放大电路。由于该电路最初是用于数的运算，所以称为运算放大器。虽然运算放大器的用途早已不限于运算，但仍沿用此名称。随着半导体技术的发展，可将整个放大器的管子、电阻元件和引线制作在硅片上，组成集成运算放大器，简称集成运放。集成运放工作在放大区时，输入与输出呈线性关系，又称线性集成电路。需说明的是，模拟集成电路按其特点可分为运算放大电路、集成稳压电路、集成功率放大电路以及其它种类的集成电路，也可将几个集成电路和一些元件组合成具有一定功能的模块电路。

　　由于集成工艺的特点，集成运算放大电路和分立元件组成的具有同样功能的电路相比，具有如下特点：

　　(1) 由于集成工艺不能制作大容量的电容，所以电路结构均采用直接耦合方式。

　　(2) 为了提高集成度(指在单位硅片面积上所集成的元件数)和集成电路性能，一般集成电路的功耗要小，这样集成运放各级的偏置电流通常较小。

　　(3) 集成运放中的电阻元件是利用硅半导体材料的体电阻制成的，所以集成电路中的电阻阻值范围有一定限制，一般在几十欧姆到几万欧姆，电阻阻值太大或太小都不易制造。

　　(4) 在集成电路中，制造有源器件(晶体三极管、场效应管等)比制造大电阻占用的面积小，且工艺上也不麻烦，因此在集成电路中大量使用有源器件来组成有源负载，从而获得大电阻，提高放大电路的放大倍数；还可以将有源器件组成电流源，以获得稳定的偏置电流。二极管常用三极管代替。

　　(5) 由于集成电路中所有元件同处在一块硅片上，相互距离非常近，且在同一工艺条件下制造，因此，尽管各元件参数的绝对精度差，但它们的相对精度好，故对称性能好，特别适宜制作对称性要求高的电路，如差动电路、镜像电流源等。

　　(6) 集成运算放大电路中，采用复合管的接法以改进单管性能。

　　图 6-1 是典型集成运放的原理框图，它由 4 个主要环节组成。输入级的作用是提供与输出端成同相关系和反相关系的两个输入端，对其要求是温度漂移要尽可能的小。中间级主要是完成电压放大任务。输出级是向负载提供一定的功率，属于功率放大(这将在第九章中讲述)。偏置电路是向各级提供稳定的静态工作电流。除此之外还有一些辅助环节，如电平偏移电路是调节各级工作电压的，即当输入端信号为零时，要求输出端对地也为零；短路保护(过流保护)电路用于防止输出端短路时损坏内部管子。

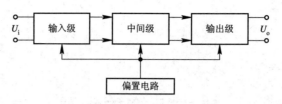

图 6-1　集成运放框图

6.1　零点漂移

运算放大器均是采用直接耦合方式。在第二章对直接耦合方式的特点及问题作了介绍，这里主要讨论直接耦合放大电路的零点漂移问题。

输入交变信号为零时的输出电压值被称为放大器的零点。零点不一定为零，但希望它为零。

由于直接耦合使得各级 Q 点互相影响，如果前级 Q 点发生变化，则会影响到后面各级的 Q 点。由于各级的放大作用，第一级微弱变化将经多级放大器的放大，使输出端产生很大的变化。最常见的是由于环境温度的变化而引起工作点漂移(称为温漂)，它是影响直接耦合放大电路性能的主要因素之一。当输入短路时，输出将随时间缓慢变化，如图 6-2 所示。这种输入电压为零，输出电压偏离零点的变化称为零点漂移，简称零漂。这种输出显然不反映输入信号的变化，这种假象将会造成测量误差，或使自动控

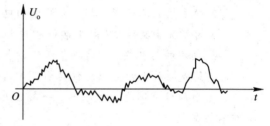

图 6-2　零点漂移

制系统发生错误动作，严重时，将会淹没真正的信号。零漂不能以输出电压的大小来衡量。因为放大电路的放大倍数越高，输出漂移必然愈大，与此同时，输出信号也愈大，所以零漂一般将输出漂移电压折合到输入端来衡量。例如两个放大电路 A、B，输出端的零漂均为 1 V，但放大电路 A 的放大倍数为 1000，放大电路 B 的为 200，而折合到输入端的零漂电压是：A 为 1 V/1000＝1 mV，B 为 1 V/200＝0.005 V＝5 mV，显然放大电路 A 的零漂小于放大电路 B 的零漂。也可这样讲：放大电路 A 输入信号只要大于 1 mV，输出信号就大于零漂；而放大电路 B 需要输入信号大于 5 mV，输出信号才大于零漂。

产生零漂的原因，主要是因为晶体三极管的参数受温度的影响(在第一章已讲过)。为了解决零漂，人们采取了多种措施，但最有效的措施之一是采用差动放大电路。

6.2　差动放大电路

6.2.1　基本形式

差动放大电路的基本形式如图 6-3 所示。对此电路的要求是：两个电路的参数完全

对称，两个管子的温度特性也完全对称。由于电路对称，当输入信号 $U_i=0$ 时，两个管子的电流相等，两个管子集电极的电位也相等，所以输出电压 $U_o=U_{c_1}-U_{c_2}=0$。如果温度上升使两个管子的电流均增加，则集电极的电位 U_{c_1}、U_{c_2} 均下降。由于两个管子处于同一环境温度，因此两个管子电流的变化量和电压的变化量都相等，即 $\Delta I_{c_1}=\Delta I_{c_2}$，$\Delta U_{c_1}=\Delta U_{c_2}$，其输出电压仍然为零。这说明，尽管每个管子的静态工作点均随温度而变化，但 c_1、c_2 两端之间的输出电压却不随温度而变化，且始终为零，故有效地消除了零漂。从以上过程可知，该电路是靠电路的对称性来消除零漂的。

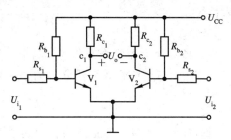

图 6 - 3　差动放大电路的基本形式

该电路对输入信号的放大作用又如何呢？

输入信号可以有两种类型：共模信号和差模信号。

1. 共模信号及共模电压放大倍数 A_{uc}

所谓共模信号，是指在差动放大管 V_1 和 V_2 的基极接入幅度相等、极性相同的信号，如图 6 - 4(a)所示，即

$$U_{ic_1}=U_{ic_2}$$

下标 ic 表示为共模输入信号。通常，共模信号都是无用信号。

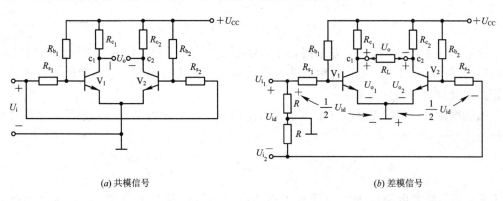

(a) 共模信号　　　　　　　　　　　　　　　　　(b) 差模信号

图 6 - 4　差动电路的两种输入信号

共模信号对两个管子的作用是同向的，如 $U_{ic_1}=U_{ic_2}$ 且均为正，将引起两个管子电流同量增加，而两个管子集电极电压将同量减少，故从两个管子集电极输出的共模电压 U_{oc} 为零。由以上可以看出共模信号的作用与温度影响相似，所以常常用对共模信号的抑制能力来反映电路对零漂的抑制能力，当然，共模电压放大倍数也反映了电路抑制零漂的能力。由于该电路中两个管子的集电极共模输出电压为零，所以

$$A_{uc}=\frac{U_{oc}}{U_{ic}}=0 \qquad\qquad (6-1)$$

这说明当差动电路对称时，对共模信号的抑制能力特别强。

2. 差模信号及差模电压放大倍数 A_{ud}

在以下分析过程中，单管放大器的输入电压和输出电压的参考方向，均以参考地为

负端。

差模信号是指差动放大器两个输入端的信号电压之差，记作 U_{id}。下标 id 表示差模输入信号。

$$U_{id} = U_{i_1} - U_{i_2} \tag{6-2}$$

当差动放大器完全对称时，两个单管放大器的输入电阻必然相等，所以在差模输入信号作用下，每个单管放大器分得的差模输入电压幅度相等而极性相反，即

$$U_{id_1} = |-U_{id_2}| = \frac{1}{2}U_{id} \tag{6-3}$$

正因为如此，所以有时把差模信号定义为幅度相等而极性相反的一对信号。

图 6-4(b) 是在差模信号作用下的差动放大电路。

设：$A_{u_1} = \dfrac{U_{o_1}}{U_{i_1}}$，是 V_1 管的电压放大倍数；

$A_{u_2} = \dfrac{U_{o_2}}{U_{i_2}}$，是 V_2 管的电压放大倍数。

因为电路完全对称，所以

$$A_{u_1} = A_{u_2} = A_{u单}$$

式中，$A_{u单}$ 是 V_1 或 V_2 构成的单管放大器的电压放大倍数。所以图 6-4(b) 的输出电压 U_o 为

$$\begin{aligned} U_o &= U_{o_1} - U_{o_2} = A_{u_1}U_{i_1} - A_{u_2}U_{i_2} \\ &= A_{u单}U_{i_1} - A_{u单}U_{i_2} = A_{u单}(U_{i_1} - U_{i_2}) \end{aligned}$$

该式说明，当两个输入信号有差别时，有信号电压输出；当两个输入信号完全相同时，输出电压为零。由此可见，完全对称的差动放大器只能放大差模信号，不能放大共模信号。这正是差动放大器名称的来由。

差模电压放大倍数是在差模输入信号的作用下产生的输出电压与差模输入电压之比，记作 A_{ud}。

$$A_{ud} = \frac{U_o}{U_{id}} = \frac{A_{u单}(U_{i_1} - U_{i_2})}{U_{i_1} - U_{i_2}} = A_{u单} \approx -\frac{\beta R_L'}{R_s + r_{be}} \tag{6-4}$$

这说明，差动放大电路的差模电压放大倍数等于单管电压放大倍数。需特别指出的是，R_L' 是集电极对地的等效电阻。当 $R_L \to \infty$ 时，$R_L' = R_c$；当输出端 c_1 和 c_2 间接入 R_L 时，由于一个管子电位下降，另一个管子电位上升，所以中间某一点的电位不变。如电路对称，该点正好在 $R_L/2$ 处，所以 $R_L' = R_c // (R_L/2)$，这是在求放大倍数时需注意的问题。

前面已提到，基本差动放大电路靠电路的对称性，在电路的两管集电极 c_1、c_2 间输出，将温度的影响抵消，这种输出我们称为双端输出。而实际电路中每一个管子并没有任何措施消除零漂，所以，基本差动电路存在如下问题：

（1）由于电路难以绝对对称，所以输出仍然存在零漂。

（2）由于每一个管子都没有采取消除零漂的措施，所以当温度变化范围十分大时，有可能差动放大管进入截止或饱和，使放大电路失去放大能力。

（3）在实际工作中，常常需要对地输出，即从 c_1 或 c_2 对地输出（这种输出我们称为单端输出），而这时的零漂与单管放大电路的一样，仍然十分严重。

为此，人们又提出了长尾式差动放大电路。

6.2.2 长尾式差动放大电路

长尾式差动放大电路又称为发射极耦合差动放大电路，如图 6-5 所示。图中两管通过发射极电阻 R_e 和 U_{EE} 耦合。

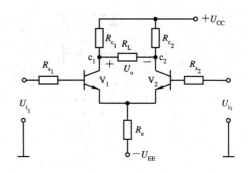

图 6-5 长尾式差动放大电路

1. 静态工作点的稳定性

静态时，输入短路，由于流过电阻 R_e 的电流为 I_{E_1} 和 I_{E_2} 之和，且电路对称，$I_{E_1} = I_{E_2}$，故

$$U_{EE} - U_{BE} = 2I_{E_1}R_e + I_{B_1}R_{s_1}$$

又

$$I_{B_1} = \frac{I_{E_1}}{1+\beta}, \quad R_{s_1} = R_{s_2} = R_s$$

所以

$$I_{E_1} = I_{E_2} = \frac{U_{EE} - U_{BE}}{2R_e + \dfrac{R_s}{1+\beta}} \approx \frac{U_{EE} - U_{BE}}{2R_e} \approx \frac{U_{EE}}{2R_e}$$

由上式可以看出，V_1 及 V_2 的发射极静态电流与 V_1 及 V_2 的参数几乎无关，所以当 V_1 与 V_2 的参数随温度变化时，I_{E_1} 及 I_{E_2} 基本不变；由于 $I_{C_1} \approx I_{E_1}$，$I_{C_2} \approx I_{E_2}$，所以 I_{E_1} 与 I_{E_2} 稳定，I_{C_1} 与 I_{C_2} 也稳定。可见该电路的静态工作点要比基本差动电路稳定得多。这是因为 R_e 引入了直流电流负反馈，其反馈强度等于 V_1 及 V_2 的发射极支路中各接入一个 $2R_e$ 电阻产生的负反馈强度。

2. 对共模信号的抑制作用

差动放大器对共模信号的抑制能力可以用共模电压放大倍数 A_{uc} 的大小来衡量，A_{uc} 越小，共模抑制能力越强。因为在相同的 U_{ic} 作用下，A_{uc} 越小，U_{oc} 越小，对共模信号的抑制效果越好。

长尾式差动放大电路仍具有对称特性，当绝对对称时，若采用双端输出方式，其共模输出电压为零，即 $A_{uc} = 0$。另外，由图 6-6(a) 可以看出，V_1 的发射极共模电流 I_{e_1c} 和 V_2 的发射极共模电流 I_{e_2c} 以相同的方向流过 R_e，在 R_e 两端形成较大的共模电压降，所以 R_e 对共模信号能产生很强的串联电流负反馈。由于负反馈会使放大倍数下降，因此，即使电路不完全对称或采用单端输出方式，长尾式差动放大电路的共模电压放大倍数也很小。可见，长尾式差动放大器对共模信号的抑制能力要比基本差动电路高得多。

因为在共模信号的作用下，V_1 与 V_2 的发射极共模电压 $U_{e共} = (I_{e_1c} + I_{e_2c})R_e = 2I_{e_1c}R_e = 2I_{e_2c}R_e$，所以，在 V_1 与 V_2 的发射极公共支路接入的电阻 R_e，可以等效地看作在每一个管子的发射极支路中各自接入一个 $2R_e$ 的电阻，如图 6-6(b) 所示。$2R_e$ 的负反馈作用使每一个单管放大器的共模放大倍数大大下降，共模输出大大减小，共模抑制能力大大提高。而差动放大器输出端的零点漂移可以等效地看作在输入端加了一对共模信号，并在输出端产生共模输出，所以共模抑制能力提高，同时也表明抑制零点漂移的能力提高。综上所述，长尾式差动放大电路既能有效地抑制共模信号，又能有效地克服零点漂移。

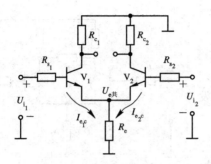
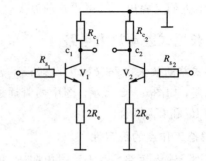

(a) 共模信号交流通路形式之一   (b) 共模信号交流通路形式之二

图 6 - 6　长尾式差放共模交流通路

可查看长尾式差动放大电路——共模输入双端输出仿真

3. 对差模信号的放大作用

在差模信号的作用下,长尾电路的工作状况如图 6 - 7 所示。图中标出的各电流、电压的指向是规定正方向。在此规定正方向下,若电路绝对对称,则两管的差模输入电压 $U_{id_1} = -U_{id_2}$,两管的发射极差模电流 $I_{e_1d} = -I_{e_2d}$,所以流过 R_e 的差模电流 I_{ed} 为

$$I_{ed} = I_{e_1d} + I_{e_2d} = I_{e_1d} - I_{e_1d} = 0$$

所以 R_e 两端无差模电压降。因此,在画差模交流通路时,应当把 R_e 视为短路,如图 6 - 7(b) 所示。由于 R_e 两端无差模电压降,所以 R_e 对差模信号不产生反馈。由差模交流通路可求得差模电压放大倍数 A_{ud} 为

$$A_{ud} = -\frac{\beta R_L^{'}}{R_s + r_{be}} \tag{6-5}$$

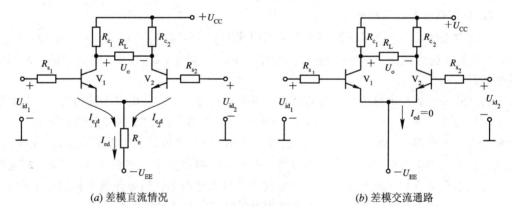

(a) 差模直流情况   (b) 差模交流通路

图 6 - 7　长尾电路差模信号工作状况

可查看长尾式差动放大电路——差模输入双端输出仿真

6.2.3　差动放大器的主要指标

1. 差模电压放大倍数 A_{ud}

差模电压放大倍数 A_{ud} 是在差模输入信号的作用下,产生输出电压 U_{od} 与差模输入电压 U_{id} 之比,即

$$A_{\mathrm{ud}} = \frac{U_{\mathrm{od}}}{U_{\mathrm{id}}} \qquad\qquad (6-6)$$

强调说明,式中 U_{od} 是在 U_{id} 作用下产生的输出电压,它不一定是差模形式,例如单端输出的 U_{od} 就不是差模电压。

2. 共模电压放大倍数 A_{uc}

共模电压放大倍数 A_{uc} 是在共模输入信号的作用下,产生的输出电压 U_{oc} 与共模输入电压 U_{ic} 之比,即

$$A_{\mathrm{uc}} = \frac{U_{\mathrm{oc}}}{U_{\mathrm{ic}}} \qquad\qquad (6-7)$$

在 A_{ud} 不变的条件下,A_{uc} 越小,共模抑制能力越强,零点漂移越小。

3. 共模抑制比 CMRR

共模抑制比 CMRR 是差模电压放大倍数 A_{ud} 与共模电压放大倍数 A_{uc} 的绝对值之比,即

$$\mathrm{CMRR} = \left| \frac{A_{\mathrm{ud}}}{A_{\mathrm{uc}}} \right| \qquad\qquad (6-8)$$

或者 $$\mathrm{CMR} = 20 \lg \left| \frac{A_{\mathrm{ud}}}{A_{\mathrm{uc}}} \right| \quad (\mathrm{dB}) \qquad\qquad (6-9)$$

CMRR 可以更确切地表明差动电路的共模抑制能力。CMRR 越大,表明差动电路共模抑制能力越强。共模抑制能力是指差动电路在共模干扰下,正常放大差模信号的能力。当 A_{ud} 不变时,A_{uc} 可以表明差动电路的共模抑制能力,但是,对于 A_{ud} 不同的两个放大器,其共模抑制能力就无法用 A_{uc} 的大小来比较。例如,放大器 A 的 $A_{\mathrm{uc}} = A_{\mathrm{ud}} = 5$;放大器 B 的 $A_{\mathrm{uc}} = 10$,$A_{\mathrm{ud}} = 100$。当 $U_{\mathrm{ic}} \geqslant U_{\mathrm{id}}$ 时,放大器 A 的共模输出大于差模输出,差模信号无法分离出来,此时放大器 A 已不能正常放大差模信号。但是,对于放大器 B,当 $U_{\mathrm{ic}} \geqslant U_{\mathrm{id}}$ 时,只要 U_{ic} 不超过 $10U_{\mathrm{id}}$,其共模输出就小于差模输出,差模信号可以很容易地分离出来,实现对差模信号的正常放大。虽然放大器 A 的 A_{uc} 小于放大器 B 的 A_{uc},但是放大器 A 的共模抑制能力却不如放大器 B。可见,在上述情况下,A_{uc} 的大小已不能表征共模抑制能力的强弱。这时,只有用 CMRR 才能正确地表征共模抑制能力。放大器 A 的 $\mathrm{CMRR_A} = 5/5 = 1$,而放大器 B 的 $\mathrm{CMRR_B} = 100/10 = 10$,$\mathrm{CMRR_A} < \mathrm{CMRR_B}$,所以放大器 A 的共模抑制能力不如放大器 B,此结论与实际相符。

4. 差模输入电阻 r_{id}

r_{id} 是差动放大器对差模信号源呈现的等效电阻。在数值上,r_{id} 等于差模输入电压 U_{id} 与差模输入电流 I_{id} 之比,即

$$r_{\mathrm{id}} = \frac{U_{\mathrm{id}}}{I_{\mathrm{id}}} \qquad\qquad (6-10)$$

5. 差模输出电阻 r_{od}

r_{od} 是在差模信号作用下差动放大器相对于负载电阻 R_{L} 而言的等效电源的内阻;或者说是在差模信号作用下从 R_{L} 两端向放大器看去的等效电阻。在数值上,r_{od} 等于在差模输入信号作用下,输出开路电压 $U_{\mathrm{o\infty d}}$ 与输出短路电流 I_{o0d} 之比,即

$$r_{\mathrm{od}} = \frac{U_{\mathrm{o\infty d}}}{I_{\mathrm{o0d}}} \tag{6-11}$$

6. 共模输入电阻 r_{ic}

r_{ic} 是差动放大器对共模信号源呈现的等效电阻。在数值上，r_{ic} 等于共模输入电压 U_{ic} 与共模输入电流 I_{ic} 之比，即

$$r_{\mathrm{ic}} = \frac{U_{\mathrm{ic}}}{I_{\mathrm{ic}}} \tag{6-12}$$

【例 1】 设图 6-5 所示长尾式差动放大电路绝对对称，求 A_{ud}、A_{uc}、CMRR、r_{id}、r_{od} 和 r_{ic}。

解 由图 6-7(b) 所示差模交流通路得

$$A_{\mathrm{ud}} = \frac{U_{\mathrm{od}}}{U_{\mathrm{id}}} = A_{\mathrm{u单}} = \frac{U_{\mathrm{o_1}}}{U_{\mathrm{i_1}}} = \frac{-\beta I_{\mathrm{b_1}} R_{\mathrm{L}}'}{I_{\mathrm{b_1}}(R_{\mathrm{s}} + r_{\mathrm{be}})} = \frac{-\beta R_{\mathrm{L}}'}{R_{\mathrm{s}} + r_{\mathrm{be}}}$$

$$= \frac{-\beta \left(R_{\mathrm{c}} \mathbin{/\!/} \frac{1}{2} R_{\mathrm{L}} \right)}{R_{\mathrm{s}} + r_{\mathrm{be}}} \tag{6-13}$$

因为电路绝对对称，所以在共模输入信号作用下，$U_{\mathrm{c_1}} = U_{\mathrm{c_2}}$，因此

$$A_{\mathrm{uc}} = \frac{U_{\mathrm{oc}}}{U_{\mathrm{ic}}} = \frac{U_{\mathrm{c_1}} - U_{\mathrm{c_2}}}{U_{\mathrm{ic}}} = \frac{0}{U_{\mathrm{ic}}} = 0 \tag{6-14}$$

$$\mathrm{CMRR} = \left| \frac{A_{\mathrm{ud}}}{A_{\mathrm{uc}}} \right| = \infty \tag{6-15}$$

由差模交流通路可注意到 $I_{\mathrm{b_1 d}} = -I_{\mathrm{b_2 d}}$，则

$$r_{\mathrm{id}} = \frac{U_{\mathrm{id}}}{I_{\mathrm{id}}} = \frac{U_{\mathrm{i_1}} - U_{\mathrm{i_2}}}{I_{\mathrm{b_1 d}}} = \frac{I_{\mathrm{b_1 d}}(R_{\mathrm{s}} + r_{\mathrm{be}}) - I_{\mathrm{b_2 d}}(R_{\mathrm{s}} + r_{\mathrm{be}})}{I_{\mathrm{b_1 d}}}$$

$$= \frac{I_{\mathrm{b_1 d}}(R_{\mathrm{s}} + r_{\mathrm{be}}) + I_{\mathrm{b_1 d}}(R_{\mathrm{s}} + r_{\mathrm{be}})}{I_{\mathrm{b_1 d}}} = 2(R_{\mathrm{s}} + r_{\mathrm{be}}) \tag{6-16}$$

式中，$I_{\mathrm{b_1 d}}$、$I_{\mathrm{b_2 d}}$ 分别是 $\mathrm{V_1}$ 和 $\mathrm{V_2}$ 的基极差模电流。

若共模输入信号的接入方式如图 6-8(a) 所示，则

$$r_{\mathrm{ic}} = \frac{U_{\mathrm{ic}}}{I_{\mathrm{ic}}} = \frac{U_{\mathrm{ic}}}{I_{\mathrm{b_1 c}} + I_{\mathrm{b_2 c}}} = \frac{I_{\mathrm{b_1 c}}(R_{\mathrm{s}} + r_{\mathrm{be}}) + (1+\beta)(I_{\mathrm{b_1 c}} + I_{\mathrm{b_2 c}})R_{\mathrm{e}}}{I_{\mathrm{b_1 c}} + I_{\mathrm{b_2 c}}}$$

因为，在共模信号作用下，$I_{\mathrm{b_1 c}} = I_{\mathrm{b_2 c}}$，所以

$$r_{\mathrm{ic}} = \frac{1}{2}(R_{\mathrm{s}} + r_{\mathrm{be}}) + (1+\beta)R_{\mathrm{e}} \tag{6-17}$$

若共模输入信号的接入方式如图 6-8(b) 所示，则

$$r_{\mathrm{ic}} = \frac{U_{\mathrm{ic}}}{I_{\mathrm{ic}}} = \frac{I_{\mathrm{ic}}(R_{\mathrm{s}} + r_{\mathrm{be}}) + 2(1+\beta)I_{\mathrm{ic}}R_{\mathrm{e}}}{I_{\mathrm{ic}}}$$

$$= R_{\mathrm{s}} + r_{\mathrm{be}} + 2(1+\beta)R_{\mathrm{e}} \tag{6-18}$$

利用外加电源法，可以求得该电路的差模输出电阻 r_{od} 和共模输出电阻 r_{oc}，它们分别为

$$r_{\mathrm{od}} = 2R_{\mathrm{c}} \tag{6-19}$$

$$r_{\mathrm{oc}} = 2R_{\mathrm{c}} \tag{6-20}$$

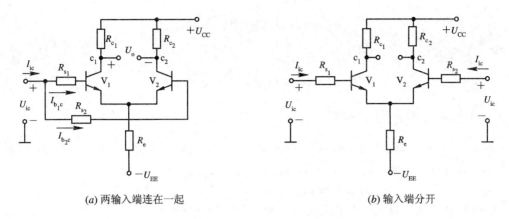

(a) 两输入端连在一起　　　　　　　　　　(b) 输入端分开

图 6 - 8　两种共模信号接入方式

6.2.4　具有调零电路的差动放大器

为了克服半导体三极管 V_1、V_2 和电路元件参数不对称所造成的输出直流电压 $U_o \neq 0$ 的现象，电路中常增加调零电路，如图 6 - 9(a)、(b)所示。图 6 - 9(a)在发射极增加电位器 R_P，图 6 - 9(b)在集电极至电源间接入电位器 R_P，它们均是利用电位器 R_P 的不对称分配来补偿电路参数的不对称的。

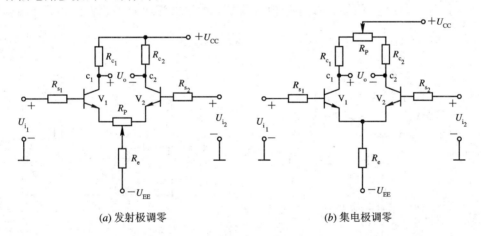

(a) 发射极调零　　　　　　　　　　　(b) 集电极调零

图 6 - 9　具有调零电路的差动电路

注意：R_P 的接入对指标参数的影响，如发射极调零电路，有关指标计算公式如下：

差模放大倍数 A_{ud} 为

$$A_{ud} = -\frac{\beta R_L'}{R_s + r_{be} + (1+\beta)\dfrac{R_P}{2}} \qquad (6-21)$$

差模输入电阻 r_{id} 为

$$r_{id} = 2\left[R_s + r_{be} + (1+\beta)\frac{R_P}{2}\right] \qquad (6-22)$$

共模输入电阻 r_{ic}（对应图 6 - 9(a)）为

$$r_{ic} = \frac{1}{2}\left[r_{be} + R_s + (1+\beta)\frac{R_P}{2}\right] + (1+\beta)R_e \qquad (6-23)$$

或者为(对应图 $6-8(b)$)

$$r_{ic} = r_{be} + R_s + (1+\beta)\frac{R_P}{2} + (1+\beta)2R_e \qquad (6-24)$$

6.2.5 恒流源差动放大电路

长尾式差动放大电路由于接入 R_e，提高了共模信号的抑制能力，且 R_e 愈大，抑制能力愈强。若 R_e 增大，则 R_e 上的直流压降增大，为了保证管子正常工作，必须提高 U_{EE} 值，这是不合算的。为此，希望有这样一种器件：交流电阻 r 大，而直流电阻 R 小。恒流源即有此特性。恒流源的电流、电压特性如图 $6-10$ 所示。

从图上可分别表示出交流电阻 r 和直流电阻 R，即

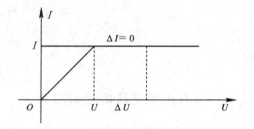

图 $6-10$　恒流源的电流、电压特性

$$r = \frac{\Delta U}{\Delta I} \to \infty, \quad R = \frac{U}{I}$$

将长尾式差动放大电路中 R_e 用恒流源代替，即得恒流源差动放大电路，如图 $6-11$ (a) 所示。

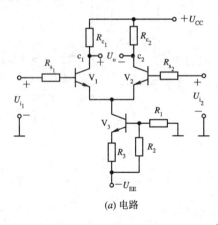

(a) 电路

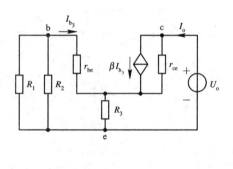

(b) 恒流源等效电路

图 $6-11$　恒流源差动放大电路　　可查看恒流源差动放大电路仿真

恒流源电路的等效电阻，与放大电路的输出电阻相同，其等效电路如图 $6-11(b)$ 所示，按输入短路，输出加电源 U_o，求出 I_o，则恒流源等效电阻为

$$r_{o_3} = \frac{U_o}{I_o}$$

$$U_o = (I_o - \beta I_{b_3})r_{ce} + (I_o + I_{b_3})R_3 \qquad (6-25)$$

$$I_{b_3}(r_{be} + R_1 /\!/ R_2) + (I_o + I_{b_3})R_3 = 0 \qquad (6-26)$$

由式 $(6-26)$ 得

$$I_{b_3} = -\frac{R_3}{r_{be} + R_3 + R_1 /\!/ R_2}I_o$$

将 I_{b_3} 代入式(6-25)，得恒流源的交流等效电阻为

$$r_{o_3} = \frac{U_o}{I_o} = \left(1 + \frac{\beta R_3}{r_{be} + R_3 + R_1 /\!/ R_2}\right) r_{ce} + R_3 /\!/ (r_{be} + R_1 /\!/ R_2)$$

$$\approx \left(1 + \frac{\beta R_3}{r_{be} + R_3 + R_1 /\!/ R_2}\right) r_{ce} \qquad (6-27)$$

其中，r_{ce} 是管子 c、e 之间的电阻。

设 $\beta = 80$，$r_{ce} = 100$ kΩ，$r_{be} = 1$ kΩ，$R_1 = R_2 = 6$ kΩ，$R_3 = 5$ kΩ，则 $r_{o_3} \approx 4.5$ MΩ。用如此大的电阻作为 R_e，可大大提高其对共模信号的抑制能力。而此时，恒流源所要求的电源电压却不高，即

$$U_{EE} = U_{BE_2} + U_{CE_3} + I_{E_3} R_3 + I_{B_1} R_{s_1}$$

对应的静态电流为

$$I_{E_1} = I_{E_2} \approx \frac{1}{2} I_{E_3} \qquad (6-28)$$

恒流源差动放大电路的指标计算，与长尾式差动放大电路完全一样，只需用 r_{o_3} 取代 R_e 即可。

6.2.6　一般输入信号情况

如果差动放大电路的输入信号既不是共模信号也不是差模信号，即 $|U_{i_1}| \neq |U_{i_2}|$，又应如何处理呢？此时可将输入信号分解成一对共模信号和一对差模信号，它们共同作用在差动放大电路的输入端。设差动放大电路的输入为 U_{i_1} 和 U_{i_2}，则差模输入电压 U_{id} 是二者之差，即

$$U_{id} = U_{i_1} - U_{i_2} \qquad (6-29)$$

每一管的差动信号输入为

$$U_{id_1} = -U_{id_2} = \frac{1}{2} U_{id} = \frac{1}{2}(U_{i_1} - U_{i_2}) \qquad (6-30)$$

共模输入电压 U_{ic} 为二者的平均值

$$U_{ic} = \frac{U_{i_1} + U_{i_2}}{2} \qquad (6-31)$$

即

$$U_{i_1} = U_{ic} + U_{id_1}$$
$$U_{i_2} = U_{ic} - U_{id_1}$$

按叠加原理，输出电压为

$$U_o = A_{ud} U_{id} + A_{uc} U_{ic} \qquad (6-32)$$

【例2】　在图 6-5 电路中，已知差模增益为 48 dB，共模抑制比为 67 dB，$U_{i_1} = 5$ V，$U_{i_2} = 5.01$ V，试求输出电压 U_o。

解　因为 $20 \lg|A_{ud}| = 48$ dB，故 $A_{ud} \approx -251$，而 CMR $= 67$ dB，故 CMRR ≈ 2239，所以

$$A_{uc} = \frac{A_{ud}}{\text{CMRR}} = \frac{251}{2239} \approx 0.11$$

则输出电压为

$$U_o = A_{ud}U_{id} + A_{uc}U_{ic}$$

$$= -251(5 - 5.01) + 0.11\left(\frac{5 + 5.01}{2}\right) = 3.06 \text{ V}$$

6.2.7 差动放大电路的四种接法

由于差动放大电路有两个输入端和两个输出端,所以信号的输入、输出方式有以下四种情况。

1. 双端输入、双端输出

前面的分析均是以双端输入、双端输出的形式为主进行分析的,如图 6 - 12(a)所示,根据前面的分析得:

差模电压放大倍数为

$$A_{ud} = \frac{U_o}{U_i} = -\frac{\beta R_L^{'}}{R_s + r_{be}}$$

其中

$$R_L^{'} = R_c \,//\, \frac{R_L}{2}$$

差动输入电阻 r_{id} 和输出电阻 r_{od} 为

$$r_{id} = 2(R_s + r_{be}), \quad r_{od} \approx 2R_c$$

共模电压放大倍数为

$$A_{uc} = \frac{U_{oc}}{U_{ic}} = 0$$

共模抑制比为

$$\text{CMRR} \rightarrow \infty$$

2. 双端输入、单端输出

双端输入、单端输出的差动放大电路如图 6 - 12(b)所示。由于只从 V_1 的集电极输出,所以输出电压只有双端输出的一半,即差模电压放大倍数为

$$A_{ud单} = -\frac{1}{2} \frac{\beta R_L^{'}}{R_s + r_{be}} \tag{6 - 33}$$

此处

$$R_L^{'} = R_c \,//\, R_L$$

如果从 V_2 管输出,仅是 U_o 的相位与前者相反,电压放大倍数仍按式(6 - 33)计算,但负号去掉。

输入电阻为

$$r_{id} = 2(R_s + r_{be})$$

输出电阻为

$$r_{od} \approx R_c$$

共模电压放大倍数为

$$A_{uc单} = -\frac{\beta R_L^{'}}{r_{be} + R_s + (1 + \beta)2R_e} \tag{6 - 34}$$

共模抑制比为

$$\text{CMRR} = \left|\frac{A_{ud}}{A_{uc}}\right| = \frac{R_s + r_{be} + (1 + \beta)2R_e}{2(R_s + r_{be})} \approx \frac{\beta R_e}{R_s + r_{be}} \tag{6 - 35}$$

— 134 —

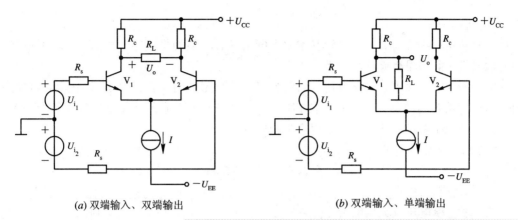

(a) 双端输入、双端输出   (b) 双端输入、单端输出

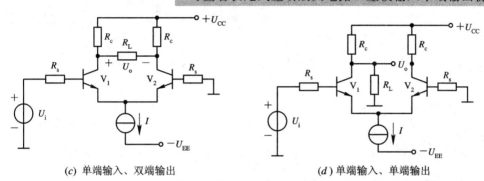

(c) 单端输入、双端输出   (d) 单端输入、单端输出

图 6 - 12   差动放大电路的四种接法

3. 单端输入、双端输出

单端输入、双端输出电路如图 6 - 12(c)所示，U_i 仅加在 V_1 管输入端，V_2 管输入端接地；或者 U_i 仅加在 V_2 管输入端，V_1 管输入端接地，这种输入方式称单端输入，是实际电路中常用的一种。

按式(6 - 30)、(6 - 31)、(6 - 32)，可得

$$U_{id} = U_{i_1} - U_{i_2} = U_i, \quad U_{ic} = \frac{U_{i_1} + U_{i_2}}{2} = \frac{1}{2}U_i$$

所以

$$U_{i_1} = U_{ic} + \frac{1}{2}U_{id} = \frac{1}{2}U_i + \frac{1}{2}U_{id}$$

$$U_{i_2} = U_{ic} - \frac{1}{2}U_{id} = \frac{1}{2}U_i - \frac{1}{2}U_{id}$$

当忽略电路对共模信号的放大作用后，单端输入就可等效为双端输入的情况，故双端输入、双端输出的结论均适用于单端输入、双端输出。

这种接法的特点是：可把单端输入的信号转换成双端输出，作为下一级的差动输入，适用于负载两端任何一端不接地，而且输出正负对称性好的情况(如示波管的偏转板)。

4. 单端输入、单端输出

单端输入、单端输出电路如图 6 - 12(d)所示，按前面同样的方法，可得出它与双端输

入、单端输出等效。

这种接法的特点是：它比单管基本放大电路具有较强的抑制零漂能力，而且可根据不同的输出端，得到同相或反相关系。

综上所述，差动放大电路电压放大倍数仅与输出形式有关，只要是双端输出，它的差模电压放大倍数与单管基本放大电路相同；如为单端输出，它的差模电压放大倍数是单管基本电压放大倍数的一半，输入电阻都是相同的。

【例3】 电路如图 6-13 所示，设 $U_{CC}=U_{EE}=12$ V，$\beta_1=\beta_2=50$，$R_{c_1}=R_{c_2}=100$ kΩ，$R_P=200$ Ω，$R_3=33$ kΩ，$R_2=6.8$ kΩ，$R_1=2.2$ kΩ，$R_{s_1}=R_{s_2}=10$ kΩ。

（1）求静态工作点。

（2）求差模电压放大倍数。

（3）求 $R_L=100$ kΩ 时，差模电压放大倍数。

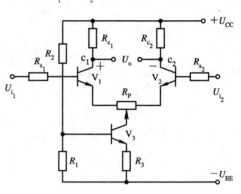

（4）从 V_1 管集电极输出，求差模电压放大倍数和共模抑制比 CMRR（设 $r_{ce_3}=50$ kΩ）。

图 6-13　例 3 电路图

解 （1）静态工作点：

$$U_{R_1} = \frac{R_1}{R_1+R_2}(U_{CC}+U_{EE})$$
$$= \frac{2.2}{2.2+6.8} \times 24 = 5.87 \text{ V}$$

设 $U_{BE_3}=0.6$ V，则

$$U_{R_3} = 5.87 - 0.6 = 5.27 \text{ V}$$

所以

$$I_{E_3} = \frac{U_{R_3}}{R_3} = \frac{5.27}{33} \approx 0.16 \text{ mA} = 160 \text{ } \mu\text{A}$$

$$I_{E_1} = I_{E_2} = \frac{1}{2}I_{E_3} = 80 \text{ } \mu\text{A}, \quad I_{E_1} \approx I_{c_1}, \quad I_{E_2} \approx I_{c_2}$$

$$U_{c_1} = U_{c_2} = U_{CC} - I_{c_1}R_{c_1} = 12 - 0.08 \times 100 = 4 \text{ V}$$

$$I_{B_1} = I_{B_2} = \frac{I_{c_1}}{\beta_1} = \frac{80}{50} = 1.6 \text{ } \mu\text{A}$$

$$U_{B_1} = U_{B_2} = -I_{B_1}R_{s_1} = -1.6 \times 10^{-6} \times 10^4 = -16 \text{ mV} = -0.016 \text{ V}$$

所以一般估算时，认为 $U_B \approx 0$。

$$U_{E_1} = U_{E_2} = -(U_{BE_1}+U_{B_1}) = -(0.6 \text{ V}+0.016 \text{ V}) = -0.616 \text{ V}$$

$$U_{CE_1} = U_{CE_2} = U_{c_1} - U_{E_1} = 4 - 0.616 \approx 3.4 \text{ V}$$

（2）差模电压放大倍数：

$$A_{ud} = -\frac{\beta_1 R_L'}{R_{s_1} + r_{be_1} + (1+\beta_1)\dfrac{R_P}{2}}$$

其中

$$R_L' = R_c$$

$$r_{\text{be}_1} = r_{\text{bb}'} + (1 + \beta_1) \frac{26}{I_{\text{E}_1}} = 300 + 51 \times \frac{26}{0.08} \approx 16.9 \text{ k}\Omega$$

$$A_{\text{ud}} = -\frac{50 \times 100}{10 + 16.9 + 51 \times 0.1} \approx -156$$

（3）当 $R_{\text{L}} = 100 \text{ k}\Omega$ 时，

$$R'_{\text{L}} = R_{\text{c}_1} /\!/ \frac{R_{\text{L}}}{2} = 100 /\!/ 50 \approx 33.3 \text{ k}\Omega$$

$$A_{\text{ud}} = -\frac{50 \times 33.3}{10 + 16.9 + 51 \times 0.1} \approx -52$$

（4）当单端输出时（从 V_1 管 c_1 极输出）：

$$A_{\text{ud单}} = -\frac{1}{2} \frac{\beta R'_{\text{L}}}{R_{\text{s}_1} + r_{\text{be}} + (1 + \beta) \frac{R_{\text{P}}}{2}}$$

其中
$$R'_{\text{L}} = R_{\text{c}} /\!/ R_{\text{L}} = 50 \text{ k}\Omega$$

$$A_{\text{ud单}} = -\frac{1}{2} \times \frac{50 \times 50}{10 + 16.9 + 51 \times 0.1} \approx -39$$

单端输出时，共模电压放大倍数为

$$A_{\text{uc单}} = -\frac{\beta R'_{\text{L}}}{R_{\text{s}_1} + r_{\text{be}_1} + (1 + \beta)\left(\frac{R_{\text{P}}}{2} + 2r_{\text{o}_3}\right)}$$

式中
$$R'_{\text{L}} = R_{\text{c}} /\!/ R_{\text{L}} = 50 \text{ k}\Omega$$

$$r_{\text{o}_3} = \left(1 + \frac{\beta R_3}{r_{\text{be}_3} + R_3 + R_1 /\!/ R_2}\right) r_{\text{ce}}$$

而
$$r_{\text{be}_3} = r_{\text{bb}'} + (1 + \beta) \frac{26}{I_{\text{E}_3}} = 300 + 51 \times \frac{26}{0.16} \approx 8.6 \text{ k}\Omega$$

所以
$$r_{\text{o}_3} = \left(1 + \frac{50 \times 33}{8.6 + 33 + 1.7}\right) \times 50 \approx 1.96 \times 10^6 \ \Omega$$

故
$$A_{\text{uc单}} = -\frac{50 \times 50}{10 + 16.9 + 51 \times 3800} \approx -0.013$$

其共模抑制比为

$$\text{CMRR} = \left|\frac{A_{\text{ud单}}}{A_{\text{uc单}}}\right| = \frac{39}{0.013} = 3000$$

$$\text{CMR} = 20 \lg \left|\frac{A_{\text{ud单}}}{A_{\text{uc单}}}\right| = 20 \lg 3000 \approx 69.5 \text{ dB}$$

6.3　电　流　源　电　路

由前所述，用恒流源代替 R_{e}，可使电路性能得到较大的改善，但是恒流源电路使用电阻较多，且作为恒流源的管子，它的 U_{BE} 还要受温度的影响，因此抑制零漂不理想，本节我们介绍在集成电路中常用的恒流源电路形式。

6.3.1 镜像电流源电路

电路如图 6 - 14(a)所示，图中 V_1、V_2 组成对管，两者的特性完全相同，V_2 管工作在放大状态。R_L 是后级电路的等效电阻，R 称为限流电阻。

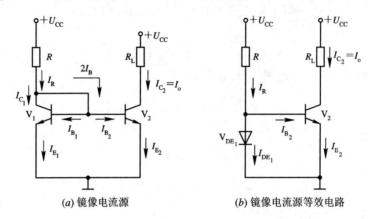

(a) 镜像电流源　　　　　　　　　(b) 镜像电流源等效电路

图 6 - 14　镜像电流源及等效电路

特别提醒，由于 V_1 管的 $U_{CB}=0$，所以 V_1 管不可能工作在放大状态，因此，$I_{C_1}=\beta I_{B_1}$ 不成立（$I_C=\beta I_B$ 只适用于放大状态），当然，$I_{B_1}=I_{C_1}/\beta$ 也不成立，不可用该式来分析图 6 - 14 所示电路。

因为 V_1 管的集电极和基极之间短路，所以 V_1 管仅仅相当于一个由其发射结构成的二极管，将其记作 V_{DE_1}，因此，图 6 - 14(a)可以等效为图 6 - 14(b)。由第一章公式(1 - 1)可知，PN 结的伏安特性方程为 $I_D=I_S(e^{\frac{qU}{kT}}-1)$。所以流过 V_1 管与 V_2 管发射结的电流分别为

$$I_{DE_1}=I_{S_1}\left(e^{\frac{qU_{BE_1}}{kT_1}}-1\right)$$

$$I_{E_2}=I_{S_2}\left(e^{\frac{qU_{BE_2}}{kT_2}}-1\right)$$

因为两管特性相同，所以 $I_{S_1}=I_{S_2}$，另外，两管靠得很近，所以，两者的环境温度相同，即 $T_1=T_2$，由图 6 - 14(a)可知，两管的发射结电压相同，即 $U_{BE_1}=U_{BE_2}$，所以 $I_{DE_1}=I_{E_2}$。由图 6 - 14(b)得

$$I_R=I_{DE_1}+I_{B_2}=I_{E_2}+I_{B_2}=I_{C_2}+I_{B_2}+I_{B_2}$$

$$=I_{C_2}+\frac{2}{\beta}I_{C_2}=\left(1+\frac{2}{\beta}\right)I_{C_2} \tag{6 - 36}$$

当 $\beta\gg2$ 时，

$$I_R\approx I_{C_2} \tag{6 - 37}$$

又因为

$$I_R=\frac{U_{CC}-U_{BE_2}}{R}$$

所以当 $U_{CC}\gg U_{BE_2}$ 时，

$$I_R \approx \frac{U_{CC}}{R} \qquad\qquad (6-38)$$

由公式(6-36)及(6-37)可知，当 $\beta \gg 2$，$U_{CC} \gg U_{BE_2}$ 时，有

$$I_o = I_{C_2} \approx I_R \approx \frac{U_{CC}}{R} \qquad\qquad (6-39)$$

I_R 称为电流源的参考电流。在 $\beta \gg 2$ 的条件下，不管 V_2 管集电极支路中的负载 R_L 在合理取值范围内如何变化，I_o 总是等于 I_R。I_o 就如同 I_R 在镜子中的影像一样，故称该电路为镜像电流源。当 $\beta \gg 2$，并且 $U_{CC} \gg U_{BE_2}$ 时，$I_o \approx U_{CC}/R$，与晶体管的参数无关，因而 I_o 具有很好的温度稳定性；U_{CC} 与 R 一旦确定，I_o 就随之确定并保持不变，具有较好的恒流特性。该电路的输出动态电阻 r_o 约等于 r_{ce_2}。

该电路的缺点如下：

(1) 受电源的影响大。当 U_{CC} 变化时，I_{C_2} 几乎也同样地变化，因此它不适用于电源电压大幅度变动的情况。

(2) 当要求得到小的电流源时，如微安级的电流，就要求较大的电阻 R，如当 $I_{C_2} = 10\ \mu A$，$U_{CC} = 15\ V$ 时，R 约为 1.5 MΩ，这用集成工艺是难于实现的。

(3) 由于恒流特性不够理想，管子 c、e 极间电压变化时，I_C 也会有相应的变化，即电流源的输出电阻还不够大。

(4) 在图 6-14 所示电路中，输出电流 I_{C_2} 与基准电流仅仅是近似相等，特别是当 β 值不够大时，两者之间误差更大。为提高镜像电流源的精度，以及进一步提高电路的输出电阻，可采用威尔逊电流源。

6.3.2 威尔逊电流源

威尔逊电流源是为了在低 β 情况下仍能获得较好的镜像特性而设计的。电路如图 6-15(a)所示。图中，V_1、V_2、V_3 三者的特性完全相同，V_1 与 V_3 工作在放大状态；因为 V_2 的 b、c 之间短路，所以 V_2 管相当于一个由其发射结构成的二极管。R_L 是后级电路的等效电阻。图 6-15(b)是图 6-15(a)的等效电路。

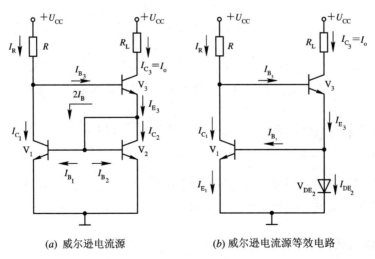

(a) 威尔逊电流源　　　　　　　(b) 威尔逊电流源等效电路

图 6-15　威尔逊电流源及等效电路

用分析图 6 - 14 的方法，可以求得图 6 - 15(b)中，$I_{DE_2} = I_{E_1}$。由图 6 - 15(b)可以求得：

$$I_{E_3} = I_{B_1} + I_{DE_2} = I_{B_1} + I_{E_1} = I_{B_1} + I_{B_1} + I_{C_1}$$

$$= 2I_{B_1} + I_{C_1} = \frac{2+\beta}{\beta}I_{C_1} \tag{6 - 40}$$

又因为

$$I_{C_3} = \alpha I_{E_3} = \frac{\beta}{1+\beta}I_{E_3}$$

把公式(6 - 40)代入上式得：

$$I_{C_3} = \frac{\beta}{1+\beta}\frac{2+\beta}{\beta}I_{C_1} = \frac{2+\beta}{1+\beta}I_{C_1} \tag{6 - 41}$$

由图 6 - 15 得

$$I_{C_1} = I_R - I_{B_3} = I_R - \frac{1}{\beta}I_{C_3} \tag{6 - 42}$$

把公式(6 - 42)代入公式(6 - 41)得：

$$I_o = I_{C_3} = I_R \left(1 - \frac{2}{\beta^2 + 2\beta + 2}\right) \tag{6 - 43}$$

当($\beta^2 + 2\beta + 2$)≫2 时，

$$I_o = I_{C_3} \approx I_R \tag{6 - 44}$$

由于($\beta^2 + 2\beta + 2$)≫2 要比 β≫2 更容易满足，所以威尔逊电流源比图 6 - 14 具有更好的镜像特性。即使在低 β 情况下，威尔逊电流源的 I_o 与其参考电流 I_R 之间的差别也十分微小。例如，当 $\beta = 20$ 时，威尔逊电流源的输出电流 I_o 与参考电流 I_R 之间的相对误差是：

$$\frac{\Delta I_o}{I_R} = \frac{I_o - I_R}{I_R} = -\frac{2}{\beta^2 + 2\beta + 2} = -\frac{2}{442} \approx -0.45\%$$

而图 6 - 14 的输出电流 I_o 与参考电流 I_R 之间的相对误差是：

$$\frac{\Delta I_{C_1}}{I_R} = \frac{I_{C_1} - I_R}{I_R} = -\frac{2}{\beta + 2} = -\frac{2}{22} \approx -9.1\%$$

可见，威尔逊电流源的镜像精度远远高于图 6 - 14 所示的镜像精度。

由公式(6 - 43)可看出，β 变化对输出电流 I_{C_3} 的影响很小。但是，因为

$$I_o = I_{C_3} \approx I_R = \frac{U_{CC} - U_{BE_3} - U_{BE_2}}{R} \tag{6 - 45}$$

所以当晶体管的门限电压发生变化时，对输出电流 I_o 的影响较大。为减小这一影响，U_{CC} 应采用高电压直流电源。

利用微变等效电路可以求得威尔逊电流源的输出动态电阻 r_o 为

$$r_o \approx \frac{\beta}{2}r_{ce_3} \tag{6 - 46}$$

式中 r_{ce_3} 是 V_3 管的集电极与发射极之间的动态电阻。由于威尔逊电路的输出电阻远大于图 6 - 14 所示的基本镜像电流源的输出电阻，所以威尔逊电流源具有更好的恒流特性。

6.3.3　比例电流源

上面讨论的都是 I_o 等于 I_R 的镜像恒流源，但是在模拟集成电路中也常常需要 I_o 不等

于 I_R 的恒流源。其常用电路形式如图 6 - 16 所示。它是在基本镜像电流源的两个三极管的发射极上分别串接电阻 R_{e_1} 和 R_{e_2} 构成的。

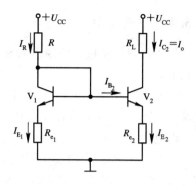

图 6 - 16 比例电流源

图 6 - 16 中 V_1 与 V_2 的特性完全相同，V_1 管只起一个二极管的作用，V_2 工作在放大状态。由图可知

$$U_{BE_1} + I_{E_1} R_{e_1} = U_{BE_2} + I_{E_2} R_{e_2} \qquad (6-47)$$

由于 V_1 与 V_2 的发射结都处于导通状态，其伏安特性曲线十分陡峭（因为发射区都是重掺杂的），发射结正偏压的微小变化，就会导致发射极电流的显著变化，所以，当 I_{E_1} 与 I_{E_2} 相差不大（小于 10 倍）时，对应的发射结正偏压 U_{BE_1} 与 U_{BE_2} 相差十分微小。因此，在 $0.1 < \dfrac{I_{E_1}}{I_{E_2}} < 10$ 的范围内，可以近似认为 $U_{BE_1} = U_{BE_2}$，代入公式(6-47)得

$$I_{E_1} R_{e_1} = I_{E_2} R_{e_2} \qquad (6-48)$$

当 $\beta \gg 1$ 时

$$I_{E_2} = I_{C_2} + I_{B_2} \approx I_{C_2} = I_o$$

$$I_{E_1} = I_R - I_{B_2} \approx I_R$$

将上两式代入式(6-48)，得

$$I_R R_{e_1} \approx I_o R_{e_2}$$

即近似认为

$$\frac{I_o}{I_R} = \frac{R_{e_1}}{R_{e_2}} \qquad (6-49)$$

可见，输出电流 I_o 与参考电流 I_R 之比近似由 R_{e_1} 与 R_{e_2} 之比决定，这是设计这种电路的基本依据。

由图 6 - 16 可知

$$I_R = \frac{U_{CC} - U_{BE_1}}{R + R_{e_1}} \approx \frac{U_{CC}}{R + R_{e_1}} \qquad (6-50)$$

所以在 $0.1 < \dfrac{I_o}{I_R} < 10$ 的范围内

$$I_o = \frac{R_{e_1}}{R_{e_2}} I_R \approx \frac{R_{e_1}}{R_{e_2}} \frac{U_{CC}}{R + R_{e_1}} \qquad (6-51)$$

当 $\dfrac{I_o}{I_R} < 0.1$ 或 $\dfrac{I_o}{I_R} > 10$ 时，上式不再成立，可用下式估算：

$$I_o = I_{C_2} = \frac{R_{e_1}}{R_{e_2}} I_R + \frac{U_T}{R_{e_2}} \ln \frac{I_R}{I_o} \qquad (6-52)$$

由于 R_{e_2} 引入了电流负反馈，所以其输出电阻 r_o 要比 V_2 本身的输出电阻 r_{ce_2} 大得多，所以这种电路有更好的恒流特性。利用微变等效电路，可以求得

$$r_o \approx r_{ce_2} \left(1 + \frac{\beta R_{e_2}}{R_{e_2} + r_{be_2}} \right) \qquad (6-53)$$

6.3.4 微电流源

为了得到微安量级的输出电流,而又不使限流电阻过大,可采用图 6-17 所示的微电流源电路。

图 6-17 中 V_1 与 V_2 的特性完全相同,V_1 发射结起一个二极管的作用,V_2 工作在放大状态,其 $\beta \gg 1$,R_L 是后级电路的等效电阻,R 是限流电阻,R_{e_2} 用来控制 I_o 的大小。

由电路图可知

$$U_{BE_2} = U_{BE_1} - I_{E_2} R_{e_2}$$

调节 R_{e_2} 的值,使 $U_{BE_2} \ll U_{BE_1}$,则 $I_{E_2} \ll I_{E_1}$。因为 $\beta \gg 1$,所以

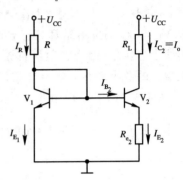

$$I_{B_2} = \frac{1}{1+\beta} I_{E_2} \ll I_{E_2}$$

$$I_o = I_{C_2} = I_{E_2} - I_{B_2} \approx I_{E_2}$$

因为 $I_{B_2} \ll I_{E_2} \ll I_{E_1}$,所以

$$I_R = I_{E_1} + I_{B_2} \approx I_{E_1}$$

把 $I_o \approx I_{E_2}$、$I_R \approx I_{E_1}$ 代入不等式 $I_{E_2} \ll I_{E_1}$,得 $I_o \ll I_R$。

图 6-17 微电流源

正确地选取 R_{e_2} 的值,可以使 I_o 达到微安量级,而此时 I_R 仍然很大,所以限流电阻 $R = (U_{CC} - U_{BE_1})/I_R$ 不会太大。可见,该电路能够在 R 不太大的条件下获得微小的输出电流。

定量分析如下:

由电路图可知

$$I_{E_2} R_{e_2} = U_{BE_1} - U_{BE_2} \tag{6-54}$$

由公式(1-1)可得

$$U_{BE_1} \approx U_T \ln \frac{I_{E_1}}{I_{S_1}}, \qquad U_{BE_2} \approx U_T \ln \frac{I_{E_2}}{I_{S_2}}$$

式中 U_T 是温度电压当量;I_{S_1} 与 I_{S_2} 分别是 V_1 与 V_2 发射结的反向饱和电流,由于 V_1 与 V_2 特性相同,所以 $I_{S_1} = I_{S_2}$,由此可得

$$U_{BE_1} - U_{BE_2} = U_T \ln \frac{I_{E_1}}{I_{E_2}}$$

将其代入公式(6-54)得

$$I_{E_2} R_{e_2} = U_T \ln \frac{I_{E_1}}{I_{E_2}}$$

因为 $I_{E_2} \approx I_o$,$I_{E_1} \approx I_R$,将其代入上式得

$$I_o = I_{C_2} \approx \frac{U_T}{R_{e_2}} \ln \frac{I_R}{I_o} \tag{6-55}$$

由电路图可得

$$I_R = \frac{U_{CC} - U_{BE_1}}{R} \approx \frac{U_{CC}}{R} \tag{6-56}$$

当参考电流 I_R 和所需要的输出电流 I_o 确定以后，由公式(6-55)及(6-56)可以很容易地求得 R_{e_2} 及限流电阻 R 的值。

【例4】 在图 6-17 电路中，$U_{CC}=15\ \text{V}$，$I_R=1\ \text{mA}$，$I_o=I_{C_2}=10\ \mu\text{A}$，常温下，$U_T=26\ \text{mV}$，请确定 R_{e_2} 及 R 的值。

解 由公式(6-55)得

$$R_{e_2} = \frac{U_T}{I_o} \ln \frac{I_R}{I_o} = \frac{26 \times 10^{-3}}{10 \times 10^{-6}} \ln \frac{1 \times 10^{-3}}{10 \times 10^{-6}} \approx 12\ \text{k}\Omega$$

由公式(6-56)得

$$R = \frac{U_{CC} - U_{BE_1}}{I_R} \approx \frac{U_{CC}}{I_R} = \frac{15}{1 \times 10^{-3}} = 15\ \text{k}\Omega$$

假如用基本镜像电流源，得到 $10\ \mu\text{A}$ 的输出电流，限流电阻 R 约为 $1.5\ \text{M}\Omega$，这样大的电阻在集成电路中要占用很大的硅片面积。采用微电流源时，限流电阻仅需要 $15\ \text{k}\Omega$，占用的硅片面积仅是前者的千分之一。

由于 R_{e_2} 引入了电流负反馈，所以其恒流特性要比基本镜像电流源好得多，输出电阻也大得多。其输出电阻可用公式(6-53)表示。

6.3.5 多路电流源

用一个参考电流去控制多个输出电流，就构成了多路电流源，如图 6-18 所示。

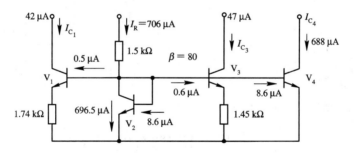

图 6-18 多路电流源

图中 V_1 与 V_2，V_2 与 V_3 分别构成微电流源，V_2 与 V_4 构成基本镜像电流源。多路电流源通常用于集成电路中作偏置电路，同时给多个放大器提供偏置电流。

6.3.6 作为有源负载的电流源电路

恒流源在集成电路中除了设置偏置电流外，还可作为放大器的有源负载，以提高电压放大倍数。

在第二章我们求各种放大电路的电压放大倍数时，得出电压放大倍数正比于负载电阻 R_L'，提高负载有利于放大倍数的提高。而 $R_L' = R_C /\!/ R_L$，R_L 是所要带动的负载，所以要提高 R_L' 可通过提高 R_C 来达到，但 R_C 增大，影响静态工作点，使放大电路的动态范围减小。而电流源具有交流电阻大、直流电阻小的特点，故用电流源代替电阻 R_C，将有效地提高该级的电压放大倍数。对于 R_L 较大的场合，效果更为突出。其电路如图 6-19 所示。V_1 是共射放大电路，V_2、V_3（PNP 管）组成镜像电流源作为 V_1 管的负载电阻 R_C。由于恒流源等效电阻为无穷大，可视为开路，故 V_1 管变化的电流 βI_b 全部流向 R_L，电压放大倍数得到提高。

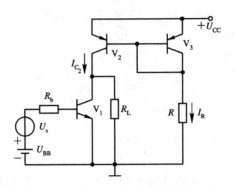

图 6 - 19　有源负载共射放大器

【例 5】 图 6 - 20 是集成运放 F007 中的一部分电路，它们组成电流源电路（各元器件的编号均与 F007 电路图中的编号相同），试计算各个管子的电流，其中 V_{12} 和 V_{13} 是横向 PNP 管，$\beta_{12} = \beta_{13} = 2$。$V_{10}$ 和 V_{11} 是 NPN 型管。

解　流过电阻 R_5 的电流就是参考电流 I_R，即

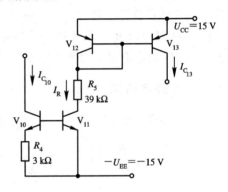

图 6 - 20　F007 中的电流源电路

$$I_R = \frac{U_{CC} + U_{EE} - U_{BE_{12}} - U_{BE_{11}}}{R_5}$$

$$= \frac{28.6}{39} \approx 0.73 \text{ mA}$$

V_{10}、V_{11} 构成微电流源，根据式（6 - 55）得

$$U_T \ln \frac{I_R}{I_{C_{10}}} \approx I_{C_{10}} R_4$$

即 $3I_{C_{10}} = 26 \ln \dfrac{730}{I_{C_{10}}}$，$I_{C_{10}}$ 的单位为微安，利用作图法或试探法求得 $I_{C_{10}} \approx 28$ μA。

V_{12} 和 V_{13} 组成镜像电流源，由于 β 较小，则利用式（6 - 40）得

$$I_{C_{13}} = \frac{\beta_{13}}{\beta_{13} + 2} I_R = \frac{2}{2 + 2} \times 0.73 = 0.365 \text{ mA} = I_{C_{12}}$$

6.4　集成运算放大器介绍

集成运放是一种高放大倍数、高输入电阻、低输出电阻的直接耦合放大电路。为了抑制零点漂移，对温漂影响最大的第一级毫无例外地采用了差动放大电路。为了提高放大倍数，中间级一般采用有源负载的共射放大电路。输出级为功率放大电路（将在第九章中讲述），为提高此电路的带负载能力，多采用互补对称输出级电路。

下面我们以 F007 为例来分析集成运放的各个组成部分。F007（μA741）属于通用型集

成运放，电路内部包含四个基本组成部分，即偏置电路、输入级、中间级和输出级。它的原理图如图 6-21 所示。图中各引出端所标数字为组件的管脚编号。它有八个引出端，其中②端为反相输入端；③端为同相输入端；⑥端为输出端；⑦端和④端分别接正、负电源；①端与⑤端之间接调零电位器。

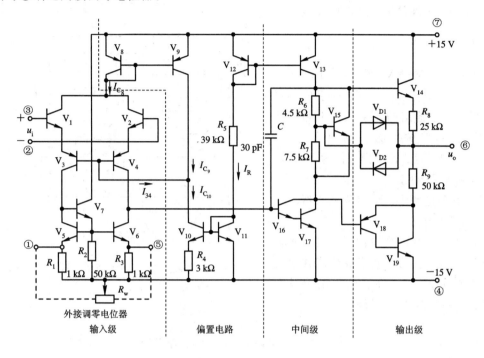

图 6-21   F007 的电路原理图

6.4.1   偏置电路

F007 偏置电路由图 6-21 中的 $V_8 \sim V_{13}$ 和 R_4、R_5 等元件组成，如图 6-22 所示，其基准电流 I_R 为

$$I_R = \frac{U_{CC} + U_{EE} - U_{BE_{12}} - U_{BE_{11}}}{R_5}$$

由 I_R 便可求出其它各级电路的偏置电流。

V_{10} 和 V_{11} 组成微电流源，所以 $I_{C_{10}}$ 比 $I_{C_{11}}$ 小得多，二者关系由式(6-55)确定。$I_{C_{10}}$ 提供 V_9 的集电极电流和 V_3、V_4 的基极电流 I_{34}，即

$$I_{C_{10}} = I_{C_9} + I_{34}$$

横向 PNP 管 V_8、V_9 组成的镜像电流源产生电流 I_{C_8}，提供输入级 V_1、V_2 的集电极电流。

横向 PNP 管 V_{12}、V_{13} 组成另一对

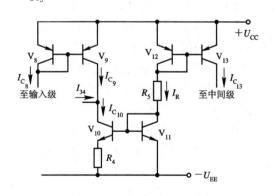

图 6-22   F007 的偏置电路

镜像电流源，向中间级 V_{16}、V_{17} 提供工作点电流。

F007 的输入级工作在弱电流状态，而且电流比较恒定，可以获得较高的输入电阻 r_{id} 和较低的输入级的偏置电流 I_B、输入失调电流 I_{IO} 及其温漂 $\dfrac{dI_{IO}}{dT}$（关于这些指标将在后面讲到），这有利于改善集成运放的性能。

6.4.2 输入级

输入级由 $V_1 \sim V_9$ 组成，如图 6-23 所示，V_1、V_2 和 V_3、V_4 分别组成共集电极组态双端输出的差动放大电路和共基极组态单端输出的差动放大电路。V_5、V_6 和 V_7 组成源电路，作为 V_3、V_4 差动放大电路的集电极有源负载。V_8、V_9 组成镜像电流源，给差动放大级 V_1、V_2 提供偏置电流。

V_8 和 V_9 不仅是镜像电流源，而且还与 V_{10}、V_{11} 组成微电流源构成共模负反馈环节以稳定 I_{C_1}、I_{C_2}，从而提高整个电路的共模抑制比。其过程如下：

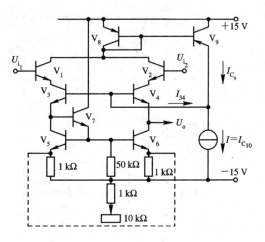

图 6-23 F007 的输入级

$$T \uparrow \rightarrow \begin{matrix} I_{C1} \uparrow \\ I_{C2} \end{matrix} \rightarrow I_{C8} \uparrow \rightarrow I_{C9} \uparrow \rightarrow I_{34} \downarrow = I_{C10} - I_{C9} \quad (因为 I_{C10} 是恒定电流)$$

$$\begin{matrix} I_{C1} \downarrow \\ I_{C2} \end{matrix} \longleftarrow \begin{matrix} I_{C3} \downarrow \\ I_{C4} \end{matrix} \longleftarrow$$

6.4.3 中间级

由前所述，中间级的主要任务是提供足够大的电压放大倍数。因此，中间级不仅要求电压放大倍数高，而且还要求输入电阻较高，以减少本级对前级电压放大倍数的影响。尤其是输入级采用有源负载，此点更为重要，否则使输入级电压放大倍数下降太多，使整个放大电路的电压放大倍数很难提高。中间级还要向输出级提供较大的推动电流。

F007 的中间级是由 V_{16}、V_{17} 组成的复合管，其负载由 V_{12}、V_{13} 组成的镜像电流源作为有源负载的共射放大电路。由于采用了复合管电路，故提高了本级输入电阻。中间级的放大倍数可达 1000 多倍。中间级电路如图 6-24 所示。

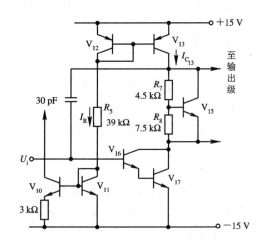

图 6-24 F007 的中间级

6.4.4 输出级和过载保护

输出级的主要作用是给出足够的电流以满足负载的需要，同时还要具有较低的输出电阻和较高的输入电阻，以起到将放大级和负载隔离的作用。注意，放大倍数应适中，太高没必要，太低将影响总的放大倍数。除此之外，还应该有过载保护，以防输出端短路或过载电流过大而烧坏管子。

输出级电路如图 6-25 所示。V_{18}、V_{19} 复合管组成 PNP 三极管，它与 V_{14} 组成准互补推挽功率放大电路（这部分将在第九章中讲述）。

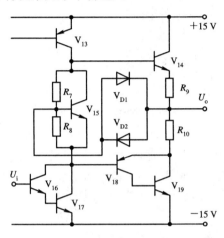

图 6-25 F007 的输出级

V_{15} 和 R_7、R_8 组成 U_{BE} 扩大电路（见第九章），调整 R_7 和 R_8 的数值，可以使互补对称功率放大电路有合适的静态电流，以消除输出电压波形的交越失真（这部分将在第九章中讲述）。

V_{D1}、V_{D2}、R_9、R_{10} 组成过载保护电路，其基本原理如下：当输出信号为正，且输出电流在额定值以内时，V_{D1} 截止；当输出电流超过额定电流值时，R_9 上压降增大，使 V_{D1} 导通，将流进 V_{14} 管的基极电流通过 V_{D1} 分流，从而使 V_{14} 的输出电流受到限制。同理，当负向电流过大时，V_{D2} 导通，将 V_{16} 管的基极电流旁路，从而限制了 V_{18} 和 V_{19} 的电流。

6.5 集成运放的性能指标

1. 开环差模电压放大倍数 A_{od}

A_{od} 是指集成运放在无外加反馈回路的情况下的差模电压放大倍数，即

$$A_{od} = \frac{U_o}{U_{id}}$$

对于集成运放而言，希望 A_{od} 大，且稳定。目前高增益集成运放的 A_{od} 可高达 140 dB（10^7 倍），理想集成运放认为 A_{od} 为无穷大。

2. 最大输出电压 U_{op-p}

最大输出电压是指在额定的电压下，集成运放的最大不失真输出电压的峰—峰值。如

果 F007 电源电压为 ±15 V 时的最大输出电压为 ±10 V，按 $A_{od}=10^5$ 计算，输出为 ±10 V 时，输入差模电压 U_{id} 的峰—峰值为 ±0.1 mV。输入信号超过 ±0.1 mV 时，输出恒为 ±10 V，不再随 U_{id} 变化，此时集成运放进入非线性工作状态。

用集成运放的传输特性曲线表示上述关系，如图 6-26 所示。

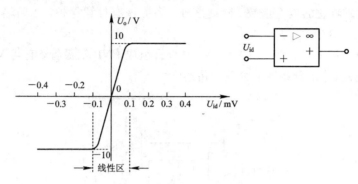

图 6-26 集成运放的传输特性

3. 差模输入电阻 r_{id}

r_{id} 的大小反映了集成运放输入端向差模输入信号源索取电流的大小。要求 r_{id} 愈大愈好，一般集成运放 r_{id} 为几百千欧至几兆欧，故输入级常采用场效应管来提高输入电阻 r_{id}。F007 的 $r_{id}=2$ MΩ。一般认为理想集成运放的 r_{id} 为无穷大。

4. 输出电阻 r_o

r_o 的大小反映了集成运放在小信号输出时的负载能力。有时只用最大输出电流 $I_{o\,max}$ 表示它的极限负载能力。认为理想集成运放的 r_o 为零。

5. 共模抑制比 CMRR

共模抑制比反映了集成运放对共模输入信号的抑制能力，其定义同差动放大电路。CMRR 愈大愈好，理想集成运放的 CMRR 为无穷大。

6. 最大差模输入电压 $U_{id\,max}$

从集成运放输入端看进去，一般都有两个或两个以上的发射结相串联，若输入端的差模电压过高，会使发射结击穿。NPN 管 e 结击穿电压仅有几伏，PNP 横向管的 e 结击穿电压则可达数十伏，如 F007 的 $U_{id\,max}$ 为 ±30 V。

7. 最大共模输入电压 $U_{ic\,max}$

输入端共模信号超过一定数值后，集成运放工作不正常，失去差模放大能力。F007 的 $U_{ic\,max}$ 值为 ±13 V。

8. 输入失调电压 U_{IO}

该电压是指为了使输出电压为零而在输入端加的补偿电压(去掉外接调零电位器)，它的大小反映了电路的不对称程度和调零的难易程度。对于集成运放，我们要求输入信号为零时，输出也为零，但实际中往往输出不为零。将此电压折合到集成运放的输入端的电压，常称为输入失调电压 U_{IO}。其值在 1～10 mV 范围内，要求愈小愈好。

9. 输入偏置电流 I_{IB} 和输入失调电流 I_{IO}

输入偏置电流是指输入差放管的基极（栅极）偏置电流，用 $I_{IB}=\dfrac{1}{2}(I_{B_1}+I_{B_2})$ 表示；而

将 I_{B_1}、I_{B_2} 之差的绝对值称为输入失调电流 I_{IO}，即

$$I_{IO} = | I_{B_1} - I_{B_2} |$$

可见，I_{IB} 相当于输入电流的共模成分，而 I_{IO} 相当于输入电流的差模成分。当它们流过信号源电阻 R_s 时，其上的直流压降就相当于在集成运放的两个输入端上引入了直流共模和差模电压，因而也将引起输出电压偏离零值。显然，I_{IB} 和 I_{IO} 愈小，它们的影响也愈小。I_{IB} 的数值通常为十分之几微安，则 I_{IO} 更小。F007 的 $I_{IB} = 200$ nA，I_{IO} 为 $50 \sim 100$ nA。

10. 输入失调电压温漂 $\dfrac{\mathrm{d}U_{IO}}{\mathrm{d}T}$ 和输入失调电流温漂 $\dfrac{\mathrm{d}I_{IO}}{\mathrm{d}T}$

$\dfrac{\mathrm{d}U_{IO}}{\mathrm{d}T}$ 和 $\dfrac{\mathrm{d}I_{IO}}{\mathrm{d}T}$ 可以用来衡量集成运放的温漂特性。通过调零的办法可以补偿 U_{IO}、I_{IB}、I_{IO} 的影响，使直流输出电压调至零伏，但却很难补偿其温度漂移。低温漂型集成运放 $\dfrac{\mathrm{d}U_{IO}}{\mathrm{d}T}$ 可做到 $0.9\ \mu\mathrm{V}/\mathrm{℃}$ 以下，$\dfrac{\mathrm{d}I_{IO}}{\mathrm{d}T}$ 可做到 $0.009\ \mu\mathrm{A}/\mathrm{℃}$ 以下。F007 的 $\dfrac{\mathrm{d}U_{IO}}{\mathrm{d}T} = (20 \sim 30)\ \mu\mathrm{V}/\mathrm{℃}$，$\dfrac{\mathrm{d}I_{IO}}{\mathrm{d}T} = 1\ \mathrm{nA}/\mathrm{℃}$。

11. -3 dB 带宽 f_h

在第三章"频率特性"中我们已讲过，随着输入信号频率上升，放大电路的电压放大倍数将下降，当 A_{od} 下降到中频时的 0.707 倍时为截止频率，用分贝表示正好下降了 3 dB，故对应此时的频率 f_h 称为上限截止频率，又常称为 -3 dB 带宽。

当输入信号频率继续增大时，A_{od} 继续下降；当 $A_{od} = 1$ 时，与此对应的频率 f_c 称为单位增益带宽。F007 的 $f_c = 1$ MHz。

12. 转换速率 SR

频带宽度是在小信号的条件下测量的。在实际应用中，有时需要集成运放工作在大信号情况（输出电压峰值接近集成运放的最大输出电压 U_{op-p}），此时用转换速率表示其特性

$$SR = \left| \frac{\mathrm{d}U_o}{\mathrm{d}t} \right|$$

它是输出电压对时间的变化率，SR 愈大的集成运放，其输出电压的变化率愈大，所以 SR 大的集成运放才可能允许在较高的工作频率下输出较大的电压幅度。

上述指标归纳起来可分为三大类：

直流指标：U_{IO}、I_{IO}、I_{IB}、$\dfrac{\mathrm{d}U_{IO}}{\mathrm{d}T}$、$\dfrac{\mathrm{d}I_{IO}}{\mathrm{d}T}$。

小信号指标：A_{od}、r_{id}、r_o、CMRR、f_h、f_c。

大信号指标：U_{op-p}、$I_{o\ max}$、$U_{id\ max}$、$U_{ic\ max}$、SR。

集成运放指标的含义只有结合具体应用才能正确领会。

集成运放种类较多，有通用型，还有为适应不同需要而设计的专用型，如高速型、高阻型、高压型、大功率型、低功耗型、低漂移型等。表 6-1 列出了国内外部分集成运放典型产品的主要技术指标，供选用时作参考。

表 6-1　国内外部分集成运放主要参数（有括号的为国外产品）

品种类型 参数名称	符号	单位	通用型 I CF702 (F002) (μA702)	通用型 II CF709 (F005) (μA709)	通用型 III CF741 (F007) (μA741)	高精度 CF725 (μA725)	高精度 C7650 (ICL7650)	高速 CF715 (μA715)	高阻 F3140 (CA3140)	低功耗 F3078 (CA3078)	高压 F143 (LM143)	大功率 FX0021 (LH0021)	宽带 F507
输入失调电压	U_{IO}	mV	0.5	1.0	1.0	0.5	5×10^{-2}	2.0	5	0.7	2.0	1.0	1.5
输入失调电流	I_{IO}	nA	180	50	20	2.0	5×10^{-3}	70	5.0×10^{-4}	0.5	1.0	30	15
输入偏置电流	I_{IB}	nA	2000	200	80	42	0.01	400	1.0×10^{-2}	7	8.0	100	15
U_{IO} 的温漂	$\dfrac{dU_{IO}}{dT}$	μV/℃	2.5	3.0		2.0	0.01			6		3	8
I_{IO} 的温漂	$\dfrac{dI_{IO}}{dT}$	nA/℃	1.0			35×10^{-3}				0.07		0.1	0.2
差模开环增益	A_{od}	dB	70	93	106	130	120	90	100	100	105	106	103
共模抑制比	CMR	dB	100	90	90	120	120	92	90	115	90	90	100
输入共模电压范围	U_{icm}	V	+0.5 -4.0	±10	±13	±14		±12	+12.5 -14.5	+5.8 -5.5	26		±11
输入差模电压范围	U_{idm}	V	±5	±5.0	±30	±5		±15	±8	±6	80		±12
差模输入电阻	r_{id}	MΩ	0.04	0.4	2.0	1.5	10^6	1.0	1.5×10^{-6}	0.87		1.0	300
最大输出电压	U_{op-p}	V		±13	±14	±13.5	±4.8	±13	+13 -14.4	±5.3	±25	±12	±12
−3 dB 带宽 / 单位增益带宽	f_b / f_c	Hz / MHz			10 1		2		4.5	2×10^3	1.0	（输出短路 电流1.2 A）	35
静态功耗	P	mW	90	80	50	80	3.5	165	120	0.24	2.0	75	3
静态电流	I	mA	5.0		1.7			5.5	4	0.02	2.0	2.5	
转换速率	SR	V/μs			0.5			100（反相，$A_u=1$）	9	1.5	2.5		35
电源电压	U	V	+12 -6	±15	±15	±15	±5	±15	±15	±6	±28	+12 -10	±15

思考题和习题

1. 直接耦合放大电路有哪些主要特点？

2. 零点漂移产生的原因是什么？

3. A、B 两个直接耦合放大电路，A 放大电路的电压放大倍数为 100，当温度由 20℃变到 30℃时，输出电压漂移了 2 V；B 放大电路的电压放大倍数为 1000，当温度从 20℃变到 30℃时，输出电压漂移了 10 V，试问哪一个放大器的零漂小？为什么？

4. 差动放大电路能有效地克服温漂，这主要是通过_____。

5. 何谓差模信号？何谓共模信号？若在差动放大器的一个输入端加上信号 $U_{i_1}=4$ mV，而在另一输入端加入信号 U_{i_2}。当 U_{i_2} 分别为

(1) $U_{i_2}=4$ mV；(2) $U_{i_2}=-4$ mV；(3) $U_{i_2}=-6$ mV；(4) $U_{i_2}=6$ mV

时，分别求出上述四种情况的差模信号 U_{id} 和共模信号 U_{ic} 的数值。

6. 长尾式差动放大电路中 R_e 的作用是什么？它对共模输入信号和差模输入信号有何影响？

7. 恒流源式差动放大电路为什么能提高对共模信号的抑制能力？

8. 差模电压放大倍数 A_{ud} 是_____之比；共模电压放大倍数 A_{uc} 是_____之比。

9. 共模抑制比 CMRR 是_____之比，CMRR 越大表明电路_____。

10. 差动放大电路如图 6-27 所示。已知两管的 $\beta=100$，$U_{BE}=0.7$ V，试计算：

(1) 静态工作点。

(2) 差模电压放大倍数 $A_{ud}=\dfrac{U_o}{U_{id}}$ 及差模输入电阻 r_{id}。

(3) 共模电压放大倍数 $A_{uc}=\dfrac{U_o}{U_{ic}}$ 及共模输入电阻 r_{ic}。（两输入端连在一起）

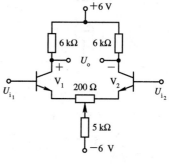

(4) 单端输出情况下的共模抑制比 CMRR。

图 6-27 题 10 图

11. 电路如图 6-28 所示，三极管的 β 均为 100，U_{BE} 和二极管正向管压降 U_D 均为 0.7 V。

(1) 估算静态工作点。

(2) 估算差模电压放大倍数 A_{ud}。

(3) 估算差模输入电阻 r_{id} 和输出电阻 r_{od}。

12. 电路如图 6-29 所示，假设 $R_{c_1}=R_{c_2}=30$ kΩ，$R_s=5$ kΩ，$R_e=20$ kΩ，$U_{CC}=U_{EE}=15$ V，$R_L=30$ kΩ，三极管的 $\beta=50$，$r_{be}=4$ kΩ。

(1) 计算双端输出时的差模放大倍数 A_{ud}。

(2) 改双端输出为从 V_1 的集电极单端输出，试求此时的差模放大倍数 A_{ud}、共模放大倍数 A_{uc} 以及共模抑制比 CMRR。

(3) 在(2)的情况下，设 $U_{i_1}=5$ mV，$U_{i_2}=1$ mV，则输出电压 $U_o=$？

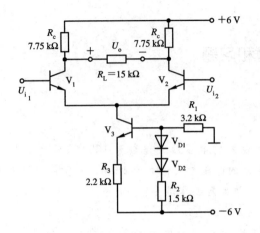

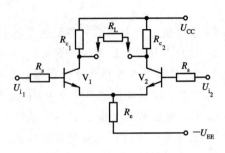

图 6-28 题 11 图　　　　　　　　图 6-29 题 12 图

13. 电路如图 6-30 所示,设各三极管的 β 均为 50,U_{BE} 均为 0.7 V。

(1) 若要求 $U_s=0$ 时 $U_o=0$,则 R_{c_3} 应选多大?

(2) 为稳定输出电压,应引入什么样的级间反馈,反馈电阻 R_f 应如何连接?如要 $A_{uf}=|10|$,R_f 应选多大?(假设满足深反馈。)

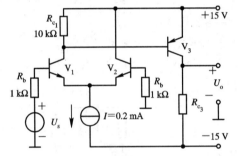

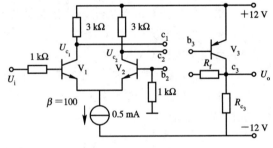

图 6-30 题 13 图　　　　　　　　图 6-31 题 14 图

14. 电路如图 6-31 所示。

(1) 当 V_3 未接入时,计算差动放大电路 V_1 管 U_{C_1Q} 和 U_{EQ}(设 $\beta_1=\beta_2=100$,$U_{BE_1}=U_{B_2}=0.7$ V)。

(2) 当输入信号电压 $U_i=+5$ mV 时,U_{c_1} 和 U_{c_2} 各是多少?给定 $r_{be}=10.8$ kΩ。

(3) 如接入 V_3 并通过 c_3 经电阻 R_f 反馈到 V_2 管的基极 b_2,试问 b_3 应与 c_1 还是 c_2 相连才能实现负反馈?

(4) 在上题情况下,若 $AF\gg1$,试计算 R_f 为多大才能使引入负反馈后的放大倍数 $A_{uf}=\dfrac{U_o}{U_i}=10$。

15. 电路如图 6-32 所示。

(1) 静态时,设 $U_{BE_1}=U_{BE_2}=0.6$ V,求 I_{c_2}。

(2) 设 $R_{c_2}=10$ kΩ,$U_{BE_3}=-0.68$ V,$\beta_3=100$,求 I_{c_3}。

(3) 当 $U_i=0$ 时,U_o 大于零伏,如要求 U_o 也等于零伏,则 R_{c_2} 应增大还是减小?

(4) 如满足深反馈条件,则 $A_{usf}=\dfrac{U_o}{U_s}=$?

(5) 若要求放大电路向信号源索取的电流小，放大电路的带负载能力好，电路应进行哪些变动？

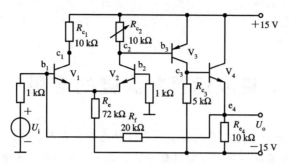

图 6 - 32　题 15 图

16. 集成运算放大器 5G28 的原理电路如图 6 - 33 所示。试分析：

(1) 电路由哪几部分组成，各部分电路有什么特点；

(2) 判断两个输入端哪一个是同相输入端，哪一个为反相输入端；

(3) 电路是如何实现对输出电压的调零的。

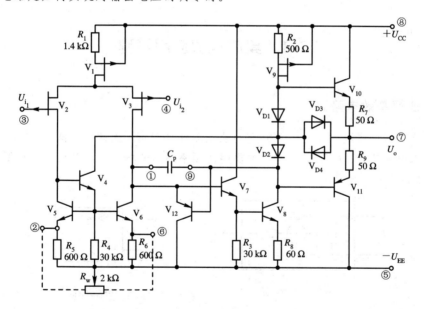

图 6 - 33　题 16 图

17. 已知某集成运算放大器的开环电压放大倍数 $A_{ud} = 80$ dB，最大输出峰值电压 $U_p = \pm 10$ V，输入信号 U_s 按图 6 - 34 连接，设 $U_s = 0$ V 时，$U_o = 0$ V。

(1) $U_s = \pm 1$ mV 时，U_o 等于多少伏？

(2) $U_s = \pm 1.5$ mV 时，U_o 等于多少伏？

(3) 画出放大器的传输特性曲线，并指出放大器的线性工作范围和 U_s 的允许变化范围。

(4) 当考虑输入失调电压 $U_{IO} = 2$ mV 时，图中 U_o 的静态值为多少？由此分析电路此时能否正常放大。

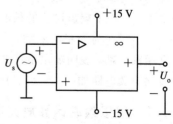

图 6 - 34　题 17 图

第七章

集成运算放大器的应用

    集成运放最早应用于信号的运算，它可对信号完成加、减、乘、除、对数、反对数、微分、积分等基本运算，所以称为运算放大器。但是，随着集成运放技术的发展，各项技术指标不断改善，价格日益低廉，而且制造出适应各种特殊要求的专用电路。目前，集成运放的应用几乎渗透到电子技术的各个领域，除运算外还可对信号进行处理、变换和测量，也可用来产生正弦信号和各非正弦信号，成为电子系统的基本功能单元。

7.1　集成运放应用基础

7.1.1　低频等效电路

    在电路中将集成运放作为一个完整的独立器件来对待。因此，计算、分析时将集成运放用等效电路来代替。由于集成运放主要用在频率不高的场合，所以只讨论在低频时的等效电路，如图 7-1 所示。

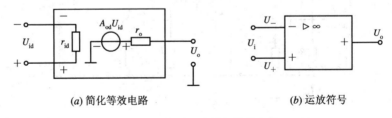

(a) 简化等效电路　　　　　　　　　　　　　(b) 运放符号

图 7-1　集成运放低频等效电路

    因为集成运放的信号输入端有两个，输出端只有一个，故只画出这三个端，其它端如电源端，调零端等，仅是保证集成运放正常工作，而对讨论输出电压与输入电压函数关系联系不大。为了突出讨论的核心问题，其它端一般不画出。

    标"＋"的为同相输入端，表明输出电压信号与该输入端电压信号相位相同；标"－"的为反相输入端，表明输出电压与该输入端的电压信号相位相反。当只讨论信号放大时，得到简化等效电路如图 7-1(a) 所示。在电路分析、计算时就用图 7-1(b) 进行。

7.1.2　理想集成运算放大电路

    大多数情况下，将集成运放视为理想集成运放。所谓理想集成运放，就是将集成运放

的各项技术指标理想化，即

(1) 开环电压放大倍数 $A_{od}=\infty$；

(2) 输入电阻 $r_{id}=\infty$，$r_{ic}=\infty$；

(3) 输入偏置电流 $I_{B_1}=I_{B_2}=0$；

(4) 失调电压 U_{IO}、失调电流 I_{IO} 以及它们的温漂 $\dfrac{dU_{IO}}{dT}$、$\dfrac{dI_{IO}}{dT}$ 均为零；

(5) 共模抑制比 CMRR$=\infty$；

(6) 输出电阻 $r_{od}=0$；

(7) -3 dB 带宽 $f_h=\infty$；

(8) 无干扰、噪声。

由于实际集成运放与理想集成运放比较接近，因此在分析、计算应用电路时，用理想集成运放代替实际集成运放所带来的误差并不严重，在一般工程计算中是允许的。本章中凡未特别说明的，均将集成运放视为理想集成运放来考虑。

7.1.3 集成运放的线性工作区

当集成运放工作在线性区时，作为一个线性放大器件，它的输出信号和输入信号之间满足如下关系：

$$U_o = A_{od}(U_+ - U_-) = A_{od}U_{id} \tag{7-1}$$

由于集成运放的开环电压放大倍数极大，而输出电压为有限值，故其输入信号的变化范围很小，在第五章中已讲述过，F007 的传输特性如图 6-26 所示，其输入信号变化范围仅为 ± 0.1 mV，超过这个范围，输出不是 $U_{om}=10$ V 就是 $U_{om}=-10$ V。显然，这样小的线性范围无法进行线性放大等任务。

为了扩展集成运放的线性工作范围，必须通过外部元件引入负反馈，这是各种线性应用电路的共同点。

例如 F007 开环时 $A_{od}=10^5$，输入信号的变化范围仅有 ± 0.1 mV，如果引入负反馈后其闭环增益 $A_{uf}=100$，则反馈深度为 $|1+A_{od}F|=\dfrac{A_{od}}{A_{uf}}=10^3$，

考虑 $A_{od}=\dfrac{U_o}{U_{id}}$，$A_{uf}=\dfrac{U_o}{U_s}$，则得

$$U_s = (1+A_{od}F)U_{id} = 10^3 U_{id}$$

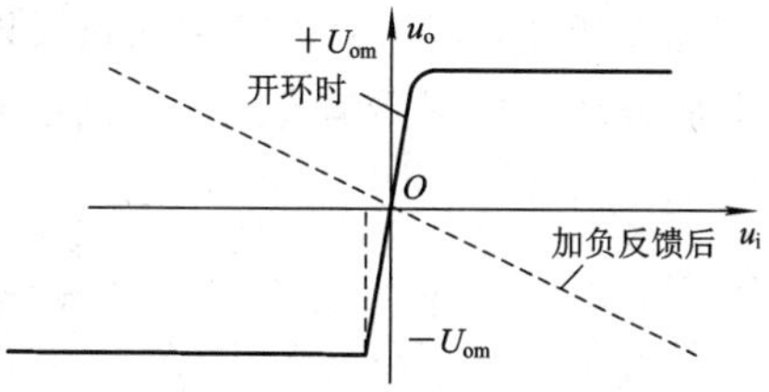

即将输入信号的变化范围扩大了 10^3 倍，在 0.1 V～-0.1 V 范围内均可工作在线性区。上述关系用传输特性表示，如图 7-2 所示。

图 7-2 利用负反馈扩展线性区

由于理想集成运放 $A_{od}=\infty$，而 U_o 是有限值，故由公式（7-1）可得

$$U_- - U_+ \approx 0$$

即

$$U_- \approx U_+ \tag{7-2}$$

满足此条件称为"虚短"，即同相输入端与反相输入端电位相等，但不是短路。

又由于理想集成运放 $r_{id}=\infty$，所以集成运放端不取电流，即

$$I_- = I_+ = 0 \qquad (7-3)$$

式(7-2)、(7-3)两个结论大大简化了集成运放应用电路的分析计算,凡是线性应用,均要用此二个结论,因此必须牢记。

7.1.4 集成运放的非线性工作区

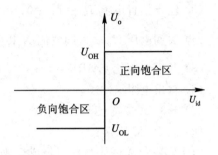

图 7-3 理想运放开环传输特性

运放的非线性工作区是指其 U_o 与 U_{id} 不成比例时,U_{id} 的取值范围。在非线性工作区,

$$U_o \neq A_{od} U_{id}$$

理想运放的 $A_{od} = \infty$,所以只要其输入端存在微小的信号电压,其输出电压就立即达到最高电平 U_{OH} 或最低电平 U_{OL},进入饱和状态。图 7-3 所示是理想运放的开环传输特性曲线。由该曲线可以看出

$$\left. \begin{array}{l} 当 U_+ > U_- 时, U_o = U_{OH},正向饱和 \\ 当 U_+ < U_- 时, U_o = U_{OL},负向饱和 \\ 当 U_+ = U_- 时, U_{OL} < U_o < U_{OH},状态不定 \end{array} \right\} \qquad (7-4)$$

由公式(7-4)可知,理想运放开环工作时,只有 $U_+ = U_-$ 时才能发生状态转换(由正向饱和转换成负向饱和或者相反),其它时刻均保持原状态不变。

由于理想运放的 $r_{id} = r_{ic} = \infty$,而输入电压总是有限值,所以不论输入电压是差模信号还是共模信号,流过两输入端的电流 I_+ 及 I_- 均为无穷小量,即

$$I_+ = I_- = 无穷小量 \approx 0 \qquad (7-5)$$

公式(7-4)及(7-5)是分析理想运放非线性应用电路的两个重要依据。为了使运放工作在非线性区,一般都使运放开环工作,有时为加快转换过程,也会外加一定强度的正反馈。

综上所述,若运放外部引入负反馈,则运放工作在线性区,公式(7-2)及(7-3)成立;若运放开环工作或带有正反馈,则运放工作在非线性区,公式(7-4)及(7-5)成立。

7.2 运 算 电 路

运算电路就是对输入信号进行比例、加、减、乘、除、积分、微分、对数、反对数等运算。此时集成运放工作在线性区。

7.2.1 比例运算电路

将输入信号按比例放大的电路,称为比例运算电路。按输入信号加在不同的输入端,比例运算又分为:反相比例运算、同相比例运算、差动比例运算三种。比例运算电路实际就是集成运算放大电路的三种主要放大形式。

1. 反相比例运算电路

反相比例运算电路又叫反相放大器，其电路如图 7-4 所示。

图中 R_1 相当于信号源的内阻，R_f 是反馈电阻，它引入并联电压负反馈，由于运放的 A_{od} 非常大，所以 R_f 引入的是强负反馈，运放工作在线性区。

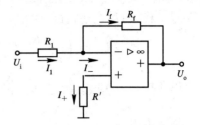

根据线性区"虚短"时 $U_- = U_+$，"虚断"时 $I_- = I_+ = 0$，则

$$U_+ = I_+ R' = 0$$

从而

$$U_- = U_+ = 0$$

图 7-4 反相比例运算电路

称此关系为"虚地"。根据"虚地"的概念，得输出电压为

$$U_o = - I_f R_f$$

而

$$I_f = I_1 = \frac{U_i - U_-}{R_1} = \frac{U_i}{R_1}$$

将上式代入 U_o 表达式中得

$$U_o = - \frac{R_f}{R_1} U_i \tag{7-6}$$

该式表明，U_o 与 U_i 是比例关系，其比例系数是 R_f/R_1，负号表示 U_o 与 U_i 相位相反。

作为一个放大器，其闭环增益、输入电阻、输出电阻分别为

$$A_{uf} = \frac{U_o}{U_i} = - \frac{R_f}{R_1} \tag{7-7}$$

$$r_{if} = \frac{U_i}{I_1} = R_1 \tag{7-8}$$

$$r_o = 0 \tag{7-9}$$

由于 $U_+ = U_- \approx 0$，所以该电路的共模输入分量很微小，因此对运放的共模抑制比要求不高，这是其突出的优点。

因为集成运放毕竟不是理想的，总存在输入偏置电流 I_{IB}、输入失调电流 I_{IO}、输入失调电压 U_{IO} 及它们的温漂，所以要求从集成运放的两个输入端向外看的等效电阻相等，我们称此为平衡条件，在同相端应接入平衡电阻 R'。上述结论对于双极性管子制成的集成运放均适用。当输入电阻很高时，对此要求不严格。对此例，$R' = R_1 \ // \ R_f$。

当图 7-4 中 $R_1 = R_f$ 时，$U_o = -U_i$，此时称该电路为反相器。其功能是把输入电压反相，但幅度保持不变。

2. 同相比例运算电路

同相比例运算电路又叫同相放大器，电路如图 7-5 所示。图中 R_1 与 R_f 引入深度串联电压负反馈，所以运放工作在线性区。平衡电阻，$R' = R_1 \ // \ R_f$。

从电路图 7-5 求得

$$U_- = \frac{R_1}{R_1 + R_f} U_o$$

则

$$U_o = \left(1 + \frac{R_f}{R_1}\right)U_-$$

根据"虚短"时 $U_- = U_+$，"虚断"时 $I_- = I_f$，可得 $U_+ = U_i$，代入 U_o 表达式得

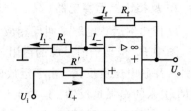

$$U_o = \left(1 + \frac{R_f}{R_1}\right)U_i \qquad (7-10)$$

电压增益 $\qquad A_{uf} = \dfrac{U_o}{U_i} = 1 + \dfrac{R_f}{R_1} \qquad (7-11)$

图 7 - 5 同相比例运算电路

输入电阻 $\qquad\qquad r_i = \dfrac{U_i}{I_+} = \infty \qquad\qquad (7-12)$

输出电阻 $\qquad\qquad r_o = 0 \qquad\qquad\qquad\qquad (7-13)$

该电路的 $U_- \approx U_+ \approx U_i$，这表明输入电压几乎全部以共模的形式施加到运放输入端，因此该电路要求运放的共模抑制比要高，这一缺点是所有同相输入组态的理想运放线性应用电路所共有的，它限制了这类电路的适用场合。所谓"同相输入组态"，是指所有外部输入信号均从"＋"端接入的一种电路组合形式。

若图 7 - 5 中的 $R_1 = \infty$ 或 $R_f = 0$，则 $U_o = U_i$，此时，该电路构成电压跟随器，分别如图 7 - 6(a)、(b) 所示。图 7 - 6(a) 中，R_f 具有限流保护作用，$R' = R_f$，以满足平衡条件。

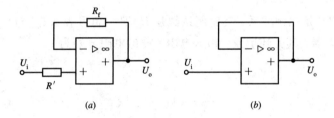

(a)   (b)

图 7 - 6　电压跟随器

3. 差动比例运算电路

差动比例运算电路又叫差动放大器，电路如图 7 - 7 所示。

图中 R_f 引入强电压负反馈，相对于 U_{i_1} 而言，是并联电压负反馈，相对于 U_{i_2} 而言是串联电压负反馈。R_1 与 R_2 分别是两个信号源的等效内阻，R_p 是补偿电阻。

由于运放工作在线性区，所以可以利用叠加原理求得

$$U_o = U_{o_1} + U_{o_2}$$

式中 U_{o_1} 是 U_{i_1} 工作而 $U_{i_2} = 0$ 时的输出电压；U_{o_2} 是 U_{i_2} 工作而 $U_{i_1} = 0$ 时的输出电压。

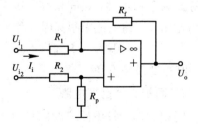

$$U_{o_1} = -\frac{R_f}{R_1}U_{i_1}$$

$$U_{o_2} = \frac{U_-}{R_1}(R_1 + R_f)$$

图 7 - 7　差动比例运算电路

因为 $\qquad\qquad\qquad U_- = U_+ = \dfrac{R_p}{R_2 + R_p}U_{i_2}$

所以
$$U_{o_2} = \frac{R_1 + R_f}{R_1} \frac{R_p}{R_2 + R_p} U_{i_2}$$

故
$$U_o = \frac{R_1 + R_f}{R_1} \frac{R_p}{R_2 + R_p} U_{i_2} - \frac{R_p}{R_1} U_{i_1} \qquad (7-14)$$

若满足平衡条件 $R_1 /\!/ R_f = R_2 /\!/ R_p$，则
$$U_o = \frac{R_f}{R_2} U_{i_2} - \frac{R_f}{R_1} U_{i_1} \qquad (7-15)$$

若满足对称条件 $R_1 = R_2$，$R_f = R_p$，则
$$U_o = \frac{R_f}{R_1}(U_{i_2} - U_{i_1}) \qquad (7-16)$$

或
$$U_o = -\frac{R_f}{R_1}(U_{i_1} - U_{i_2}) \qquad (7-17)$$

当满足对称条件时，其差模电压增益 A_{ud} 为
$$A_{ud} = \frac{U_o}{U_{i_1} - U_{i_2}} = -\frac{R_f}{R_1} \qquad (7-18)$$

差模输入电阻为
$$r_{id} = \frac{U_{i_1} - U_{i_2}}{I_i} = R_1 + R_2 \qquad (7-19)$$

输出电阻
$$r_o = 0 \qquad (7-20)$$

7.2.2 求和电路

1. 反相求和电路

反相求和电路如图 7-8 所示，图中画出三个输入端，实际中可根据需要增减输入端的数量。R_f 引入深度并联电压负反馈，R_1、R_2、R_3 分别是各个信号源的等效内阻，R' 是平衡电阻，$R' = R_1 /\!/ R_2 /\!/ R_3 /\!/ R_f$。

因为 R_f 引入负反馈，所以运放工作在线性区，$I_- = I_+ \approx 0$，$U_- = U_+ = I_+ R' \approx 0$。故

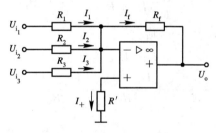

$$I_f = I_1 + I_2 + I_3$$
$$= \frac{U_{i_1}}{R_1} + \frac{U_{i_2}}{R_2} + \frac{U_{i_3}}{R_3}$$

图 7-8 反相求和电路

$$U_o = -I_f R_f = -\left(\frac{R_f}{R_1} U_{i_1} + \frac{R_f}{R_2} U_{i_2} + \frac{R_f}{R_3} U_{i_3}\right) \qquad (7-21)$$

反相求和电路的特点与反相比例电路的特点相同。这种求和电路便于调整，可以十分方便地调整某一路的输入电阻，改变该路的比例系数，而不影响其它路的比例系数，因此，反相求和电路用得较为广泛。

反相求和电路可以模拟如下方程：
$$Y = -(a_0 X_0 + a_1 X_1 + a_2 X_2)$$

例如，要求用集成运算放大器实现
$$U_o = -(2U_{i_1} + U_{i_2} + 5U_{i_3})$$

如果 $R_f = 100$ kΩ，电路如图 7-8 所示，则只要选取

$$\frac{R_f}{R_1} = 2, \quad R_1 = 50 \text{ kΩ}$$

$$\frac{R_f}{R_2} = 1, \quad R_2 = 100 \text{ kΩ}$$

$$\frac{R_f}{R_3} = 5, \quad R_3 = 20 \text{ kΩ}$$

即可。则

$$R' = 50 \text{ kΩ} /\!/ 100 \text{ kΩ} /\!/ 100 \text{ kΩ} /\!/ 20 \text{ kΩ} \approx 11.1 \text{ kΩ}$$

图 7-8 所示电路对 U_{i_1}、U_{i_2}、U_{i_3} 呈现的输入电阻分别为

$$r_{i_1} = \frac{U_{i_1}}{I_1} = R_1 \tag{7-22}$$

$$r_{i_2} = \frac{U_{i_2}}{I_2} = R_2 \tag{7-23}$$

$$r_{i_3} = \frac{U_{i_3}}{I_3} = R_3 \tag{7-24}$$

输出电阻为

$$r_o = 0 \tag{7-25}$$

2. 同相求和电路

同相求和电路如图 7-9 所示，R_f 与 R_1 引入了串联电压负反馈，所以运放工作在线性区。

因为 $I_- = 0$，$U_- = U_+$，所以

$$U_o = I_f R_f + I_1 R_1 = I_1 (R_1 + R_f)$$

$$= \frac{U_-}{R_1}(R_1 + R_f) = \frac{R_1 + R_f}{R_1} U_+$$

因为 $I_+ = 0$，所以

$$I_a + I_b + I_c = 0$$

即 $\dfrac{U_{i_1} - U_+}{R_a} + \dfrac{U_{i_2} - U_+}{R_b} + \dfrac{U_{i_3} - U_+}{R_c} = 0$

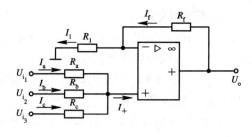

图 7-9 同相求和电路

因为

$$U_+ = R'\left(\frac{U_{i_1}}{R_a} + \frac{U_{i_2}}{R_b} + \frac{U_{i_3}}{R_c}\right)$$

式中 $R' = R_a /\!/ R_b /\!/ R_c$，所以

$$U_o = \frac{R_1 + R_f}{R_1} R'\left(\frac{U_{i_1}}{R_a} + \frac{U_{i_2}}{R_b} + \frac{U_{i_3}}{R_c}\right) \tag{7-26}$$

若满足平衡条件 $R' = R_a /\!/ R_b /\!/ R_c = R'' = R_1 /\!/ R_f$，则

$$U_o = \frac{R_f}{R_a} U_{i_1} + \frac{R_f}{R_b} U_{i_2} + \frac{R_f}{R_c} U_{i_3} \tag{7-27}$$

公式(7-27)只有在满足平衡条件的前提下才成立。当需要改变某一项的系数而改变某一电阻时，必须同时改变其它电阻，以满足平衡条件，所以与反相求和电路相比较而言，同相求和电路调试比较麻烦，另外其共模输入分量大，所以不如反相求和电路应用广泛。

该电路对 U_{i_1}、U_{i_2}、U_{i_3} 所呈现的输入电阻分别为

$$r_{i_1} = \frac{U_{i_1}}{I_a} = R_a + R_b \mathbin{/\!/} R_c \qquad\qquad (7-28)$$

$$r_{i_2} = \frac{U_{i_2}}{I_b} = R_b + R_a \mathbin{/\!/} R_c \qquad\qquad (7-29)$$

$$r_{i_3} = \frac{U_{i_3}}{I_c} = R_c + R_a \mathbin{/\!/} R_b \qquad\qquad (7-30)$$

输出电阻为 $$r_o = 0 \qquad\qquad (7-31)$$

3. 代数求和电路

代数求和电路如图 7 - 10 所示，R_f 引入电压负反馈，所以，运放工作在线性区。显然，该电路是由反相求和电路和同相求和电路合并而成。

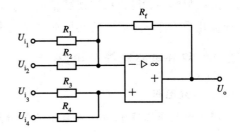

图 7 - 10　代数求和电路

令 $U_{i_3} = U_{i_4} = 0$，在 U_{i_1} 和 U_{i_2} 作用下，有

$$U_{o_1} = -\frac{R_f}{R_1} U_{i_1} - \frac{R_f}{R_2} U_{i_2}$$

令 $U_{i_1} = U_{i_2} = 0$，在 U_{i_3} 和 U_{i_4} 作用下，有

$$U_{o_2} = \frac{R'}{R''}\left(\frac{R_f}{R_3} U_{i_3} + \frac{R_f}{R_4} U_{i_4}\right)$$

式中 $$R' = R_3 \mathbin{/\!/} R_4, \qquad R'' = R_1 \mathbin{/\!/} R_2 \mathbin{/\!/} R_f$$

故 $$U_o = U_{o_2} + U_{o_1} = \frac{R'}{R''}\left(\frac{R_f}{R_3} U_{i_3} + \frac{R_f}{R_4} U_{i_4}\right) - \frac{R_f}{R_1} U_{i_1} - \frac{R_f}{R_2} U_{i_2} \qquad (7-32)$$

若满足平衡条件 $R' = R''$，则

$$U_o = \frac{R_f}{R_3} U_{i_3} + \frac{R_f}{R_4} U_{i_4} - \frac{R_f}{R_1} U_{i_1} - \frac{R_f}{R_2} U_{i_2} \qquad (7-33)$$

该电路只用了一个运放，但电阻值计算和电路调试非常麻烦，难以实现高精度运算，而且其共模输入分量较大，因此通常用两级反相求和电路完成式(7 - 33)的运算，电路如图 7 - 11 所示。

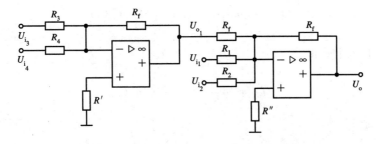

图 7 - 11　代数求和电路的常用形式

由于理想运放的输出电阻为零，所以其输出电压 U_o 不受负载的影响。当多级理想运放相连时，后级对前级的输出电压 U_o 不产生影响。

$$U_{o_1} = -\frac{R_f}{R_3} U_{i_3} - \frac{R_f}{R_4} U_{i_4} \qquad (7-34)$$

$$U_o = -\frac{R_f}{R_f}U_{o_1} - \frac{R_f}{R_1}U_{i_1} - \frac{R_f}{R_2}U_{i_2}$$

把式(7－34)代入上式得

$$U_o = \frac{R_f}{R_3}U_{i_3} + \frac{R_f}{R_4}U_{i_4} - \frac{R_f}{R_1}U_{i_1} - \frac{R_f}{R_2}U_{i_2} \qquad (7-35)$$

式(7－35)与式(7－33)完全相同。

　　虽然该电路比图7－10多用了一个运放，增加了硬件成本，但是该电路元件值的计算和调试都很容易，很容易实现高精度运算，所以劳务成本大大降低，另外，运放的共模输入分量几乎为零，对运放的共模抑制比要求不高，所以该电路应用广泛。

7.2.3　积分电路和微分电路

1. 积分电路

　　积分电路可以完成对输入电压的积分运算，即其输出电压与输入电压的积分成正比。由于同相积分电路的共模输入分量大，积分误差大，应用场合少，所以本书不予论述，请参阅本章习题29和习题30。

　　反相积分电路如图7－12所示，电容器C引入交流并联电压负反馈，运放工作在线性区。

　　由于积分运算是对瞬时值而言的，所以各电流电压均采用瞬时值符号。后面的微分电路等也如此。

　　由电路得

$$u_O = -u_C + u_-$$

因为"一"端是虚地，即$U_- = 0$，并且

$$u_C = \frac{1}{C}\int i_C \cdot dt + u_C(0)$$

式中$u_C(0)$是积分前时刻电容C上的电压，称为电容端电压的初始值。所以

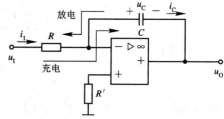

图7－12　反相积分电路基本形式

$$u_O = -u_C = -\frac{1}{C}\int i_C\, dt - u_C(0)$$

把$i_C = i_1 = \dfrac{u_I}{R}$代入上式得

$$u_O = -\frac{1}{RC}\int u_I\, dt - u_C(0) \qquad (7-36)$$

当$u_C(0) = 0$时

$$u_O = -\frac{1}{RC}\int u_I\, dt \qquad (7-37)$$

　　若输入电压是图7－13(a)所示的阶跃电压，并假定$u_C(0)=0$，则$t \geqslant 0$时，由于$u_I = E$，所以

$$u_O = -\frac{1}{RC}\int E\, dt = -\frac{E}{RC}t \qquad (7-38)$$

由此看出，当 E 为正值时，输出为反向积分，E 对电容器恒流充电，其充电电流为 E/R，故输出电压随 t 线性变化。当 u_O 向负值方向增大到集成运放反向饱和电压 U_{OL} 时，集成运放进入非线性工作状态，$u_O = U_{OL}$ 保持不变，积分作用也就停止了。其变化关系如图 7 – 13(a)所示。

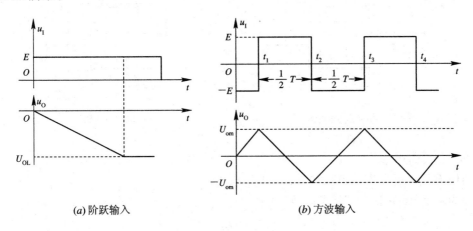

(a) 阶跃输入　　　　　　　　(b) 方波输入

图 7 – 13　基本积分电路的积分波形

如果输入是方波，则输出将是三角波，波形关系如图 7 – 13(b)所示。

当时间在 $0 \sim t_1$ 期间时，$u_1 = -E$，电容放电

$$u_O = -\frac{1}{RC} \int_0^{t_1} -E \, \mathrm{d}t = +\frac{E}{RC}t$$

当 $t = t_1$ 时，$u_O = +U_{om}$。

当时间在 $t_1 \sim t_2$ 期间时，$u_1 = +E$，电容充电，其初始值

$$u_C(t_1) = -u_O(t_1) = -U_{om}$$

$$u_C = \frac{1}{RC} \int_{t_1}^{t_2} E \, \mathrm{d}t + u_C(t_1) = \frac{1}{RC} \int_{t_1}^{t_2} E \, \mathrm{d}t - U_{om}$$

所以

$$u_O = -u_C = -\frac{1}{RC} \int_{t_1}^{t_2} E \, \mathrm{d}t + U_{om} = -\frac{E}{RC}t + U_{om}$$

当 $t = t_2$ 时，$u_O = -U_{om}$。如此周而复始，即可得到三角波输出。

上述积分电路将集成运放均视为理想集成运放，实际中是不可能的，其主要原因是存在偏置电流、失调电压、失调电流及其温漂等。因此，实际积分电路 u_O 与输入电压的关系与理想情况有误差，情况严重时甚至不能正常工作。解决这一情况最简便的方法是，在电容两端并接一个电阻 R_f，利用 R_f 引入直流负反馈来抑制上述各种原因引起的积分漂移现象。但 $R_f C$ 数值应远大于积分时间，即 $T/2$，T 为输入方波的周期，否则 R_f 的自身也会造成较大的积分误差。电路如图 7 – 14 所示。

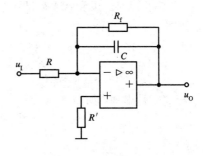

图 7 – 14　实际积分运算电路

2. 微分电路

微分是积分的逆运算，输出电压与输入电压呈微分关系。其电路如图 7-15(a)所示。

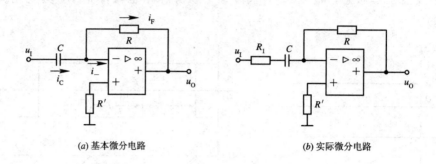

(a) 基本微分电路　　　　　　　　　(b) 实际微分电路

图 7-15　微分电路

图中 R 引入并联电压负反馈，运放工作在线性区。

因为 $i_- = 0$，并且"－"端是虚地，所以

$$u_O = -Ri_F = -Ri_C = -RC\frac{\mathrm{d}u_I}{\mathrm{d}t} \qquad (7-39)$$

可见 u_O 与输入电压 u_I 成正比。

基本微分电路由于对输入信号中的快速变化分量敏感，所以它对输入信号中的高频干扰和噪声成分十分灵敏，使电路性能下降。在实际的微分电路中，通常在输入回路中串联一个小电阻，如图 7-15(b)所示，但是，这将影响微分电路的精度，故要求 R_1 要小。

7.2.4　对数和指数运算电路

1. 对数运算电路

对数运算电路的输出电压是输入电压的对数函数。由于二极管的电流与它两端电压有如下关系：

$$i_D = I_S(e^{\frac{u_D}{U_T}} - 1)$$

当 $u_D \gg U_T$ 时，$i_D \approx I_S e^{\frac{u_D}{U_T}}$，所以，将反相比例电路中的 R_f 用二极管或三极管代替，即可组成对数运算电路，如图 7-16 所示。

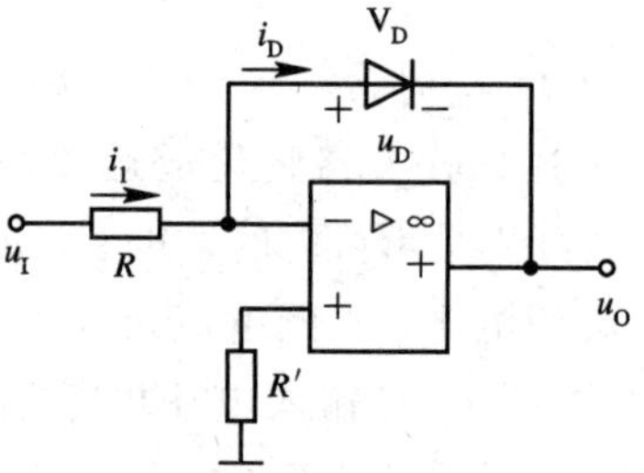

由图 7-16 可得，当二极管正向导通时

$$i_1 = i_D \approx I_S e^{\frac{u_D}{U_T}} \qquad (7-40)$$

由于"－"端是虚地，所以

$$i_1 = \frac{u_I}{R} \qquad (7-41)$$

图 7-16　基本对数运算电路

输出电压为

$$u_O = -u_D$$

则由式(7-40)、(7-41)得出如下关系：

$$u_O \approx -U_T \ln \frac{u_I}{RI_S} \quad (u_I > 0) \tag{7-42}$$

由二极管组成的基本对数运算电路，由于二极管的 I_S 和 U_T 均是温度的函数，因此运算精度受温度的影响。当在小信号时，$u_D \gg U_T$ 不满足，故 $e^{\frac{u_D}{U_T}}$ 和 1 相差不大，运算误差大；当在大信号时，二极管电流大，实际的伏安特性与二极管导通时的式(7-40)相差较大，所以图 7-16 仅在一定工作范围内比较符合对数关系。

将三极管接成二极管形式代替二极管，如图 7-17 所示，可使工作范围扩大。

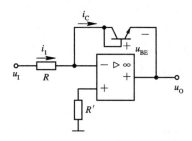

图 7-17 使用三极管的对数运算电路

可查看对数与反对数运算电路仿真

2. 指数运算电路

指数运算是对数运算的逆运算，所以也称作反对数运算，其基本电路如图 7-18 所示。

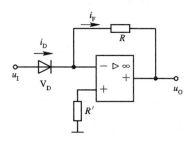

图 7-18 基本指数运算电路

图中 R 引入并联电压负反馈，因此运放工作在线性区。

由于"-"端是虚地，所以二极管的端电压 u_D 为

$$u_D = u_I - u_- = u_I$$

当 $u_I \gg U_T$ 时

$$i_D \approx I_S e^{\frac{u_I}{U_T}}$$

又因为 $i_- = 0$，所以 $i_F = i_D$，故

$$u_O = -i_F R = -i_D R = -I_S R e^{\frac{u_I}{U_T}} \tag{7-43}$$

为扩大指数运算范围，可以把三极管接成二极管的形式来代替图 7-18 中的二极管。

7.2.5 乘法运算电路

乘法运算电路简称乘法器。最简单的乘法器的框图如图 7-19 所示。其输出电压 u_O 为

$$u_O = \ln^{-1}(\ln u_X + \ln u_Y) = u_X \cdot u_Y \qquad (7-44)$$

式中 u_X 及 u_Y 均应为正值。

图 7 - 19 简单乘法器框图

上述乘法器只能对正数实现乘法运算，如果输入量是负数，则该电路不能正常工作。为此，人们设计了对正数和负数均可实现乘法运算的集成乘法器，其电路符号如图 7 - 20 所示。图中 X 和 Y 是两个输入端，Z 是输出端。k 是运算系数，其值由生产厂家给出。其输出电压 u_O 为

$$u_O = k u_X u_Y \qquad (7-45)$$

式中 u_X 和 u_Y 均可以取正值或负值。

把图 7 - 20 中乘法器的 X 和 Y 输入端并接在一起后，接入输入电压 u_1，即可完成平方运算。由式(7 - 45)得

$$u_O = k u_X u_Y = k u_1 u_1 = k u_1^2$$

集成乘法器和运算放大器相配合，可以组成除法、开方、开立方等各种运算电路及各种函数发生器、调制器、解调器、锁相环路等。

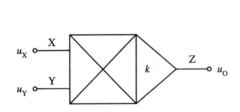

图 7 - 20 集成乘法器电路符号

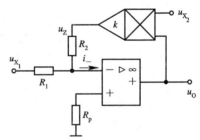

图 7 - 21 除法电路

图 7 - 21 所示为除法运算电路。因为运放的"—"端是虚地，并且 $i_- = 0$，所以

$$\frac{u_{X_1}}{R_1} + \frac{u_Z}{R_2} = 0$$

因为 $u_Z = k u_{X_2} u_O$，代入上式得

$$u_O = -\frac{R_2}{kR_1} \frac{u_{X_1}}{u_{X_2}} \qquad (7-46)$$

正确地选取 R_1 与 R_2 的值，使 $R_2/R_1 = k$，则上式可写成

$$u_O = -\frac{u_{X_1}}{u_{X_2}}$$

特别指明，图 7 - 21 中，只有当 u_{X_2} 是正极性时，才能对运放形成负反馈，且式(7 - 46)才成立。当 u_{X_2} 是负极性时，对运放形成正反馈，式(7 - 46)不再成立。此时，只要

在图 7 - 21 的反馈支路中或 u_{X_2} 的所在支路中串接一级反相器即可实现除法运算。

图 7 - 22 所示为开平方运算电路。

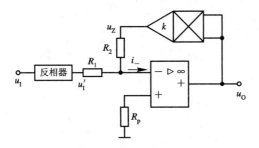

图 7 - 22　开平方电路（$u_I > 0$）

因为运放的"－"端是虚地，并且 $i_- = 0$，所以

$$\frac{u_I'}{R_1} + \frac{u_Z}{R_2} = 0$$

而 $u_I' = -u_1$，$u_Z = k u_O^2$，故

$$u_O = \sqrt{\frac{R_2}{k R_1} u_I} \qquad\qquad (7 - 47(a))$$

正确地选取 R_1 与 R_2 的值，使 $R_2/R_1 = k$，则

$$u_O = \sqrt{u_I} \qquad\qquad (7 - 47(b))$$

图 7 - 22 中的输入电压 u_1 必须是正极性电压。若 u_1 是负极性电压，则乘法器对运放形成正反馈，不能实现开平方运算。从另一方面说，负数也不能开平方。为了对负极性输入电压实现开平方运算，只要把图 7 - 22 中的反相器用短路线取代即可。

【例 1】　图 7 - 23 是一个由理想运放构成的高输入阻抗放大器，求其输入电阻 r_i。

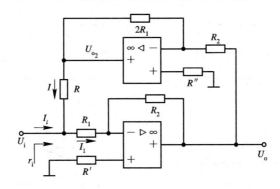

图 7 - 23　高输入阻抗放大器

解　两个运放都外加有负反馈，所以都工作在线性区。

$$I_i = I_1 - I = \frac{U_i}{R_1} - \frac{U_{o_2} - U_i}{R} \qquad\qquad (7 - 48)$$

$$U_o = -\frac{R_2}{R_1} U_i$$

$$U_{o_2} = -\frac{2R_1}{R_2} U_o = 2U_i$$

把上式代入式(7-48)得

$$I_i = \frac{R - R_1}{R_1 R} U_i$$

所以

$$r_i = \frac{U_i}{I_i} = \frac{U_i}{\dfrac{R - R_1}{R_1 R} U_i} = \frac{R R_1}{R - R_1}$$

当 $R - R_1 \Rightarrow 0$ 时，$r_i \Rightarrow \infty$。一般为防止自激，以保证 r_i 为正值，R 要略大于 R_1。

7.3 有源滤波电路

可查看有源滤波器仿真

滤波器的作用是允许规定频率范围之内的信号通过，而使规定频率范围之外的信号不能通过(即受到很大衰减)。

按其工作频率的不同，滤波器可分为下述几种不同类型。

低通滤波器：允许低频信号通过，将高频信号衰减。

高通滤波器：允许高频信号通过，将低频信号衰减。

带通滤波器：允许某一频带范围内的信号通过，将此频带以外的信号衰减。

带阻滤波器：阻止某一频带范围内的信号通过，而允许此频带以外的信号通过。

在电路分析课程中，利用电阻、电容等无源器件可以构成简单的滤波电路，称为无源滤波器。图 7-24(a)、(b)所示分别为低通滤波电路和高通滤波电路。图 7-24(c)、(d)分别为它们的幅频特性。

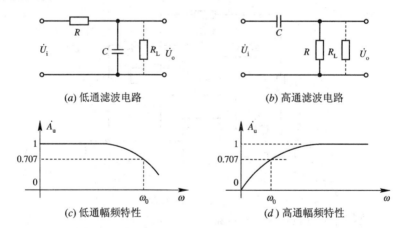

(a) 低通滤波电路   (b) 高通滤波电路

(c) 低通幅频特性   (d) 高通幅频特性

图 7-24 无源滤波器及其幅频特性

由电路可求得它们的传递函数如下：

图 7-24(a)中，

$$\dot{A}_u = \frac{\dot{U}_o}{\dot{U}_i} = \frac{\dfrac{1}{j\omega C}}{R + \dfrac{1}{j\omega C}} = \frac{1}{1 + j\omega RC} = \frac{1}{1 + j\dfrac{\omega}{\omega_0}} \tag{7-49}$$

图 7 - 24(b)中，

$$\dot{A}_u = \frac{\dot{U}_o}{\dot{U}_i} = \frac{R}{R + \dfrac{1}{j\omega C}} = \frac{1}{1 + \dfrac{1}{j\omega RC}} = \frac{1}{1 - j\dfrac{\omega_0}{\omega}} \tag{7-50}$$

它们的截止角频率均为

$$\omega_0 = \frac{1}{RC} \tag{7-51}$$

根据式(7-49)、(7-50)可作出它们的幅频特性，由其幅频特性可以看出，它们分别具有低通滤波和高通滤波特性。

无源滤波电路主要存在如下问题：

(1) 电路的增益小，最大仅为 1。

(2) Q 值小。

(3) 带负载能力差。如在无源滤波电路的输出端接一负载电阻 R_L，如图 7 - 24(a)、(b)虚线所示，则其截止频率和增益均随 R_L 而变化。以低通滤波电路为例，接入 R_L 后，传递函数将成为

$$\dot{A}_u = \frac{\dfrac{1}{j\omega C} /\!/ R_L}{R + \dfrac{1}{j\omega C} /\!/ R_L} = \frac{\dfrac{R_L}{1 + j\omega R_L C}}{R + \dfrac{R_L}{1 + j\omega R_L C}}$$

$$= \frac{R_L}{(1 + j\omega R_L C)R + R_L} = \frac{\dfrac{R_L}{R + R_L}}{1 + j\omega R_L' C} = \frac{A_u'}{1 + j\dfrac{\omega}{\omega_0'}} \tag{7-52}$$

式中
$$R_L' = R_L /\!/ R$$

$$A_u' = \frac{R_L}{R_L + R}$$

$$\omega_0' = \frac{1}{R_L' C}$$

可见增益 $A_u' = \dfrac{R_L}{R_L + R} < 1$，而截止频率 $\omega_0' = \dfrac{1}{R_L' C} > \omega_0 = \dfrac{1}{RC}$。为了克服上述缺点，可将 RC 无源网络接至集成运放的输入端，组成有源滤波电路。

在有源滤波电路中，集成运放起着放大的作用，提高了电路的增益，而且因集成运放的输入电阻很高，故集成运放本身对 RC 网络的影响小，同时由于集成运放的输出电阻很低，因而大大增强了电路的带负载能力。由于在有源滤波电路中，集成运放是作为放大元件，所以集成运放应工作在线性区。

7.3.1 低通滤波电路

低通滤波电路如图 7 - 25 所示，在图 7 - 25(a)中无源滤波网络 RC 接至集成运放的同

相输入端，在图 7-25(b) 中 $R_f C$ 接至反相输入端。

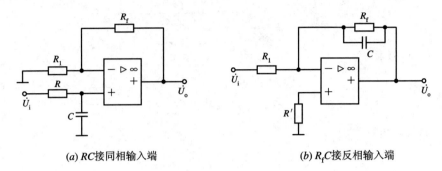

(a) RC接同相输入端   (b) $R_f C$接反相输入端

图 7-25   低通滤波电路

下面以图 7-25(a) 为例进行讲解。

输出电压为
$$\dot{U}_o = \left(1 + \frac{R_f}{R_1}\right)\dot{U}_+$$

而
$$\dot{U}_+ = \frac{\frac{1}{j\omega C}\dot{U}_i}{R + \frac{1}{j\omega C}} = \frac{1}{1 + j\omega RC}\dot{U}_i$$

所以传递函数为
$$\dot{A} = \left(1 + \frac{R_f}{R_1}\right)\frac{1}{1 + j\omega RC} = \frac{A_{up}}{1 + j\frac{\omega}{\omega_0}} \qquad (7-53)$$

式中 A_{up} 为通带电压放大倍数，ω_0 为截止角频率。

低通滤波器的通带电压放大倍数是当工作频率趋近于零时，其输出电压 U_o 与其输入电压 U_i 的比值，记作 A_{up}；截止角频率是随着工作频率的提高，电压放大倍数（传递函数的模）下降到 $A_{up}/\sqrt{2}$ 时对应的角频率，记作 ω_0。对于图 7-25(a)：

$$A_{up} = 1 + \frac{R_f}{R_1} \qquad (7-54)$$

$$\omega_0 = \frac{1}{RC} \qquad (7-55)$$

由式(7-53)可以画出低通滤波器的幅频特性，如图 7-26(b) 所示。图 7-26(a) 是低通滤波器的理想特性。

以同样的方法可得图 7-25(b) 的特性：

$$\dot{A} = -\frac{\frac{R_f}{R_1}}{1 + j\frac{\omega}{\omega_0}} = \frac{A_{up}}{1 + j\frac{\omega}{\omega_0}}$$

式中

$$A_{up} = -\frac{R_f}{R_1}, \quad \omega_0 = \frac{1}{R_f C}$$

由上述公式可见，我们可以通过改变电阻 R_f 和 R_1 的阻值调节通带电压放大倍数，如需改变截止频率，应调整 RC（图 7-25(a)）或 $R_f C$（图 7-25(b)）。

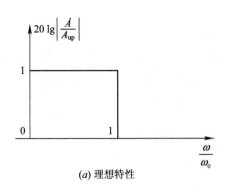

(a) 理想特性

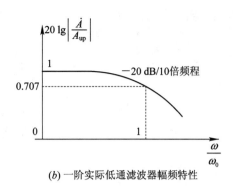

(b) 一阶实际低通滤波器幅频特性

图 7 - 26   低通滤波电路的幅频特性

一阶滤波电路的缺点是：当 $\omega \geqslant \omega_0$ 时，幅频特性衰减太慢，以 $-20\ \mathrm{dB}/10$ 倍频程的速率下降，与理想的幅频特性相比相差甚远，如图 7 - 26(a)、(b) 所示。为此可在一阶滤波电路的基础上，再增加一级 RC，组成二阶滤波电路，它的幅频特性在 $\omega \geqslant \omega_0$ 时，以 $-40\ \mathrm{dB}/10$ 倍频程的速率下降，衰减速度快，其幅频特性更接近于理想特性。为进一步改善滤波波形，常将第一级的电容 C 接到输出端，引入一个反馈，这种电路又称为赛伦—凯电路，该电路在实际工作中更为常用。二阶低通滤波电路如图 7 - 27 所示。

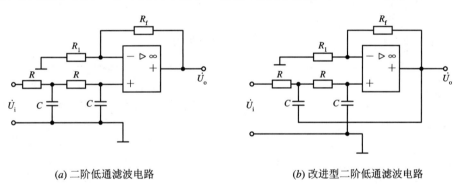

(a) 二阶低通滤波电路   (b) 改进型二阶低通滤波电路

图 7 - 27   二阶低通滤波电路

7.3.2   高通滤波电路

高通滤波电路如图 7 - 28 所示。图 7 - 28(a) 为同相输入；图 7 - 28(b) 为反相输入。

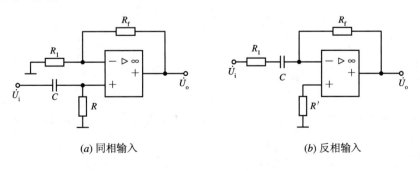

(a) 同相输入   (b) 反相输入

图 7 - 28   高通滤波电路

下面以图 7 - 28(a) 为例进行讲解。

$$\dot{U}_{\mathrm{o}} = \left(1 + \frac{R_{\mathrm{f}}}{R_1}\right)\dot{U}_{+}$$

$$\dot{U}_{+} = \frac{R}{R + \dfrac{1}{\mathrm{j}\omega C}}\dot{U}_{\mathrm{i}} = \frac{1}{1 + \dfrac{1}{\mathrm{j}\omega RC}}\dot{U}_{\mathrm{i}}$$

所以

$$\dot{U}_{\mathrm{o}} = \left(1 + \frac{R_{\mathrm{f}}}{R_1}\right)\frac{1}{1 + \dfrac{1}{\mathrm{j}\omega RC}}\dot{U}_{\mathrm{i}}$$

则

$$\dot{A} = \frac{\dot{U}_{\mathrm{o}}}{\dot{U}_{\mathrm{i}}} = \frac{A_{\mathrm{up}}}{1 - \mathrm{j}\dfrac{\omega_0}{\omega}} \tag{7-56}$$

式中 A_{up} 为通带电压放大倍数

$$A_{\mathrm{up}} = A\,\big|_{\omega=\infty} = 1 + \frac{R_{\mathrm{f}}}{R} \tag{7-57}$$

通带截止角频率

$$\omega_0 = \omega\,\big|_{A=\frac{A_{\mathrm{up}}}{\sqrt{2}}} = \frac{1}{RC} \tag{7-58}$$

其幅频特性如图 7 - 29 所示。

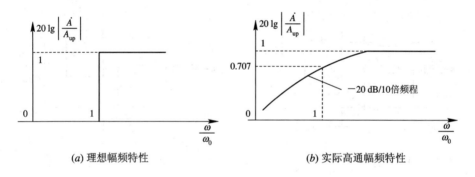

(a) 理想幅频特性   (b) 实际高通幅频特性

图 7 - 29　高通滤波器的幅频特性

同样的方法可以得到图 7 - 28(b) 的特性

$$\dot{A} = -\frac{\dfrac{R_{\mathrm{f}}}{R_1}}{1 - \mathrm{j}\dfrac{\omega_0}{\omega}} = \frac{A_{\mathrm{up}}}{1 - \mathrm{j}\dfrac{\omega_0}{\omega}}$$

式中

$$A_{\mathrm{up}} = -\frac{R_{\mathrm{f}}}{R_1}$$

$$\omega_0 = \frac{1}{R_{\mathrm{f}}C}$$

由上可见通过改变电阻 R_{f} 和 R_1 可调整通带电压放大倍数，改变截止频率可调整 RC 或 R_1C。

与低通滤波电路相似，一阶电路在低频处衰减太慢，为此可再增加一级 RC，组成二阶滤波电路，使幅频特性更接近于理想特性。二阶高通滤波电路如图 7 - 30 所示。

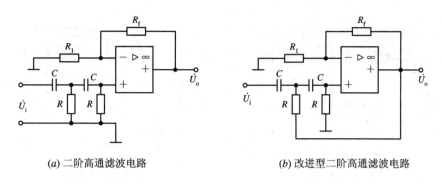

(a) 二阶高通滤波电路　　　　　　(b) 改进型二阶高通滤波电路

图 7 – 30　二阶高通滤波电路

7.3.3　带通滤波电路和带阻滤波电路

　　将截止频率为 ω_h 的低通滤波电路和截止频率为 ω_l 的高通滤波电路进行不同的组合，就可获得带通滤波电路和带阻滤波电路。如图 7 – 31(a) 所示，将一个低通滤波电路和一个高通滤波电路"串接"组成带通滤波电路，$\omega > \omega_h$ 的信号被低通滤波电路滤掉，$\omega < \omega_l$ 的信号被高通滤波电路滤掉，只有当 $\omega_l < \omega < \omega_h$ 时信号才能通过，显然，$\omega_h > \omega_l$ 才能组成带通电路。图 7 – 31(b) 为一个低通滤波电路和一个高通滤波电路"并联"组成的带阻滤波电路，$\omega < \omega_h$ 的信号从低通滤波电路中通过，$\omega > \omega_l$ 的信号从高通滤波电路通过，只有 $\omega_h < \omega < \omega_l$ 的信号无法通过，同样，$\omega_h < \omega_l$ 才能组成带阻电路。

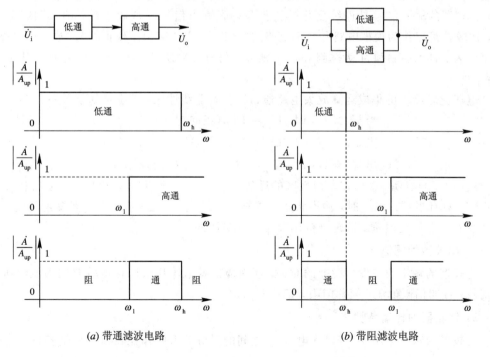

(a) 带通滤波电路　　　　　　　　(b) 带阻滤波电路

图 7 – 31　带通滤波和带阻滤波电路的组成原理图

带通滤波和带阻滤波的典型电路如图 7 – 32 所示。

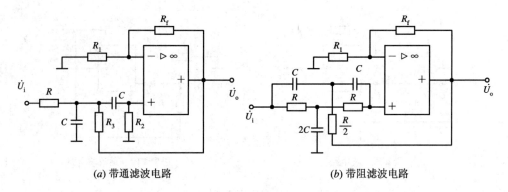

(a) 带通滤波电路   (b) 带阻滤波电路

图 7-32　带通滤波和带阻滤波的典型电路

7.4　电 压 比 较 器

　　电压比较器(简称比较器)的功能是比较两个电压的大小,通过输出电压的高电平或低电平,表示两个输入电压的大小关系。电压比较器可以用集成运算放大器组成,也可采用专用的集成电压比较器。电压比较器一般具有两个输入端和一个输出端。其输入信号通常是两个模拟量,一般情况下,其中一个输入信号是固定不变的参考电压,另一个输入信号则是变化的信号电压。而输出信号只有两种可能的状态:高电平或低电平。我们可以认为,比较器的输入信号是连续变化的模拟量,而输出信号则是数字量,即"0"或"1"。因此,比较器可以作为模拟电路和数字电路的"接口",广泛应用于模拟信号/数字信号变换、数字仪表、自动控制和自动检测等技术领域,另外,它还是波形产生和变换的基本单元电路。

　　电压比较器中的集成运算放大电路通常工作在非线性区,即满足如下关系:

$$\left.\begin{array}{l} 当\,U_+>U_-\,时,U_o=U_{OH}(正向饱和)\\ 当\,U_+<U_-\,时,U_o=U_{OL}(负向饱和)\\ 当\,U_+=U_-\,时,U_{OL}<U_o<U_{OH}(状态不定) \end{array}\right\} \tag{7-59}$$

　　式(7-59)表明,工作在非线性区的运放,当 $U_+>U_-$ 或 $U_+<U_-$ 时,其输出状态都保持不变,只有当 $U_+=U_-$ 时,输出状态才能够发生跳变。反之,若输出状态发生跳变,必定发生在 $U_+=U_-$ 的时刻。这是分析比较器的重要依据。

　　1. 比较器的阈值

　　比较器的输出状态发生跳变的时刻,所对应的输入电压值叫作比较器的阈值电压,简称阈值;或叫门限电压,简称门限,记作 U_{TH}。

　　2. 比较器的传输特性

　　比较器的输出电压 u_O 与输入电压 u_I 之间的对应关系叫作比较器的传输特性,它可用曲线表示,也可用方程式表示。

　　3. 比较器的组态

　　若输入电压 u_I 从运放的"一"端输入,则称为反相比较器,若输入电压 u_I 从运放的

"＋"端输入，则称为同相比较器。

7.4.1 简单电压比较器

简单电压比较器通常只含有一个运放，而且多数情况下运放是开环工作的。它只有一个门限电压，所以又称为单限比较器。图 7-33 是两个最简单的简单电压比较器，其中图(a)是反相比较器，图(b)是同相比较器。按照阈值的定义，可以求得这两个比较器的阈值 U_{TH} 均为 U_R。U_R 是参考电压，它可以是正值，也可以是负值，或者是零。当 $U_R>0$ 时，图 7-33(a)、(b)的电压传输特性分别如图 7-34(a)、(b)所示。

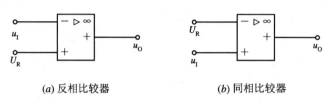

(a) 反相比较器　　　　　　　(b) 同相比较器

图 7-33　简单电压比较器

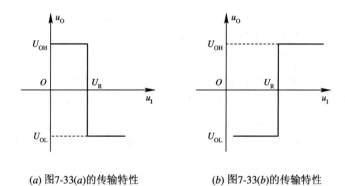

(a) 图7-33(a)的传输特性　　　(b) 图7-33(b)的传输特性

图 7-34　简单电压比较器的传输特性

可查看简单比较器仿真

利用简单电压比较器，可以把正弦波或其它周期波形变换成同频率的矩形波或方波（方波是高电平持续时间与低电平持续时间相等的矩形波）。

【例 2】 在图 7-33(a)所示的电路中，输入电压 u_I 为正弦波，画出 $U_R>0$，$U_R<0$，$U_R=0$ 时的输出电压波形。

解 由图 7-33(a)求得：
$$U_{TH}=U_R$$
所以，当 $U_R>0$ 时，$U_{TH}>0$；$U_R<0$ 时，$U_{TH}<0$；$U_R=0$ 时，$U_{TH}=0$。三种情况下的输出电压波形如图 7-35 所示。

由本例可以看出，改变参考电压 U_R，就会改变阈值 U_{TH}，从而改变输出电压波形的占空比（矩形波的高电平持续时间与其周期之比称为矩形波的占空比）。

阈值为零的简单电压比较器又叫过零比较器，意思是说，输入电压 u_I 每经过零点一次，输出电压 u_O 就跳变一次。图 7-33 中，当 $U_R=0$ 时，$U_{TH}=0$，此时，图 7-32(a)、 (b)均为过零比较器。

图 7-33 所示的比较器，其输出高电平和低电平与运放的输出高电平和低电平相等。有时为了某种需要（如驱动数字电路的 TTL 电路），必须减小比较器的输出电压幅度。这种情况下，就应当在比较器的输出回路中设置限幅电路，如图 7-36 所示。图 7-36(a)中，R_2 和双向稳压二极管 V_{Dz} 构成了限幅电路，其输出高电平和低电平等于双向稳压二极管的正、负稳定电压 U_z 和 $-U_z$。图 7-36(b)中，R_2 与稳压二极管 V_{Dz} 及锗二极管 V_{D3} 构成了限幅电路，其输出高电平等于稳压二极管的稳定电压 U_z，输出低电平等于 $-U_D$。U_D 是锗二极管的正向导通电压降。接入锗二极管 V_{D3} 的目的之一是使比较器的输出低电平更加近似为零。不接 V_{D3} 时，比较器的输出低电平由 V_{Dz} 的正向导通电压决定，由于稳压二极管均为硅管，其正向导通电压较大，从而使比较器的输出低电平偏离零值较远。接入 V_{D3} 后，由于 V_{D3} 是锗管，其正向导通电压较低，当比较器输出低电平时，V_{D3} 抢先导通，使比较器输出低电平更接近零值。如果后级电路是逻辑电路，则这样做是十分必要的。接入 V_{D3} 的目的之二是提高比较器的输出状态的跳变速度。不接 V_{D3} 时，由于 V_{Dz} 存在明显的存储效应，使 V_{Dz} 由"击穿"转向"导通"，或由"导通"转向"击穿"时的速度缓慢，从而限制了比较器的输出状态跳变速度，也影响了输出电压波形的质量，接入 V_{D3}（通常为开关二极管）后，"击穿"和"导通"分别发生在 V_{Dz} 和 V_{D3} 两个器件中，大大减小了存储效应的影响，使比较器的输出状态跳变速度大大提高，输出电压波形也得到很大的改善，更接近理想矩形波。图中并联在运放输入端的两个二极管 V_{D1} 与 V_{D2} 可以防止因输入电压太大而损坏集成运放。R_1 与 R_P 分别代表信号源和参考电源的内阻，以及为满足平衡条件而加入的补偿电阻，它们同时具有限流保护作用。

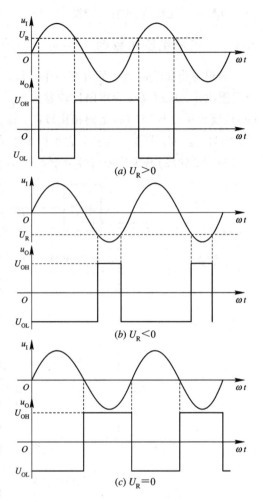

(a) $U_R > 0$

(b) $U_R < 0$

(c) $U_R = 0$

图 7-35 例 2 的输出波形

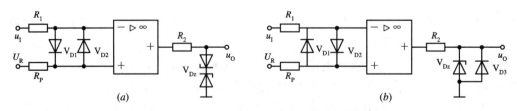

(a)   (b)

图 7-36 具有输入保护和输出限幅的比较器

7.4.2 滞回比较器

简单电压比较器结构简单，而且灵敏度高，但它的抗干扰能力差，如果输入信号因受干扰在阈值附近变化，如图 7 - 37(a)所示，现将此信号加进同相输入的过零比较器，则输出电压将发生不应该出现的跳变，输出电压波形如图 7 - 37(b)所示。用此输出电压控制电机等设备，将出现错误操作，这是不允许的。

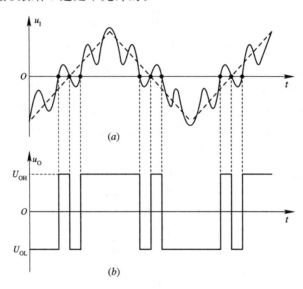

图 7 - 37　噪声干扰对简单比较器的影响

滞回比较器能克服简单比较器抗干扰能力差的缺点，滞回比较器如图 7 - 38 所示。图 7 - 38(a)为同相滞回比较器，图 7 - 38(b)为反相滞回比较器。滞回比较器具有两个阈值，可通过电路引入正反馈获得。

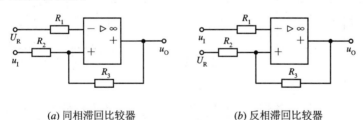

(a) 同相滞回比较器　　　　　　　　(b) 反相滞回比较器

图 7 - 38　滞回比较器

可查看滞回比较器仿真

按集成运放非线性运用特点，根据公式(7 - 59)可以得知，输出电压发生跳变的临界条件为 $u_- = u_+$。

从图 7 - 38(a)可得

$$u_- = U_R$$

$$u_+ = \frac{R_2}{R_2 + R_3} u_O + \frac{R_3}{R_2 + R_3} u_I$$

当 $u_- = u_+$ 时所对应的 u_I 值就是阈值，即

$$U_{\text{TH}} = \left(1 + \frac{R_2}{R_3}\right)U_{\text{R}} - \frac{R_2}{R_3}u_{\text{O}} \qquad\qquad (7-60)$$

当 $u_{\text{O}} = U_{\text{OL}}$ 时得上阈值：

$$U_{\text{TH}_1} = \left(1 + \frac{R_2}{R_3}\right)U_{\text{R}} - \frac{R_2}{R_3}U_{\text{OL}} \qquad\qquad (7-61)$$

当 $u_{\text{O}} = U_{\text{OH}}$ 时得下阈值：

$$U_{\text{TH}_2} = \left(1 + \frac{R_2}{R_3}\right)U_{\text{R}} - \frac{R_2}{R_3}U_{\text{OH}} \qquad\qquad (7-62)$$

由阈值可画出其传输特性。假设 u_{I} 为负电压，此时 $u_+ < u_-$，输出为 U_{OL}，对应其阈值为上阈值 U_{TH_1}。如逐渐使 u_{I} 上升，只要 $u_{\text{I}} < U_{\text{TH}_1}$，则输出 $u_{\text{O}} = U_{\text{OL}}$ 将不变，直至 $u_{\text{I}} \geqslant U_{\text{TH}_1}$ 时，$u_+ \geqslant u_-$，使输出电压由 U_{OL} 突跳至 U_{OH}，对应其阈值为下阈值 U_{TH_2}。u_{I} 再继续上升，$u_+ > u_-$ 关系不变，所以输出 $u_{\text{O}} = U_{\text{OH}}$ 不变。之后 u_{I} 逐渐减少，只要 $u_{\text{I}} > U_{\text{TH}_2}$，输出 $u_{\text{O}} = U_{\text{OH}}$ 仍维持不变，直至 $u_{\text{I}} \leqslant U_{\text{TH}_2}$ 时，$u_+ \leqslant u_-$，输出再次突变，由 U_{OH} 下跳至 U_{OL}。其同相滞回比较器的传输特性如图 7-39(a) 所示。

同样的方法可求得反相滞回比较器的阈值电压和传输特性：

$$U_{\text{TH}_1} = \frac{R_3 U_{\text{R}} + R_2 U_{\text{OH}}}{R_2 + R_3} \qquad\qquad (7-63)$$

$$U_{\text{TH}_2} = \frac{R_3 U_{\text{R}} + R_2 U_{\text{OL}}}{R_2 + R_3} \qquad\qquad (7-64)$$

其传输特性如图 7-39(b) 所示。

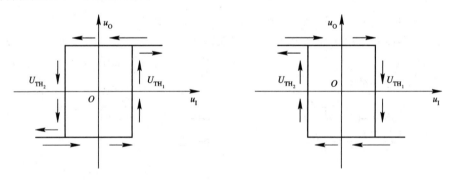

(a) 同相滞回比较器   (b) 反相滞回比较器

图 7-39 滞回比较器的传输特性($U_{\text{R}} = 0$)

显然，改变 U_{R} 即可改变其阈值，从而改变了传输特性。图 7-39 是 $U_{\text{R}} = 0$ 时的情况，此时，两个电路的传输特性均以纵轴对称。但是，当 $U_{\text{R}} \neq 0$ 时，滞回比较器的传输特性则不会以纵轴对称。

【例 3】 指出图 7-40 中各电路属于何种类型的比较器，并画出相应的传输特性。设集成运放 $U_{\text{OH}} = 12\ \text{V}$，$U_{\text{OL}} = -12\ \text{V}$，各稳压管的稳压值 $U_z = 6\ \text{V}$，V_{Dz} 和 V_{D} 的正向导通压降 $U_{\text{D}} = 0.7\ \text{V}$。

解 图 7-40(a) 是一个同相简单电压比较器。

因为 $i_+ = i_- \approx 0$，所以可利用叠加原理求得

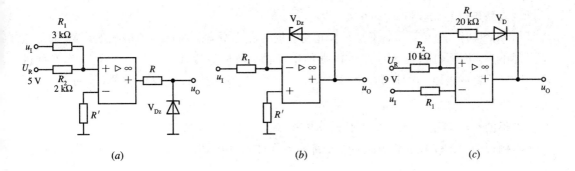

(a) (b) (c)

图 7 - 40   例 3 图

$$u_+ = \frac{R_2}{R_1 + R_2} u_I + \frac{R_1}{R_1 + R_2} U_R$$

而 $u_- = 0$，故

$$U_{TH} = u_I \mid_{u_+ = u_-} = -\frac{R_1}{R_2} U_R = -7.5 \text{ V}$$

该比较器的输出高电平 U'_{OH} 及输出低电平 U'_{OL} 分别为

$$U'_{OH} = U_z = 6 \text{ V}, \quad U'_{OL} = -U_D = -0.7 \text{ V}$$

所以其传输特性如图 7 - 41(a)所示。

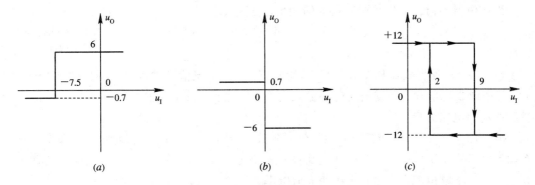

(a) (b) (c)

图 7 - 41   例 3 的传输特性

图 7 - 40(b)是一个反相简单比较器，或者叫反相过零比较器。

根据阈值的定义，要求解 U_{TH}，应当在 $u_+ = u_-$ 的时刻进行。这里 $u_+ = u_-$ 是指二者真正相等，而不是指"＋"端与"－"端之间虚短路。

当 $u_+ = u_-$ 时，$u_{+-} = 0$，$u_O = 0$。而

$$u_- = u_{-+} + i_+ R' = 0$$

所以，V_{Dz} 的端电压的绝对值 u_{Dz} 为

$$u_{Dz} = \mid u_- - u_O \mid = 0$$

可见，在 $u_+ = u_-$ 时，稳压管 V_{Dz} 必定截止，可视之为开路。因此，应当在 V_{Dz} 开路的情况下，求解图 7 - 40(b)的 U_{TH}。此时

$$u_- = u_I, \quad u_+ = i_+ R' \approx 0$$

故 $$U_{TH} = u_I \big|_{u_+ = u_-} = 0$$

所以该电路是过零比较器。

当 $u_I \neq 0$ 时，稳压器 V_{Dz} 不是反向击穿，就是正向导通。在这两种情况下，V_{Dz} 的等效电阻都不大，因而可以对运放产生很强的负反馈。所以该比较器中的运放是工作在线性区，其"一"端是虚地。由此可以求得，该比较器输出的高电平 U'_{OH} 及低电平 U'_{OL} 分别为

$$U'_{OH} = 0.7\ \text{V}, \quad U'_{OL} = -U_z = -6\ \text{V}$$

按照求得的 U_{TH}、U'_{OH} 和 U'_{OL} 即可画出其传输特性，如图 7-41(b) 所示。

本例说明，比较器中的运放并非全都工作在非线性区，有些比较器中的运放是工作在线性区。

图 7-40(c) 是反相滞回比较器。

当 u_1 较低，以致使 $u_- < u_+$ 时，输出电压 $u_O = U_{OH} = 12\ \text{V}$，而 $U_R = 9\ \text{V}$，由电路可以看出，此时二极管 V_D 必定截止，可视之为开路。在此情况下，运放相当于开环工作，由此求得上阈值为

$$U_{TH_1} = U_R = 9\ \text{V}$$

当 u_1 较高，以致使 $u_- > u_+$ 时，输出电压 $u_O = U_{OL} = -12\ \text{V}$，而 $U_R = 9\ \text{V}$，此时二极管必定导通，可视之为短路，由此求得下阈值为

$$U_{TH_2} = \frac{R_f}{R_2 + R_f} U_R + \frac{R_2}{R_2 + R_f} U_{OL} = 2\ \text{V}$$

该比较器的输出电压等于其运放的输出电压。

按照求得的 U_{TH_1}、U_{TH_2}、U_{OH} 和 U_{OL}，再根据滞回比较器的工作原理，即可画出其传输特性，如图 7-41(c) 所示。

【例 4】 滞回比较器如图 7-38(a) 所示，其上、下阈值及输入波形如图 7-42(a) 所示，其中虚线三角波是未受干扰时的输入波形，实线是受干扰后的输入波形，请画出受干扰后的输出电压波形。

解 图 7-38(a) 是同相滞回比较器，根据其传输特性可知，当其输出低电平时，只有在输入电压高于上阈值后，输出才能跳变成高电平；反之，当其输出高电平时，只有在输入电压低于下阈值后，输出才能跳变成低电平。

本例中，在 $0 \leqslant t < t_1$ 期间，$u_1 < U_{TH_1}$，所以，$u_O = U_{OL}$。当 t 略大于 t_1 后，$u_1 > U_{TH_1}$，u_O 跳变为高电平 U_{OH}。在 $t_1 < t < t_2$ 期间，虽然 u_1 曲线多次越过 U_{TH_1}，但 u_1 始终大于 U_{TH_2}，所以 u_O 保持高电平 U_{OH} 不变。当 t 略大于 t_2 后，$u_1 < U_{TH_2}$，u_O 跳变成低电平 U_{OL}。在 $t_2 < t < t_3$ 期间，虽然 u_1 多次越过 U_{TH_2}，但 u_1 始终低于 U_{TH_1}，所以 u_O 保持低电平 U_{OL} 不变。当 t 略大于 t_3 后，$u_1 > U_{TH_1}$，u_O 又跳变成高电平 U_{OH}。由此可画出受干扰后的输出电压波形，如图 7-42(b) 所示。

与未受干扰的输出波形(图中未画)相比较，受干扰后的输出波形只是向左或向右平移了一点，没有实质性的变化，对后级电路不会造成功能性错误。可见，滞回比较器具有较强的抗干扰能力。当然，若干扰幅度超过 $U_{TH_1} - U_{TH_2}$，滞回比较器的正常功能也会受到破坏。$U_{TH_1} - U_{TH_2}$ 称为门限宽度或回差电压。回差电压越大，抗干扰能力越强，但是灵敏度越低。灵敏度是比较器所能鉴别的输入电压的最小变化量。比较器的抗干扰能力与灵敏度

是两个相互制约的指标，应当根据比较器的应用环境，综合考虑。

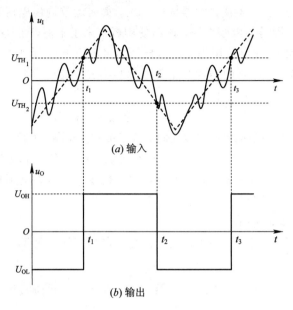

(a) 输入

(b) 输出

图 7 - 42　例 4 输入、输出波形

7.4.3　窗口比较器

　　窗口比较器又称为双限比较器。前述的简单比较器或滞回比较器，当 u_I 单方向变化时，u_O 只跳变一次，因而只能与一个电平进行比较。如要判断 u_I 是否在某两个电平之间，则应采用窗口比较器。

　　窗口比较器电路如图 7 - 43(a) 所示。其工作原理如下：

　　当 $u_I > U_A$ 时，u_{O_1} 为高电平，V_{D1} 导通；u_{O_2} 为低电平，V_{D2} 截止，即 $u_O = u_{O_1} = U_{OH}$。

　　当 $u_I < U_B$ 时，u_{O_1} 为低电平，V_{D1} 截止；u_{O_2} 为高电平，V_{D2} 导通，即 $u_O = u_{O_2} = U_{OH}$。

　　当 $U_B < u_I < U_A$ 时，$u_{O_1} = u_{O_2} = U_{OL}$，二极管 V_{D1}、V_{D2} 均截止，$u_O = 0$ V，其传输特性如图7 - 43(b) 所示。

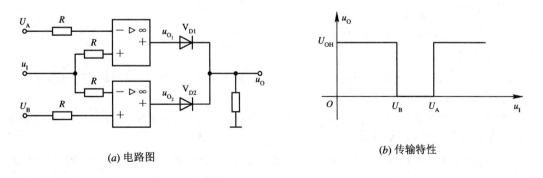

(a) 电路图

(b) 传输特性

图 7 - 43　窗口比较器

　　需要指出的是，图 7 - 43 中的 U_A 与 U_B 不能接错，如接成 $U_B > U_A$，则无论 u_I 如何变化，其输出 u_O 始终为高电平，无法实现电压比较。

窗口比较器的电路较多，读者可参考有关资料。

前述比较器均采用集成运算放大器构成。由于集成运放输出电压较高，如要驱动数字电路的 TTL 门电路，则需加限幅电路，这给使用者带来了不便。而且一般集成运放构成的电压比较器响应速度低，此时采用集成电压比较器可解决上述问题。

集成电压比较器内部电路的结构和工作原理与集成运算放大器十分相似，但由于用途不同，集成电压比较器有其固有的特点：

（1）集成电压比较器可直接驱动 TTL 等数字集成电路器件。

（2）一般集成电压比较器的响应速度比同等价格集成运放构成的比较器的响应速度要快。

（3）为提高速度，集成电压比较器内部电路的输入级工作电流较大。

至于集成电压比较器的具体电路和其它特性，由于篇幅限制，不再叙述，读者可参阅其它参考文献。

附：运算放大器其他应用示例

运算放大器的其他应用这里不再详述，我们将在本书配套资源中给出，读者进入出版社网站即可查看。

可查看采样保持电路仿真　　可查看峰值检测电路仿真　　可查看精密半波整流电路仿真

可查看精密全波整流电路仿真　　可查看仪表放大器仿真　　可查看模拟电感仿真

思考题和习题

1. 理想集成运放的 $A_{od} =$ _____，$r_{id} =$ _____，$r_o =$ _____，$I_B =$ _____，CMRR = _____。

2. 理想集成运放工作在线性区和非线性区时各有什么特点？各得出什么重要关系式？

3. 集成运放应用于信号运算时工作在什么区域？

4. 试比较反相输入比例运算电路和同相输入比例运算电路的特点（如闭环电压放大倍数、输入电阻、共模输入信号、负反馈组态等）。

5. "虚地"的实质是什么？为什么"虚地"的电位接近零而又不等于零？在什么情况下才能引用"虚地"的概念？

6. 为什么用集成运放组成的多输入运算电路一般多采用反相输入的形式，而较少采用同相输入形式？

7. 反相比例电路如图 7-44 所示，图中 $R_1 = 10\ k\Omega$，$R_f = 30\ k\Omega$，试估算它的电压放大倍数和输入电阻，并估算 R' 应取多大。

8. 同相比例运算电路如图 7-45 所示，图中 $R_1 = 3\ k\Omega$，若希望它的电压放大倍数等于 7，试估算电阻 R_f 和 R' 的值。

9. 电路如图 7-45 所示，如集成运放的最大输出电压为 $\pm 12\ V$，电阻 $R_1 = 10\ k\Omega$，$R_f = 390\ k\Omega$，$R' = R_1 /\!/ R_f$，输入电压等于 0.2 V，试求下列各种情况下的输出电压值。

（1）正常情况。

（2）电阻 R_1 开路。

（3）电阻 R_f 开路。

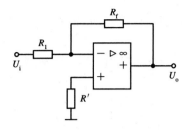

图 7 - 44 题 7 图

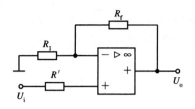

图 7 - 45 题 8 图

10. 试根据下列要求,设计比例放大电路。

(1) 设计一个电压放大倍数为 -5,输入电阻为 $100\ \text{k}\Omega$ 的放大电路。

(2) 设计一个电压放大倍数为 -20,输入电阻为 $2\ \text{k}\Omega$ 的放大电路。

(3) 设计一个输入电阻极大,电压放大倍数为 $+100$ 的放大电路。

11. 集成运放电路如图 7 - 46 所示,它们均可将输入电流转换为输出电压。试分别估算它们在 $I_i = 5\ \mu\text{A}$ 时的输出电压。

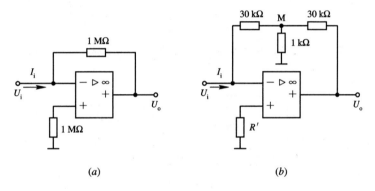

图 7 - 46 题 11 图

12. 电路如图 7 - 47 所示,图中集成运放均为理想集成运放。试分别求出它们的输出

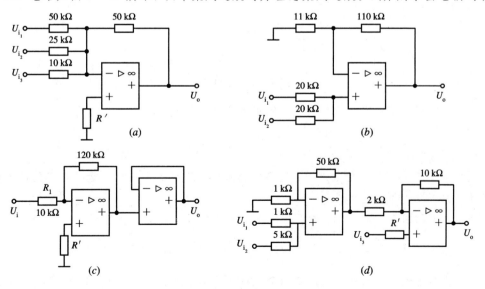

图 7 - 47 题 12 图

电压与输入电压的函数关系；求输入电阻；指出哪些符合"虚地"；指出哪些电路对集成运放的共模抑制比要求不高。

13. 电路如图 7 - 48 所示，集成运放均为理想集成运放，试列出它们的输出电压 U_o 及 U_{o_1}、U_{o_2} 的表达式。

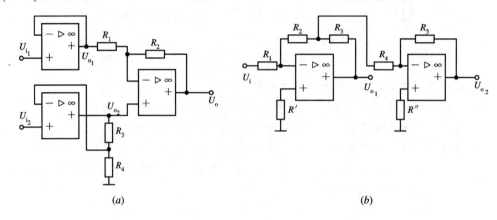

(a) (b)

图 7 - 48 题 13 图

14. 电路如图 7 - 49 所示，图中的集成运放均为理想集成运放，试写出电路输出电压的表达式。

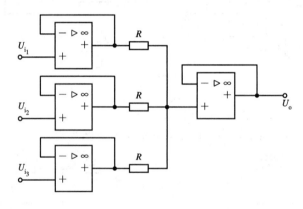

图 7 - 49 题 14 图

15. 试用集成运算放大器实现以下求和运算：

(1) $U_o = -(U_{i_1} + 10U_{i_2} + 2U_{i_3})$

(2) $U_o = 1.5U_{i_1} - 5U_{i_2} + 0.1U_{i_3}$

而且要求对应于各个输入信号来说，电路的输入电阻不小于 5 kΩ。请选择电路的结构形式并确定电路参数。

16. 电路如图 7 - 50 所示，它是三个集成运放组成的一个仪表放大器。试证明：

$$U_o = \left(1 + \frac{2R'}{R}\right)\frac{R_2}{R_1}(U_1 - U_2)$$

17. 已知电阻—电压变换电路如图 7 - 51 所示，它是测量电阻的基本电路，R_x 是被测电阻。

(1) 试写出 U_o 与 R_x 的关系。

(2) 若 $U_R = 6\ \mathrm{V}$，R_1 分别为 $0.6\ \mathrm{k\Omega}$、$6\ \mathrm{k\Omega}$、$60\ \mathrm{k\Omega}$ 和 $600\ \mathrm{k\Omega}$ 时，U_o 都为 $5\ \mathrm{V}$，则各相应的被测电阻 R_x 是多少？

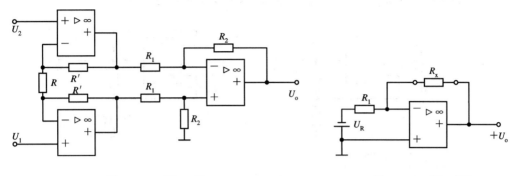

图 7-50　题 16 图　　　　　　　　　　　图 7-51　题 17 图

18. 已知电流—电压变换电路如图 7-52 所示，它可用来测量电流 I_x。

(1) 试写出 U_o 与 I_x 之间的关系式。

(2) 若 $R_f = 10\ \mathrm{k\Omega}$，电路输出电压的最大值 $U_{om} = \pm10\ \mathrm{V}$，问能测量的最大电流是多少？

19. 电路如图 7-53 所示，写出 U_o 和 U_i 的关系式。

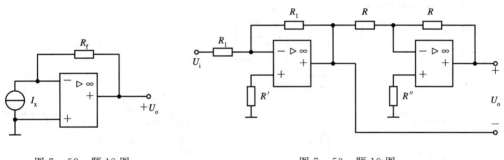

图 7-52　题 18 图　　　　　　　　　　　图 7-53　题 19 图

20. 压控电流源电路(又称电压—电流变换器)如图 7-54 所示，试求输出电流 I_o 与输入电压 U_i 之间的关系。

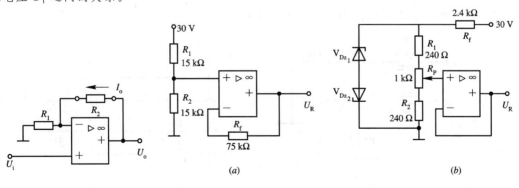

　　　　　　　　　　　　　　　(a)　　　　　　　　　　　　　　(b)

图 7-54　题 20 图　　　　　　　　　图 7-55　题 21 图

21. 电压基准电路(又称电压—电压变换器)如图 7-55 所示。

(1) 试求图 7-55(a)电路的基准电压 U_R。

（2）若图 7-55(b)电路中的稳压管 V_{Dz1} 和 V_{Dz2} 的稳压值 $U_z = 6.2$ V，试推导 U_R 的表达式，并计算电压调节范围。

22. 恒流源电路如图 7-56(a)(b)所示，求证它们的电流满足 $I_o = \dfrac{U_R}{R}$。

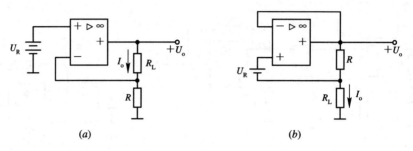

(a)   (b)

图 7-56　题 22 图

23. 电路如图 7-57 所示，计算 U_{o_1}、U_{o_2}、U_{o_3} 的值。

24. 电路如图 7-58 所示，其中运放、稳压管 V_{Dz1} 和 V_{Dz2} 均为理想器件。设起始态 $u_C = 0$。$t = 0$ 时开关 K 处于位置"1"，当 $t = 2$ s 时开关突然转接到位置"2"上。试画出输出电压 u_o 的波形，标注关键数据，并求出输出电压为零的时间 t_1 和输出电压等于 5 V 的时间 t_2。

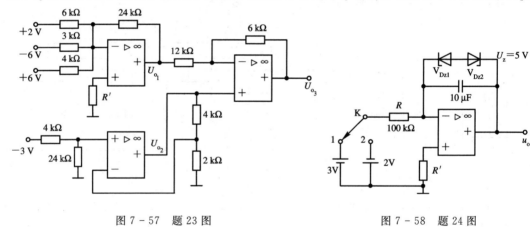

图 7-57　题 23 图　　　　　　　　　　　图 7-58　题 24 图

25. 电路如图 7-59(a)所示，它为求和积分电路。

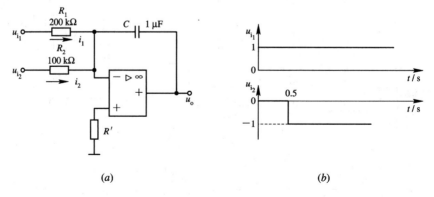

(a)   (b)

图 7-59　题 25 图

(1) 试求输出电压 u_o 的表达式。

(2) 设其两个输入信号 u_{i_1} 和 u_{i_2} 皆为阶跃信号，它们的波形图如图 7-59(b) 所示，试画出输出电压 u_o 的波形。

26. 试用集成运放实现以下运算关系：

$$u_o = 5\int (u_{i_1} - 0.2u_{i_2} + 3u_{i_3})\,\mathrm{d}t$$

并要求各路输入电阻至少为 $100\ \mathrm{k\Omega}$。请选择电路结构形式并确定电路参数值。

27. 基本积分电路及输入波形 u_i 如图 7-60(a)、(b) 所示，其重复周期 $T = 2\ \mathrm{s}$，幅度为 $\pm 2\ \mathrm{V}$。当电阻、电容分别为下列数值：

(1) $R = 1\ \mathrm{M\Omega}$，$C = 1\ \mu\mathrm{F}$

(2) $R = 1\ \mathrm{M\Omega}$，$C = 0.5\ \mu\mathrm{F}$

(3) $R = 1\ \mathrm{M\Omega}$，$C = 0.05\ \mu\mathrm{F}$

试画出相应的输出电压波形。已知集成运放的最大输出电压 $U_{op} = \pm 10\ \mathrm{V}$，假设 $t = 0$ 时积分电容上的电压等于零。

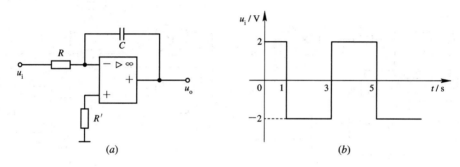

(a)   (b)

图 7-60 题 27 图

28. 电路如图 7-61 所示。

(1) 求 u_o 与 u_{i_1}、u_{i_2} 的关系式。

(2) 如 $\dfrac{R_3}{R_1} = \dfrac{R_4}{R_2}$，求 u_o 的关系式。

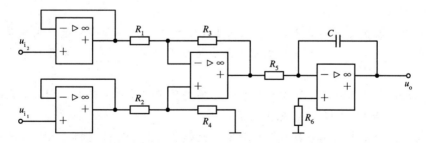

图 7-61 题 28 图

29. 电路如图 7-62 所示，它为同相积分电路，证明：

$$u_o = \frac{2}{RC}\int u_i\,\mathrm{d}t$$

30. 同相积分电路如图 7-63 所示，证明：

$$u_o = \frac{1}{RC} \int u_i \, \mathrm{d}t$$

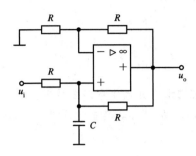

图 7 - 62 题 29 图

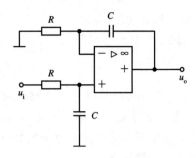

图 7 - 63 题 30 图

31. 电路如图 7 - 64 所示，为了使乘法器 M 和运放 A_2 构成的反馈网络对运放 A_1 形成负反馈，请确定 u_i 的取值范围，并在此范围内，求 u_o 与 u_i 的函数关系。

32. 电路如图 7 - 65 所示，写出 u_o 与 u_i 的函数关系。

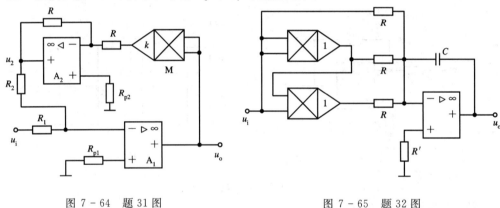

图 7 - 64 题 31 图　　　　　　　　　图 7 - 65 题 32 图

33. 简述以下几种滤波器的功能，并画出它们的理想幅频特性：低通滤波器、高通滤波器、带通滤波器、带阻滤波器。

34. 画出一阶有源低通和高通滤波器的电路图，说明这些基本有源滤波器利用什么原理实现信号频率的滤波。

35. 集成运放作为运算电路和电压比较器，它们的主要区别是：电压比较器运放工作在_____或_____，而运算电路中的集成运放工作在_____；电压比较器输出只有_____和_____两个稳定状态。

36. 电压比较器的输出电压与两个输入端的电位关系有关。若 $U_+ > U_-$，则输出电压 $U_o =$ _____；若 $U_+ < U_-$，则输出电压 $U_o =$ _____。

37. 无论是简单电压比较器还是滞回电压比较器，均可采用同相输入和反相输入两种接法。若希望 u_i 足够高时输出电压为低电平，则应采用_____输入接法。若希望 u_i 足够低时输出电压为低电平，则应采用_____输入接法。

38. 电压比较器电路如图 7 - 66 所示，请指出各电路属于何种类型的比较器（过零、单限、滞回或双限比较器），并画出它们的传输特性。设集成运放的 $U_{OH} = +12$ V，$U_{OL} = -12$ V，各稳压管的稳压值 $U_z = 6$ V，二极管的压降 $U_D = 0.7$ V。

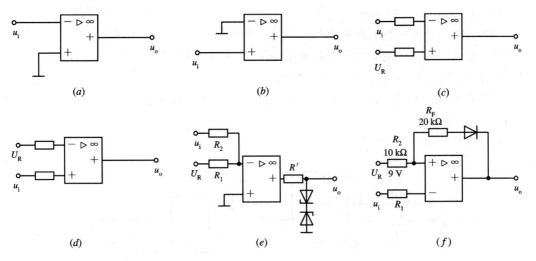

(a)   (b)   (c)

(d)   (e)   (f)

图 7 − 66 题 38 图

39. 求图 7 − 67 所示电压比较器的阈值，并画出它的传输特性。

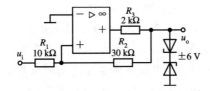

图 7 − 67 题 39 图

40. 求图 7 − 68 中各电压比较器的阈值，并分别画出它们的传输特性。如 u_i 波形如图 7 − 68(c)所示，试分别画出各电路输出电压的波形。

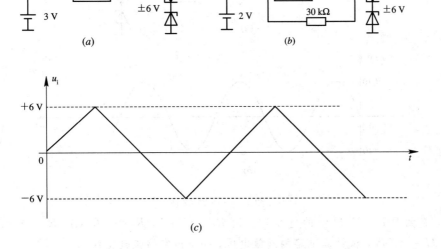

(a)   (b)

(c)

图 7 − 68 题 40 图

41. 电路如图 7 - 69 所示。

(1) 该电路由哪些基本单元组成?

(2) 设 $u_{i_1} = u_{i_2} = 0$ 时，电容器的电压 $u_C = 0$，$u_o = +12$ V，求当 $u_{i_1} = -10$ V，$u_{i_2} = 0$ 时，经过多少时间 u_o 由 $+12$ V 变为 -12 V。

(3) u_o 变成 -12 V 后，u_{i_2} 由 0 改为 $+15$ V，求再经过多少时间 u_o 由 -12 V 变为 $+12$ V。

(4) 画出 u_{o_1} 和 u_o 的波形。

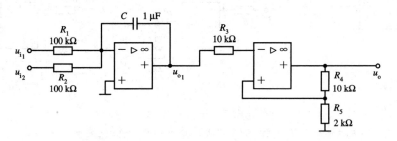

图 7 - 69　题 41 图

42. 电路如图 7 - 70 所示，A_1、A_2、A_3 均为理想集成运放，其最大电压输出为 ± 12 V。

(1) 集成运放 A_1、A_2 和 A_3 各组成何种基本应用电路?

(2) 集成运放 A_1、A_2 和 A_3 各工作在线性区还是非线性区?

(3) 若输入信号 $u_i = 10 \sin \omega t$ (V)，对应 u_i 波形画出相应的 u_{o_1}、u_{o_2} 和 u_{o_3} 的波形，并在图上标出有关电压的幅值。

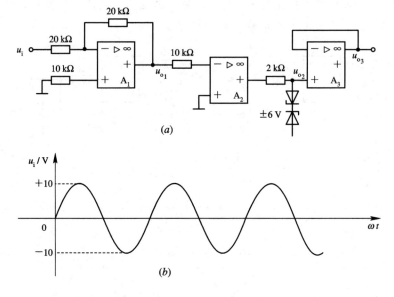

图 7 - 70　题 42 图

43. 在如图 7 - 71 所示的电路中，设 $R_1 = 50$ kΩ，$R_2 = 100$ kΩ，$R_3 = 2$ kΩ，$U_R = -9$ V，$U_z = \pm 6$ V，试计算电路的阈值电压，并画出它的传输特性。

(1) 如果参考电压 U_R 逐渐增大，其它参数不变，则传输特性将如何变化? 设 $U_R =$

— 190 —

＋9 V，画出其传输特性。

（2）如果 $U_R = 0$，传输特性有何特点？

（3）如果 R_2 减小，其它参数不变，传输特性将如何变化？设 $R_2 = 50\ \text{k}\Omega$，画出传输特性。

（4）如果 $R_2 = \infty$（即开路），传输特性将如何变化？

（5）如果将 u_i 和 U_R 位置互换，即输入信号 u_i 加在同相输入端，参考电压 U_R 加在反相输入端，则传输特性将如何变化？画出此时的传输特性。

44．电路如图 7－71 所示。如输入信号电压 $u_i = 10\ \sin\omega t$ （V），如图 7－72 所示，试画出输出电压 u_o 的波形（电路参数为如题 43 所设数值）。

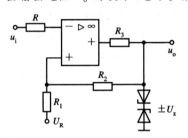

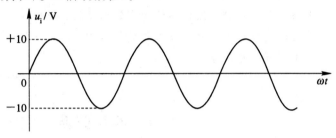

图 7－71　题 43 图　　　　　　　　　图 7－72　题 44 图

第八章

波形产生与变换电路

  波形产生电路包含正弦波振荡电路和非正弦波产生电路。它们不需要输入信号便能产生各种周期性的波形，如正弦波、矩形波、三角波和锯齿波等。波形变换电路是将输入信号的波形变成另一种形状，例如将方波变换成三角波，将正弦波变换成矩形波等。

8.1 非正弦波产生电路

  矩形波、锯齿波、三角波等非正弦波，实质是脉冲波形。产生这些波形一般是利用惰性元件电容 C 和电感 L 的充放电来实现的。由于电容使用起来方便，因而实际中主要用电容。其原理如图 8-1 所示。

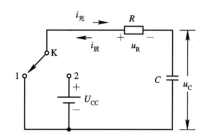

图 8-1 利用电容充放电产生脉冲波形原理图

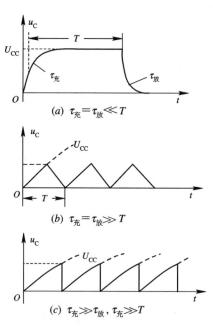

(a) $\tau_充 = \tau_放 \ll T$

(b) $\tau_充 = \tau_放 \gg T$

(c) $\tau_充 \gg \tau_放, \tau_充 \gg T$

图 8-2 电容充放电的波形

  如果开关 K 在位置 1，且稳定，突然将开关 K 扳向位置 2，则电源 U_{CC} 通过 R 对电容 C 充电，将产生暂态过程。由电路分析的知识可知，电路的暂态过程可用三要素描述：起始值为 $x(0_+)$，趋向值为 $x(\infty)$，时间常数为 τ。由图8-1得

$$u_C(0_+) = 0, \quad u_C(\infty) = U_{CC}, \quad \tau_充 = RC$$

稳定以后，再将开关 K 由位置 2 扳向位置 1，则电容将通过电阻放电，这又是一个暂态过程，其三要素为

$$u_C(0_+) = U_{CC}, \quad u_C(\infty) = 0, \quad \tau_放 = RC$$

其充放电的波形如图 8-2 所示，改变充放电时间常数，可得到不同波形。如果 $RC \ll T$，则

可得到近似的矩形波形；如果 $RC \gg T$，则可得到近似的三角波形；如果 $\tau_充 \gg \tau_放$，且 $\tau_充 \gg T$，则可得到近似的锯齿波形。

将开关周期性地在 1 和 2 之间来回动作，则可产生周期性的波形。

在具体的脉冲电路里，其开关由电子开关完成。电子开关一般由半导体三极管完成，饱和时，相当于开关合上；截止时，相当于开关断开。电压比较器输出有两个电平，也可作为开关。本节我们主要讨论利用电压比较器和积分电路组成的非正弦波产生电路。

8.1.1 矩形波产生电路

用滞回比较器作开关，RC 组成积分电路，则可组成矩形波产生电路。其电路如图 8-3 所示。

1. 工作原理

在图 8-3 所示电路中，通过 R_o 和稳压管 V_{Dz1}、V_{Dz2} 对输出限幅，如果它们的稳压值相等，即 $U_{z_1} = U_{z_2} = U_z$，那么电路输出电压正、负幅度对称：$U_{OH} = +U_z$，$U_{OL} = -U_z$，同相端电位 U_+ 由 u_o 通过 R_2、R_3 分压后得到，这是引入的正反馈；反相端电压 U_- 受积分器电容两端的电压 u_C 控制。

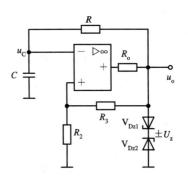

图 8-3　矩形波产生电路

可查看方波发生器仿真

可查看锯齿波—方波发生器仿真

当电路接通电源时，U_+ 与 U_- 必存在差别。$U_+ > U_-$ 或 $U_+ < U_-$ 是随机的。尽管这种差别极其微小，但一旦出现 $U_+ > U_-$，$u_o = U_{OH} = +U_z$。反之，当出现 $U_+ < U_-$ 时，$u_o = U_{OL} = -U_z$。因此，u_o 不可能居于其它中间值。设 $t=0$（电源接通时刻），电容两端电压 $u_C = 0$，滞回比较器的输出电压 $u_o = +U_z$，则集成运放同相输入端的电位为

$$U_+ = + \frac{R_2}{R_2 + R_3} U_z \qquad (8-1)$$

此时，输出电压 $u_o = +U_z$，对电容充电，使 $U_- = u_C$ 由零逐渐上升。在 U_- 等于 U_+ 以前，$u_o = +U_z$ 不变。当 $U_- \geqslant U_+$ 时，输出电压 u_o 从高电平 $+U_z$ 跳变为低电平 $-U_z$。

当 $u_o = -U_z$ 时，集成运放同相输入端的电位也随之发生跳变，其值为

$$U_+ = - \frac{R_2}{R_2 + R_3} U_z \qquad (8-2)$$

同时电容器经 R 放电，使 $U_- = u_C$ 逐渐下降。在 U_- 等于 U_+ 以前，$u_o = -U_z$ 不变，当 $U_- \leqslant U_+$ 时，u_o 从 $-U_z$ 跳变为 $+U_z$，U_+ 也随之而跳变为 $\frac{R_2}{R_2 + R_3} U_z$，电容器 C 再次充电。如此周而复始，产生振荡，从 u_o 输出矩形波，其波形如图 8-4 所示。

2. 振荡周期的计算

由图 8-4 可以看出，振荡周期为

$$T = T_1 + T_2 \qquad (8-3)$$

T_1、T_2 不难从电容充放电三要素和转换值求得

$$T_1 = \tau_放 \ln \frac{u_C(\infty) - u_C(0_+)}{u_C(\infty) - u_C(T_1)} \qquad (8-4)$$

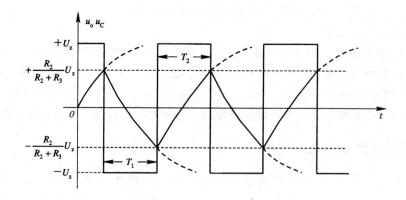

图 8-4 矩形波产生电路波形图

其中

$$\tau_{放} = RC, \quad u_C(\infty) = -U_z, \quad u_C(0_+) = \frac{R_2}{R_2+R_3}U_z$$

$$u_C(T_1) = -\frac{R_2}{R_2+R_3}U_z$$

代入式(8-4)得

$$T_1 = RC \ln \frac{-U_z - \dfrac{R_2}{R_2+R_3}U_z}{-U_z + \dfrac{R_2}{R_2+R_3}U_z} = RC \ln\left(1+\frac{2R_2}{R_3}\right) \tag{8-5}$$

同理求得

$$T_2 = RC \ln\left(1+\frac{2R_2}{R_3}\right) \tag{8-6}$$

$$T = T_1 + T_2 = 2RC \ln\left(1+\frac{2R_2}{R_3}\right) \tag{8-7}$$

由于 $T_1 = T_2$，因而图 8-3 产生的是周期性矩形波。改变 R、C 或 R_2、R_3 均可改变振荡周期。

如果 $U_{OH} \neq |U_{OL}|$，则上述 $U_+ \neq |U_-|$，$T_1 \neq T_2$，输出为矩形波。

如果 $|U_{OH}| = |U_{OL}|$，但 $\tau_{充} \neq \tau_{放}$，$T_1 \neq T_2$，那么输出也为矩形波。

通常定义矩形波为高电平的时间 T_2 与周期 T 之比为占空比 D，即

$$D = \frac{T_2}{T} \tag{8-8}$$

占空比可调电路如图 8-5 所示。通过计算可得该电路的占空比为

$$D = \frac{T_2}{T} = \frac{R_P' + r_{d_1} + R}{R_P + r_{d_1} + r_{d_2} + 2R} \tag{8-9}$$

其中 r_{d_1}、r_{d_2} 分别为二极管 V_{D1}、V_{D2} 导通时的电阻。具体推导请读者自行完成。

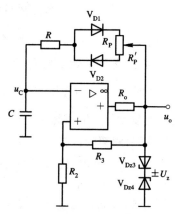

图 8-5 占空比可调电路

8.1.2 三角波产生电路

从图 8-3 的电容输出可得到一个近似的三角波信号。由于它不是恒流充电,随时间 t 的增加 u_C 上升,而充电电流 $i_充 = (u_o - u_C)/R$ 随时间而下降,因此 u_C 输出的三角波线性较差。此电路主要用于要求矩形波输出的场合。为了提高三角波的线性,只要保证电容是恒流充放电即可。用集成运放组成的积分电路取代图 8-3 的 RC 电路,略加改进即可,电路如图 8-6 所示。

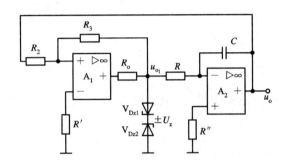

可查看三角波—方波发生器仿真

图 8-6 三角波产生电路

集成运放 A_1 组成滞回比较器,A_2 组成积分电路。

1. 工作原理

设电源合上,$t = 0$,$u_{o_1} = +U_z$,电容恒流充电。因为 A_2 积分电路具有虚地,所以充电电流为 $i_充 = U_z/R$,$u_o = -u_C$ 线性下降;当下降到一定程度,使 A_1 的 $U_+ \leqslant U_- = 0$ 时,u_{o_1} 从 $+U_z$ 跳变为 $-U_z$。u_{o_1} 变为 $-U_z$ 后,电容恒流放电,则输出电压线性上升;当 u_o 上升到一定值后,使 A_1 的 $U_+ \geqslant U_-$,u_{o_1} 从 $-U_z$ 跳变到 $+U_z$,电容再次充电,u_o 再次下降。如此周而复始,产生振荡,由于充电时间常数和放电时间常数相同,因而输出波形 u_o 为三角波。

根据上述过程,画出 u_{o_1} 和 u_o 的波形,如图 8-7 所示,u_o 是三角波,而 u_{o_1} 是方波。

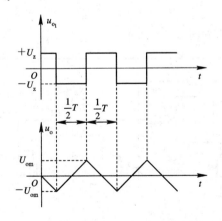

图 8-7 双运放非正弦波产生电路的波形

2. 计算

(1) u_o 的幅值计算。u_o 的幅值从滞回比较器产生突变时刻求出,对应 A_1 的 $U_+ =$

$U_-=0$ 时的 u_o 值就为幅值。从图 8-6 可看出 A_1 的 U_+ 为

$$U_+ = \frac{R_3}{R_2+R_3}u_o + \frac{R_2}{R_2+R_3}u_{o_1}$$

当 $U_+=U_-=0$ 时，对应的 u_o 值为输出三角波的幅值 U_{om}，即

$$U_{om} = -\frac{R_2}{R_3}u_{o_1} \qquad\qquad (8-10)$$

当 $u_{o_1}=+U_z$ 时

$$U_{om} = -\frac{R_2}{R_3}U_z$$

当 $u_{o_1}=-U_z$ 时

$$U_{om} = \frac{R_2}{R_3}U_z \qquad\qquad (8-11)$$

（2）振荡周期的计算。由 A_2 的积分电路可求出振荡周期，其输出电压 u_o 从 $-U_{om}$ 上升到 $+U_{om}$ 所需时间为 $T/2$，所以

$$\frac{1}{RC}\int_0^{T/2} U_z \, \mathrm{d}t = 2U_{om}$$

得

$$T = 4RC\frac{U_{om}}{U_z}$$

将式（8-11）代入上式，可得

$$T = \frac{4RCR_2}{R_3} \qquad\qquad (8-12)$$

$$f = \frac{1}{T} = \frac{R_3}{4RCR_2} \qquad\qquad (8-13)$$

一般情况是先调整 R_2、R_3，使输出电压的峰值达到所需要的值，然后再调整 R、C，使振荡频率满足要求。如果先调频率，那么在调整输出电压峰值时，振荡频率也将改变。

8.1.3 锯齿波产生电路

三角波产生电路的条件是电容充放电时间常数相等，如使二者相差较大，即为锯齿波产生电路。锯齿波产生电路如图 8-8 所示。

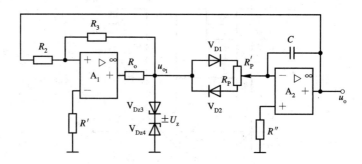

图 8-8 锯齿波产生电路

可查看锯齿波—方波发生器仿真

利用 V_{D1}、V_{D2} 控制充放电回路，调整电位器 R_P 可改变充放电时间常数。如果 R_P 在中

点，则充放电时间常数相等，输出为三角波；如果 R_P 在最下端，则充电时间常数大于放电时间常数，得负向锯齿波；如果 R_P 在最上端，则充电时间常数小于放电时间常数，得正向锯齿波。其中后两种波形如图 8-9 所示。

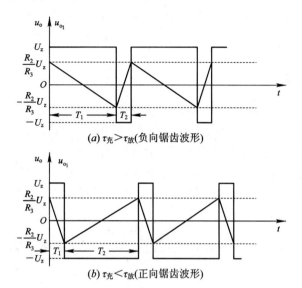

(a) $\tau_充 > \tau_放$（负向锯齿波形）

(b) $\tau_充 < \tau_放$（正向锯齿波形）

图 8-9　锯齿波产生电路的波形

锯齿波的幅度和振荡周期与三角波相似。

$$U_+ = \frac{R_3}{R_2 + R_3}u_o + \frac{R_2}{R_2 + R_3}u_{o_1}$$

当 $U_+ = U_- = 0$ 时，对应的 u_o 值为

$$U_{om} = -\frac{R_2}{R_3}u_{o_1}$$

当 $u_{o_1} = +U_z$ 时

$$U_{om} = -\frac{R_2}{R_3}U_z \tag{8-14}$$

当 $u_{o_1} = -U_z$ 时

$$U_{om} = \frac{R_2}{R_3}U_z \tag{8-15}$$

振荡周期为 $T = T_1 + T_2$，电容充电时间 T_1 为

$$\frac{1}{(r_{d_1} + R_P')C}\int_0^{T_1}U_z\,\mathrm{d}t = 2U_{om} = 2\frac{R_2}{R_3}U_z$$

则

$$T_1 = \frac{2R_2}{R_3}(r_{d_1} + R_P')C \tag{8-16}$$

电容放电时间 T_2 为

$$\frac{1}{(r_{d_2} + R_P - R_P')C}\int_0^{T_2}U_z\,\mathrm{d}t = 2U_{om} = 2\frac{R_2}{R_3}U_z$$

则

$$T_2 = \frac{2R_2}{R_3}(r_{d_2} + R_P - R_P')C \qquad (8-17)$$

故振荡周期为

$$T = T_1 + T_2 = \frac{2R_2}{R_3}(r_{d_1} + r_{d_2} + R_P)C \qquad (8-18)$$

式中 r_{d_1}、r_{d_2} 为二极管 V_{D1}、V_{D2} 导通时的电阻。

8.1.4　波形变换电路

波形变换电路的功能是将一种形状的波形变换成另一种形状的波形，以适应各种不同的需要。前面我们已经提到，利用电压比较器可将周期性的波形，如正弦波、三角波等转换为方波或矩形波，利用积分电路又可将方波转换为三角波。我们也可将三角波转换为锯齿波、正弦波，也可用集成运放组成精密整流电路，将具有正、负两种极性的双极性波形变成单向波形(即绝对值电路)。由于篇幅限制，这里不再赘述，读者可以参阅有关文献。

*8.2　集成函数发生器 ICL8038 简介

随着大规模集成电路技术的迅速发展，人们将波形产生电路和波形变换电路集成在一小块硅片上，它可输出若干种不同的波形，所以称之为函数发生器。下面简要介绍美国 INTERSIL 产品 ICL8038。

ICL8038 为大规模集成电路，其原理框图如图 8-10 所示。

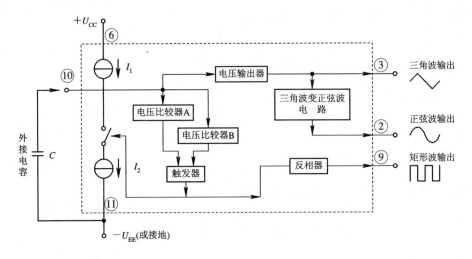

图 8-10　ICL8038 的原理框图

图中电压比较器 A 和 B 的阈值(门限电压)分别为 $\frac{2}{3}(U_{CC} + U_{EE})$ 和 $\frac{1}{3}(U_{CC} + U_{EE})$，电流源电流 I_1 与 I_2 的大小可通过外接电阻调节，但 I_2 必须大于 I_1。触发器仅输出两个电平，即 U_{OH} 或 U_{OL}，由比较器输出控制。触发器的输出，一路通过反相器管脚⑨输出矩形波，另一路控制电子开关。当触发器的输出为低电平时，电流断开，电流源 I_1 给电容 C 恒流充电，它两端的电压 u_C 随时间线性上升，当 u_C 达到 $\frac{2}{3}(U_{CC}+U_{EE})$ 时，电压比较器 A 的输出电压发生跳变，使触发器的输出由低电平变为高电平，电流源 I_2 接通。由于 $I_2 > I_1$，因此电容 C 恒流放电，u_C 随时间线性下降。当 u_C 下降到 $\frac{1}{3}(U_{CC}+U_{EE})$ 时，电压比较器 B 的输出电压发生跳变，使触发器的输出由高电平跳变为低电平，电流源断开，I_1 再次给电容 C 恒流充电，u_C 又随时间线性上升。如此周而复始，产生振荡。若 $I_2 = 2I_1$，对电容充放电速度相等，故触发器输出为矩形波，经反相器通过管脚⑨输出。显然，电容器两端电压为三角波，经输出器通过管脚③输出。三角波通过变换电路转换为正弦波，通过管脚②输出。当 $I_1 < I_2 < 2I_1$ 时，u_C 上升时间与下降时间不相等，则管脚③输出锯齿波。因此 ICL8038 可输出矩形波、三角波或锯齿波、正弦波。

ICL8038 管脚如图 8-11 所示，其中管脚⑧为频率调节（简称调频）电压输入端。振荡频率与调频电压成正比，其线性度约为 0.5%。调频电压的值是指管脚⑥与管脚⑧之间的电压值，它的值应不超过 $\frac{1}{3}(U_{CC}+U_{EE})$。管脚⑦输出调频偏置电压，其值（指管脚⑥与⑦之间的电压）是 $\frac{1}{5}(U_{CC}+U_{EE})$，它可作为管脚⑧的输入形式。此外，该器件的矩形波输出级为集电极开路形式，因此在管脚⑨和正电源之间外接一个电阻，其阻值一般为 $10\text{ k}\Omega$ 左右。

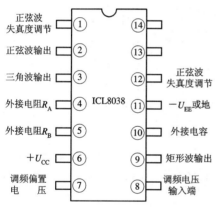

图 8-11　ICL8038 管脚图（顶视图）

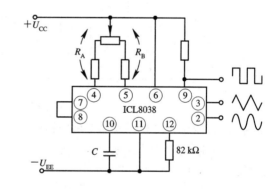

图 8-12　ICL8038 基本接法

ICL8038 基本接法如图 8-12 所示，图中管脚⑧与⑦短接，在此条件下，管脚输出波形的上升时间 t_1 为

$$t_1 = \frac{5}{3}R_A C$$

下降时间 t_2 为

$$t_2 = \frac{5}{3}\frac{R_A R_B}{2R_A - R_B}C$$

因此，振荡周期为

$$T = t_1 + t_2 = \frac{5}{3}R_A C\left(1 + \frac{R_B}{2R_A - R_B}\right) \tag{8-19}$$

振荡频率为

$$f = \frac{1}{T} = \cfrac{1}{\cfrac{5}{3}R_A C \left(1 + \cfrac{R_B}{2R_A - R_B}\right)} \tag{8-20}$$

其中 R_A 和 R_B 的阻值宜在 $\dfrac{U_{CC} - U_\circledR}{1\ \text{mA}} \sim \dfrac{U_{CC} - U_\circledR}{10\ \mu\text{A}}$ 范围内（"$U_{CC} - U_\circledR$"是管脚⑥与管脚⑧之间的电压），且 R_B 应小于 $2R_A$。

当 $R_A = R_B$ 时，管脚⑨、③和②的输出波形分别为矩形波、三角波和正弦波，振荡频率为 $f = \dfrac{0.3}{R_A C}$。调节电位器 R_P 可使正弦波的失真度减小到 1.5％ 以下。用 100 kΩ 电位器接成可变电阻形式代替图 8-12 中的 82 kΩ 电阻，调节它也可以减小正弦波的失真度。如果希望进一步减小正弦波的失真度，可用图 8-13 所示的调整电路，使正弦波的失真度减小到 0.5％ 左右。图 8-13 所示的第⑧管脚接 10 kΩ 电位器，该电位器可调节 U_{CC} 与管脚⑧之间的电压（即调频电压），振荡频率随之变化，因此该电路是一个频率可调的函数发生器，其最高频率与最低频率之比可达 100∶1。

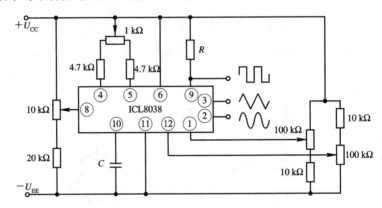

图 8-13　频率可调和失真小的函数发生器

由于 ICL8038 的振荡频率与调频输入电压成正比，因此它可构成压控函数发生器，它的控制电压应加在管脚⑥与管脚⑧之间。如果控制电压按一定规律变化，则可构成扫频式函数发生器，如图 8-14 所示。

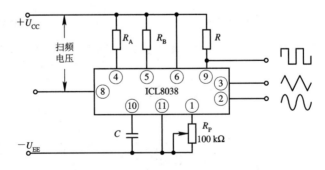

图 8-14　扫描信号发生器（$R_A = R_B$）

ICL8038 主要参数如表 8-1 所示。

表 8 - 1 ICL8038 的主要参数

（电源电压为± 10 V 或＋20 V，T_A＝25℃）

参数\波形	单位	8038 CC			8038 AC		
		最小值	典型值	最大值	最小值	典型值	最大值
电源 单电源供电电压	V	＋10		＋30	＋10		＋30
双电源供电电压	V	±5		±15	±5		±15
电源电流 （±10 V 供电）	mA		12	20		12	20
频率特性 最高振荡频率	kHz	100			100		
扫频信号频率	kHz		10			10	
扫频范围			35：1			35：1	
振荡频率温漂	（%）/℃		0.025			0.008	
矩形波 上升时间	ns		180			180	
下降时间	ns		40			40	
三角波 幅度 （±10 V 供电）	V	6	6.6		6	6.6	
线性度	%		0.1			0.05	
输出电阻	Ω		200			200	
正弦波 幅度 （±10 V 供电）	V	4	4.4		4	4.4	
失真度 （外接电位器调整）	%		1.5			0.8	

8.3 正弦波产生电路

在科学研究、工业生产、医学、通讯、测量、自控和广播技术等领域里，常常需要某一频率的正弦波作为信号源。例如，在实验室，人们常用正弦波作为信号源，测量放大器的放大倍数，观察波形的失真情况。在工业生产和医疗仪器中，利用超声波可以探测金属内的缺陷、人体内器官的病变，应用高频信号可以进行感应加热。在通讯和广播中更离不开正弦波。可见，正弦波应用非常广泛，只是应用场合不同，对正弦波的频率、功率等的要求不同而已。正弦波发生电路又称为正弦波振荡器。

8.3.1 产生正弦波振荡的条件

在第五章负反馈放大电路中，我们讨论过放大器在通频带内引入的负反馈，到通频带外，可能变为正反馈，当满足一定的相位和幅度条件时，将产生自激振荡，即使在放大电路的输入端不加信号，在它的输出端也会出现某种频率和幅度的波形，使放大器无法正常工作，所以对放大电路应当设法消除自激振荡。但对于正弦波产生电路，其目的就是要使电路产生一定频率和幅度的正弦波，因而在放大电路中有意地引入正反馈，并创造条件，使之产生稳定可靠的振荡。

可见正弦波发生电路的基本结构是引入正反馈的反馈网络和放大电路，如图 8-15 所示。接成正反馈是产生振荡的首要条件，又称为相位条件。为了使电路在没有外加信号时（$\dot{X}_i=0$）就产生振荡，应要求电路在开环时满足

$$|\dot{X}_f|>|\dot{X}_i'| \qquad 或 \qquad |\dot{A}\dot{F}\dot{X}_i'|>|\dot{X}_i'|$$

即

$$|\dot{A}\dot{F}|>1 \qquad\qquad (8-21)$$

此时，只要满足相位条件，电路中任何微小的扰动，通过闭合环路后，信号就可以得到不断的加强，产生振荡。我们称式(8-21)为产生振荡必须满足的幅度条件，又称为起振条件。如果不采取措施，输出信号将随时间逐渐增大，当大到一定程度后，放大电路中的管子就会进入饱和区或截止区，输出波形就会失真，这是应当避免的现象，所以振荡电路应具有稳幅措施，以达到$|\dot{A}\dot{F}|=1$，使输出幅度稳定，波形又不失真。

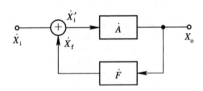

图 8-15　正弦波产生电路的基本结构

为了保证输出波形为单一频率的正弦波，要求振荡电路必须具有选频特性。选频特性通常由选频网络实现。选频网络可设置在放大电路中，使 $\dot{A}$ 具有选频特性；也可设置在反馈网络中，使 $\dot{F}$ 具有选频特性。因此振荡电路仅对某一频率成分的信号满足振荡的相位条件和幅度条件，该信号的频率就是该振荡电路的振荡频率。

综上所述，正弦波产生电路一般应包括以下几个基本组成部分：

(1) 放大电路。

(2) 反馈网络。

(3) 选频网络。

(4) 稳幅电路。

判断一个电路是否为正弦波振荡器，就看其组成是否含有上述四个部分。

分析一个正弦振荡电路时，首先要判断它是否振荡。判断振荡的一般方法是：

(1) 是否满足相位条件，即电路是否为正反馈，只有满足相位条件才有可能振荡。

(2) 放大电路的结构是否合理，有无放大能力，静态工作点是否合适。

（3）分析是否满足幅度条件，检验 $|\dot{A}\dot{F}|$，若

① $|\dot{A}\dot{F}|<1$，则不可能振荡；

② $|\dot{A}\dot{F}|\gg1$，则能振荡，但输出波形明显失真；

③ $|\dot{A}\dot{F}|>1$，则产生振荡。振荡稳定后，$|\dot{A}\dot{F}|=1$。再加上稳幅措施，振荡稳定，而且输出波形失真小。

按选频网络的元件类型，把正弦波振荡电路分为 RC 正弦波振荡电路、LC 正弦波振荡电路和石英晶体正弦波振荡电路。

8.3.2 RC 正弦波振荡电路

常见的 RC 正弦波振荡电路是 RC 串并联式正弦波振荡电路，又称为文氏桥正弦波振荡电路。串并联网络在此作为选频和反馈网络，所以我们必须了解串并联网络的选频特性，才能分析它的振荡原理。

1. RC 串并联网络的选频特性

图 8 - 16(a) 为 RC 串并联网络的结构。其选频特性可定性分析如下：

当信号频率足够低时，$\dfrac{1}{\omega C_1}\gg R_1$，$\dfrac{1}{\omega C_2}\gg R_2$，可得到近似的低频等效电路，如图 8 - 16(b)所示。它是一个超前网络，输出电压 $\dot{U}_2$ 的相位超前输入电压 $\dot{U}_i$ 的相位。

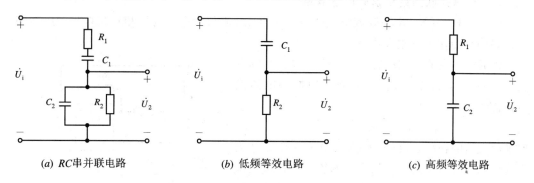

(a) RC串并联电路　　　　　*(b)* 低频等效电路　　　　　*(c)* 高频等效电路

图 8 - 16　RC 串并联网络及其高低频等效电路

当信号频率足够高时，$\dfrac{1}{\omega C_1}\ll R_1$，$\dfrac{1}{\omega C_2}\ll R_2$，其近似的高频等效电路如图 8 - 16(c)所示。它是一个滞后网络，输出电压 $\dot{U}_2$ 的相位落后输入电压 $\dot{U}_i$ 的相位。

因此可以断定，在高频与低频之间存在一个频率 f_0，其相位关系既不是超前也不是落后，输出电压 $\dot{U}_2$ 与输入电压 $\dot{U}_i$ 相位一致。这就是 RC 串并联网络的选频特性。

下面再根据电路推导出它的频率特性。由图 8 - 16(a)可得

$$\frac{\dot{U}_2}{\dot{U}_i}=\frac{R_2 \;/\!/\; \dfrac{1}{\mathrm{j}\omega C_2}}{\left(R_1+\dfrac{1}{\mathrm{j}\omega C_1}\right)+R_2 \;/\!/\; \dfrac{1}{\mathrm{j}\omega C_2}}=\frac{\dfrac{R_2}{1+\mathrm{j}\omega R_2 C_2}}{R_1+\dfrac{1}{\mathrm{j}\omega C_1}+\dfrac{R_2}{1+\mathrm{j}\omega R_2 C_2}}$$

整理后得

$$\frac{\dot{U}_2}{\dot{U}_i}=\frac{1}{\left(1+\dfrac{C_2}{C_1}+\dfrac{R_1}{R_2}\right)+\mathrm{j}\left(\omega R_1 C_2-\dfrac{1}{\omega R_2 C_1}\right)} \tag{8-22}$$

通常取 $R_1 = R_2 = R$，$C_1 = C_2 = C$，则

$$\frac{\dot{U}_2}{\dot{U}_i} = \frac{1}{3 + j\left(\dfrac{\omega}{\omega_0} - \dfrac{\omega_0}{\omega}\right)} \qquad (8-23)$$

其中 $\omega_0 = \dfrac{1}{RC}$，即

$$f_0 = \frac{1}{2\pi RC} \qquad (8-24)$$

式(8-23)所代表的幅频特性为

$$\left|\frac{\dot{U}_2}{\dot{U}_i}\right| = \frac{1}{\sqrt{3^2 + \left(\dfrac{\omega}{\omega_0} - \dfrac{\omega_0}{\omega}\right)^2}} \qquad (8-25)$$

相频特性为

$$\varphi = -\arctan\frac{1}{3}\left(\frac{\omega}{\omega_0} - \frac{\omega_0}{\omega}\right) \qquad (8-26)$$

其频率特性如图 8-17 所示。

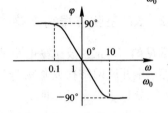

图 8-17 RC 串并联网络的频率特性

可见，当 $\omega = \omega_0 = \dfrac{1}{RC}$ 时，$\left|\dfrac{\dot{U}_2}{\dot{U}_i}\right|$ 达到最大值，且等于 $\dfrac{1}{3}$，而相移 $\varphi = 0$。

2. RC 串并联网络正弦波振荡电路

图 8-18 为 RC 串并联网络正弦波振荡电路。其放大电路为同相比例电路。反馈网络和选频网络由串并联电路组成。

由 RC 串并联网络的选频特性得知，在 $\omega = \omega_0 = 1/RC$ 时，其相移 $\varphi_F = 0$，为了使振荡电路满足相位条件

$$\varphi_{AF} = \varphi_A + \varphi_F = \pm 2n\pi$$

要求放大器的相移 φ_A 也为 0°(或 360°)。所以，放大电路可选用同相输入方式的集成运算放大器或两级共射分立元件放大电路等。由于 RC 串并联网络的选频特性，使信号通过闭合环路 $\dot{A}\dot{F}$ 后，仅有 $\omega = \omega_0$ 的信号才满足相位条件，因此，该电路振荡频率为 ω_0，从而保证了电路输出为单一频率的正弦波。

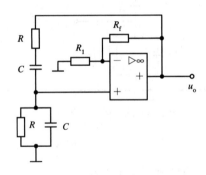

图 8-18 RC 串并联网络正弦波振荡电路

为了使电路能振荡，还应满足起振条件，即要求

$$|\dot{A}\dot{F}| > 1 \qquad (8-27)$$

而图 8-18 所示的反馈系数就是 RC 串并联网络的传输系数，如式(8-23)所示，即

$$\dot{F} = \frac{\dot{U}_f}{\dot{U}_o} = \frac{1}{3 + j\left(\dfrac{\omega}{\omega_0} - \dfrac{\omega_0}{\omega}\right)} \qquad (8-28)$$

放大器的放大倍数

$$\dot{A} = 1 + \frac{R_f}{R_1}$$

当 $\omega = \omega_0$ 时，$\dot{F} = 1/3$，因而按起振条件式(8-27)，要求

$$\dot{A} = 1 + \frac{R_f}{R_1} > 3$$

即 $$R_f > 2R_1 \tag{8-29}$$

式(8-29)就是该电路的起振条件的具体表示式。

例如，若 $R_f=20$ kΩ，则取 $R_1=10$ kΩ，用 8.2 kΩ 的电阻和 4.7 kΩ 的电位器串联作为 R_1，这样便于调整，使之满足式(8-29)而起振。该电路的振荡频率为

$$f_0 = \frac{1}{2\pi RC} \tag{8-30}$$

图 8-18 需加稳幅措施，因为振荡以后，振荡器的振幅会不断增加，由于受运放最大输出电压的限制，输出波形将产生非线性失真。为此，只要设法使输出电压的幅值增大时，$|\dot{A}\dot{F}|$ 适当减小（反之则应增大），就可以维持 $\dot{U}_o$ 的幅值基本不变。

通常利用二极管和稳压管的非线性特性、场效应管的可变电阻特性以及热敏电阻等元件的非线性特性，来自动地稳定振荡器输出的幅度。

当选用热敏电阻时，有两种措施。一种是选择负温度系数的热敏电阻作为反馈电阻 R_f，当电压 $\dot{U}_o$ 的幅值增加，使 R_f 的功耗增大时，它的温度上升，则 R_f 阻值下降，使放大倍数下降，输出电压 $\dot{U}_o$ 也随之下降。如果参数选择合适，可使输出电压的幅值基本稳定，且波形失真较小。另一种是选择正温度系数的热敏电阻 R_1，也可实现稳幅，其工作原理读者可自行分析。

在图 8-19(a)中，在 R_f 两端并联两只二极管 V_{D1}、V_{D2}，用来稳定振荡器的输出 u_o 的幅度。如图 8-19(b)，当振荡幅度较小时，流过二极管的电流较小，设相应的工作点为 A、B，此时，与直线 AB 斜率相对应的二极管等效电阻 R_D 增大；同理，当振荡幅度增大时，流过二极管的电流增加，其等效电阻 R_D 减小，如图中直线 CD 所示。这样 $R_f' = R_f /\!/ R_D$ 也随之而变，降低了放大电路的放大倍数，从而达到稳幅的目的。

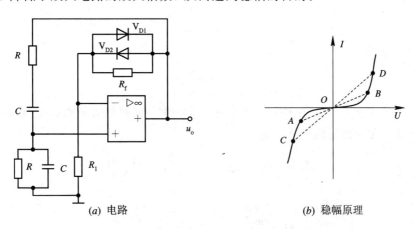

(a) 电路　　　　　　　　　　　　(b) 稳幅原理

图 8-19　二极管稳幅电路的 RC 串并联网络振荡电路

可查看文氏桥振荡器仿真

RC 振荡电路除具有串并联网络振荡电路外，还有移相式和双 T 网络式等 RC 正弦波振荡电路，但用得最多的是 RC 串并联网络振荡电路。

RC 振荡电路的振荡频率取决于 R、C 的乘积。当要求振荡频率较高时，RC 值必然很

小。由于 RC 网络是放大电路的负载之一，所以 RC 值的减小加重了放大电路的负载，且由于电路存在分布电容，其电容减小不能超过一定的限度，否则振荡频率将受寄生电容的影响而不稳定。此外，普通集成运放的带宽较窄，也限制了振荡频率的提高。因而，RC 振荡器通常只作为低频振荡器用，工作频率一般在 $1\,\mathrm{MHz}$ 以下。如果需要产生更高频率的正弦信号，可采用下面介绍的 LC 正弦波振荡电路。

8.3.3 *LC* 正弦波振荡电路

LC 正弦波振荡电路可产生频率高达 $1000\,\mathrm{MHz}$ 以上的正弦波信号。由于普通集成运算放大器的频带较窄，而高速集成运放的价格高，因而 LC 正弦波振荡电路一般用分立元件组成。

常见的 LC 正弦波振荡电路有变压器反馈式、电感三点式和电容三点式。它们的共同特点是用 LC 谐振回路作为选频网络，而且通常采用 LC 并联回路。下面先介绍 LC 并联回路的选频特性。

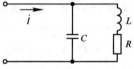

图 8-20 *LC* 并联电路

1. *LC* 并联回路的选频特性

简单的 LC 并联回路只包含一个电感和一个电容，如图 8-20 所示，R 表示回路的等效损耗电阻，其数值一般很小。电路由电流 $\dot{I}$ 激励。回路的等效阻抗为

$$Z = \frac{\dfrac{1}{\mathrm{j}\omega C}(R+\mathrm{j}\omega L)}{\dfrac{1}{\mathrm{j}\omega C}+R+\mathrm{j}\omega L} \approx \frac{\dfrac{1}{\mathrm{j}\omega C}\mathrm{j}\omega L}{R+\mathrm{j}\left(\omega L-\dfrac{1}{\omega C}\right)} = \frac{\dfrac{L}{C}}{R+\mathrm{j}\left(\omega L-\dfrac{1}{\omega C}\right)} \qquad (8-31)$$

对于某个特定频率 ω_0，若满足 $\omega_0 L=\dfrac{1}{\omega_0 C}$，即

$$\omega_0 = \frac{1}{\sqrt{LC}}$$

或

$$f_0 = \frac{1}{2\pi\sqrt{LC}} \qquad (8-32)$$

则电路产生并联谐振，所以 f_0 叫做谐振频率。谐振时，回路的等效阻抗呈现纯电阻性质，且达到最大值，称为谐振阻抗 Z_0。这时，

$$Z_0 = \frac{L}{RC} = Q\omega_0 L = \frac{Q}{\omega_0 C} = Q\sqrt{\frac{L}{C}} \qquad (8-33)$$

其中

$$Q = \frac{\omega_0 L}{R} = \frac{1}{R\omega_0 C} = \frac{1}{R}\sqrt{\frac{L}{C}} \qquad (8-34)$$

Q 值称为品质因数，它是 LC 并联回路的重要指标。损耗电阻 R 愈小，Q 值愈大，谐振时的阻抗值也愈大。

LC 并联回路谐振时的输入电流为

$$\dot{I} = \frac{\dot{U}}{Z_0} = \frac{\dot{U}}{Q\omega_0 L}$$

而流过电感的电流为

$$|\dot{I}_{\mathrm{L}}| = \frac{\dot{U}}{\omega_0 L}$$

所以

$$|\dot{I}_{\mathrm{L}}| = Q|\dot{I}| \qquad (8-35)$$

通常 $Q \gg 1$，所以 $|\dot{I}_{\mathrm{C}}| \approx |\dot{I}_{\mathrm{L}}| \gg \dot{I}$，即谐振时，$LC$ 并联电路的回路电流比输入电流大得多，此时谐振回路外界的影响可忽略。

谐振时式(8-31)虚部为零，所以相移也为零。

综上所述，可画出 LC 并联回路的频率特性，如图 8-21 所示。

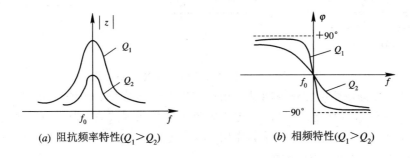

(a) 阻抗频率特性($Q_1 > Q_2$)　　　(b) 相频特性($Q_1 > Q_2$)

图 8-21　LC 并联回路的频率特性

利用 LC 并联谐振回路组成的振荡器，其选频网络常常就是放大器的负载，所以放大电路的增益具有选频特性。由于在谐振时，LC 电路呈现纯电阻性，因而对放大电路相移 φ_{A} 的分析与电阻负载的相同。

2. 变压器反馈式 LC 正弦波振荡电路

图 8-22 所示为变压器反馈式 LC 振荡器的几种常见接法。图 8-22(a)、(b) 均为共射接法，二者的区别仅在于采用不同方式将反馈电压送回到半导体三极管的基极。图 8-22(c) 为共基接法，反馈电压送回发射极，基极通过电容 C_{b} 接地。由于三极管共基极的截止频率远大于共射极的截止频率，因而为了提高振荡频率，LC 振荡器常采用共基极放大电路。

对反馈极性的判别，仍采用瞬时极性法。首先在反馈信号的引入处假设一个输入信号的瞬时极性，然后依次判别出电路中各处的电压极性。若反馈电压 $\dot{U}_{\mathrm{f}}$ 的极性与假设输入信号极性一致，则为正反馈，且满足相位条件的要求。若不满足，通过改变变压器同名端的连接，可十分方便地改变 $\dot{U}_{\mathrm{f}}$ 的极性，使之满足振荡器的相位条件。

振荡的起振幅值条件为 $|\dot{U}_{\mathrm{f}}| > |\dot{U}_{\mathrm{i}}|$，只要变压器的匝数比设计恰当，一般都可满足幅值条件。若在满足相位条件的前提下仍不起振，可加、减变压器次级绕组的匝数，使之振荡。

当 Q 值较高时，振荡频率 f_0 就等于 LC 并联回路的谐振频率，即

$$f_0 \approx \frac{1}{2\pi\sqrt{LC}} \qquad (8-36)$$

在分析 LC 振荡电路时，要注意把与振荡频率有关的谐振回路的电容(如图 8-22 各电路中的电容 C)与作为耦合和旁路的电容(如图 8-22 各电路中的 C_{b}、C_{e})分开。两种电容在数值上相差很大，考虑交流通路时，应将 C_{b}、C_{e} 短路。

无论何种连接方式，三极管都应有一个正确的直流工作点。因此，要注意耦合电容和旁路电容的作用，如图 8-22(c)所示电路，电容 C_{e} 的作用是耦合、隔直，如无 C_{e} 而直接

相连，三极管发射极通过变压器次级直接接地，则改变了三极管的直流工作状态。

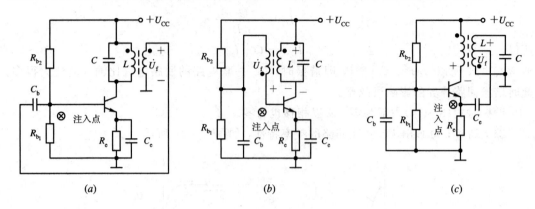

图 8-22　变压器反馈式 *LC* 正弦波振荡电路

　　LC 正弦波振荡电路的稳幅措施是利用放大电路的非线性实现的。当振幅大到一定程度时，虽然三极管进入截止或饱和，集电极电流也产生明显失真，但是由于集电极的负载是 *LC* 并联谐振电路，具有良好的选频作用，因此输出电压波形一般失真不大。

3. 三点式 *LC* 正弦波振荡电路

　　因为这类 *LC* 振荡电路的谐振回路都有三个引出端子，分别接至三极管的 e、b、c 极上，所以统称为三点式振荡电路。图 8-23 列举了几种常见的三点式振荡电路的接法。

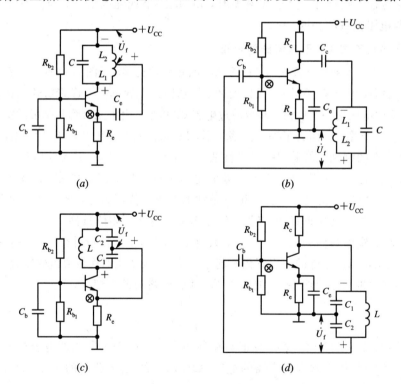

图 8-23　三点式振荡电路

　　图 8-23(*a*)、(*b*)为电感三点式振荡电路，它的特点是把谐振回路的电感分成 L_1 和

L_2 两个部分,利用 L_2 上的电压作为反馈信号,而不再用变压器。图 8 - 23(a)中,反馈电压接至三极管的发射极,放大电路是共基极接法。图 8 - 23(b)中,反馈电压接至基极上,放大电路为共射极接法。不难用瞬时极性法判断,它们均满足振荡的相位条件。

图 8 - 23(c)、(d)为电容三点式振荡电路,其特点是用 C_1 和 C_2 两个电容作为谐振回路电容,利用电容 C_2 上的电压作为反馈信号。与电感三点式振荡电路相似,图 8 - 23(c)放大电路是共基极接法,图(d)是共发射极接法。同样用瞬时极性法判断,它们也满足振荡的相位条件。

电感三点式正弦波振荡电路的振荡频率基本上等于 LC 并联电路的谐振频率,即

$$f_0 \approx \frac{1}{2\pi \sqrt{L'C}} \tag{8 - 37}$$

其中 L' 是谐振回路的等效电感,即

$$L' = L_1 + L_2 + 2M \tag{8 - 38}$$

式中 M 为绕组 N 和绕组 N_1 之间的互感。

电感三点式正弦波振荡电路容易起振,而且采用可变电容器可在较宽范围内调节振荡频率,所以在需要经常改变频率的场合(例如收音机、信号发生器等)得到广泛的应用。但是由于它的反馈电压取自电感 L_2,它对高次谐波阻抗较大,因此输出波形中含有高次谐波,波形较差。

电容三点式正弦波振荡电路的振荡频率近似等于 LC 并联电路的谐振频率,即

$$f_0 \approx \frac{1}{2\pi \sqrt{LC'}} \tag{8 - 39}$$

其中 C' 为谐振回路的等效电容,对于图 8 - 23(c)、(d),

$$C' = \frac{C_1 C_2}{C_1 + C_2} \tag{8 - 40}$$

由于电容三点式正弦波振荡电路的反馈电压取自电容 C_2,反馈电压中谐波分量小,因此输出波形较好。而且电容 C_1、C_2 的容量可以选得较小,并可将管子的极间电容计算到 C_1、C_2 中去,所以振荡频率可达 100 MHz 以上。但管子的极间电容随温度等因素变化,对振荡频率有一定的影响。为了减少这种影响,可在电感 L 支路中串接电容 C,使谐振频率主要由 L 和 C 决定,而 C_1 和 C_2 只起分压作用,其电路如图 8 - 24 所示。对于该电路,

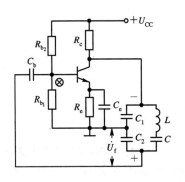

图 8 - 24 电容三点式改进型正弦波振荡电路

$$\frac{1}{C'} = \frac{1}{C} + \frac{1}{C_1} + \frac{1}{C_2} \tag{8 - 41}$$

在选取电容参数时,可使 $C_1 \gg C$,$C_2 \gg C$,所以

$$C' \approx C \tag{8 - 42}$$

故

$$f_0 \approx \frac{1}{2\pi \sqrt{LC}} \tag{8 - 43}$$

f_0 仅取决于电感 L 和电容 C,与 C_1、C_2 和管子的极间电容关系很小,因此振荡频率的稳

定度较高，其频率稳定度 $\Delta f / f_0$ 的值可小于 0.01%。

在实用中，常常要求振荡器的振荡频率十分稳定，如作为定时标准，要求振荡频率的稳定度 $\Delta f / f_0$ 达 $10^{-7} \sim 10^{-9}$ 量级。如此高的稳定度 RC 振荡电路和 LC 振荡电路均达不到。为此，应选用石英晶体正弦波振荡电路。

4. 石英晶体正弦波振荡电路

1) 石英晶体的基本知识

众所周知，若在石英晶片两极加一电场，晶片会产生机械变形。相反，若在晶片上施加机械压力，则在晶片相应的方向上会产生一定的电场，这种现象称为压电效应。一般情况下，晶片机械振动的振幅和交变电场的振幅都非常小，只有在外加某一特定频率交变电压时，振幅才明显加大，并且比其它频率下的振幅大得多，这种现象称为压电谐振，它与 LC 回路的谐振现象十分相似。上述特定频率称为晶体的固有频率或谐振频率。

石英谐振器的符号和等效电路如图 8 - 25 所示。当晶体不振动时，可把它看成是一个平行板电容器 C_0，称为静电电容。C_0 与晶片的几何尺寸和电极面积有关，一般约为几个 pF 到几十 pF。当晶体振动时，机械振动的惯性可用电感 L 来等效。一般 L 的值为几十毫亨至几百亨。晶片的弹性可用电容 C 来等效，C 的值很小，一般只有 $0.0002 \sim 0.1$ pF。晶片振动时因摩擦而造成的损耗用电阻 R 来等效，它的数值约为 100 Ω。由于晶片的等效电感很大，而 C 很小，R 也小，因此回路的品质因数 Q 很大，可达 $10^4 \sim 10^6$。加上晶片本身的谐振频率基本上只与晶片的切割方式、几何形状、几何尺寸有关，而且这些可以做得很精确，因此利用石英谐振器组成的振荡电路可获得很高的频率稳定度。

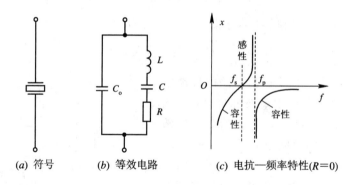

(a) 符号   (b) 等效电路   (c) 电抗—频率特性(R=0)

图 8 - 25　石英晶体谐振器

从石英晶体谐振器的等效电路可知，它有两个谐振频率，即当 L、C、R 支路发生谐振时，它的等效阻抗最小(等于 R)。串联谐振频率为

$$f_s = \frac{1}{2\pi \sqrt{LC}} \tag{8-44}$$

当频率高于 f_s 时，L、C、R 支路呈感性，可与电容 C_0 发生并联谐振，并联谐振频率为

$$f_p \approx \frac{1}{2\pi \sqrt{L \dfrac{CC_0}{C+C_0}}} = f_s \sqrt{1 + \frac{C}{C_0}} \tag{8-45}$$

由于 $C \ll C_0$，因此 f_s 和 f_p 非常接近。

根据石英晶体的等效电路，可定性画出它的电抗—频率特性曲线，如图 8 - 25(c) 所示。由图可见，当 f 在 f_s 与 f_p 之间时，石英晶体呈电感性，其余频率下呈电容性。

从式(8-45)可看出，增大 C_o 可使 f_p 更接近 f_s，因此可在石英晶体两端并联一个电容器 C_L，通过调节电容器 C_L 的大小实现频率微调。但 C_L 的容量不能过大，否则 Q 值太小。一般石英晶体产品外壳上所标的频率是指并联负载电容（例如 $C_L = 30$ pF）时的并联谐振频率。

2）石英晶体振荡器

石英晶体振荡器有多种电路形式，但其基本电路只有两类：一类是把振荡频率选择在 f_s 与 f_p 之间，使石英谐振器呈现电感特性；另一类是把振荡频率选择在 f_s 时，利用此时电抗为零的特性，把石英谐振器设置在反馈网络中，构成串联谐振电路。

图 8-26(a) 为并联型石英晶体正弦波振荡电路，石英晶体取代图 8-24 电容三点式改进型正弦振荡电路中的 LC 支路。其等效电路如图 8-26(b) 所示。其振荡频率为

$$f_0 = \frac{1}{2\pi\sqrt{L\dfrac{C(C_o + C')}{C + C_o + C'}}} \tag{8-46}$$

式中 $C' = \dfrac{C_1 C_2}{C_1 + C_2}$，由于 $C_o + C' \gg C$，所以 $f_0 \approx f_s$，此时石英晶体的阻抗呈感性。

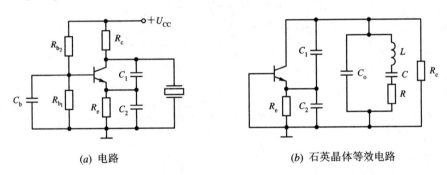

(a) 电路　　　　　　　　(b) 石英晶体等效电路

图 8-26　并联型石英晶体正弦波振荡电路

图 8-27 为串联型石英晶体正弦波振荡电路，它是利用 $f = f_s$ 时石英晶体呈纯阻性、相移为零的特性构成的。R_5 用来调节正反馈的反馈量。若阻值过大，则反馈量太小，电路不能振荡。若阻值太小，则反馈量太大，会使输出波形失真。

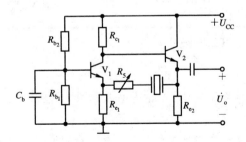

图 8-27　串联型石英晶体正弦波振荡电路

由于石英晶体特性好，而且仅有两根引线，安装和调试方便，容易起振，因而石英晶体在正弦波振荡电路和矩形波产生电路中获得了广泛的应用。

由于晶体的固有频率和温度有关，因此石英谐振器只有在较窄的温度范围内工作才具

有很高的频率稳定度。如果频率稳定度要求高于 $10^{-6} \sim 10^{-7}$，或工作环境的温度变化很宽，则都应选用高精度和高稳定度的晶体，并把它放在恒温槽中，用温度控制电路来保持恒温槽的温度，恒温槽的温度应根据石英谐振器的频率温度特性曲线来确定。

有关石英晶体正弦波振荡电路的其它内容，读者可参阅有关文献。

思考题和习题

1. 利用运放组成非正弦波产生电路，其基本电路由哪些单元组成？

2. 锯齿波产生电路和三角波产生电路有何区别？

3. 电路如图 8-28 所示，如要求电路输出的三角波的峰—峰值为 16 V，频率为 250 Hz，试问电阻 R_3 和 R 应选为多大？

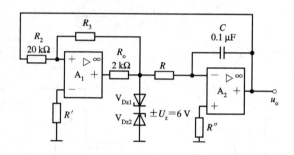

图 8-28 题 3 图

4. 电路如图 8-29 所示，设二极管正向导通电阻忽略不计，试估算电路的 u_{o_1} 和 u_{o_2} 的峰值及频率。

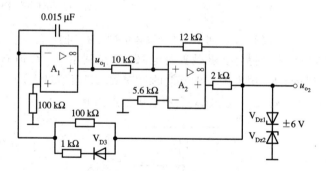

图 8-29 题 4 图

5. 产生正弦波振荡的条件是什么？它与负反馈放大电路的自激振荡条件是否相同？为什么？

6. 正弦波振荡电路由哪些部分组成？如果没有选频网络，输出信号将有什么特点？

7. 通常正弦波振荡电路接成正反馈，为什么电路中又引入负反馈？负反馈作用太强或太弱时会有什么问题？

8. 试用相位平衡条件判断图 8-30 所示各电路，说明下述问题：

(1) 哪些电路可能产生正弦振荡？哪些不能？

（2）对不能产生振荡的电路，如何改变接线使之满足相位平衡条件？

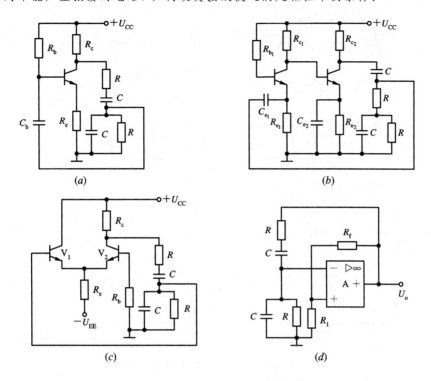

图 8 - 30　题 8 图

9. 文氏桥振荡电路如图 8 - 31 所示。

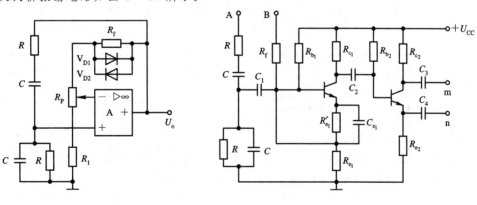

图 8 - 31　题 9 图　　　　　　　　　图 8 - 32　题 10 图

（1）说明二极管 V_{D1}、V_{D2} 的作用。

（2）为使电路能产生正弦波电压输出，请在放大器 A 的输入端标明同相输入端和反相输入端。

（3）为了起到二极管 V_{D1}、V_{D2} 同样的作用，如改用热敏元件实现，而热敏元件分为：具有负温度系数的热敏电阻和具有正温度系数的热敏电阻。试问如何选择热敏电阻替代二极管 V_{D1}、V_{D2}？

10. 电路如图 8 - 32 所示，为了能产生正弦波振荡，电路应如何连接？

11. 试用相位平衡条件判断图 8 - 33 所示各电路的情况。

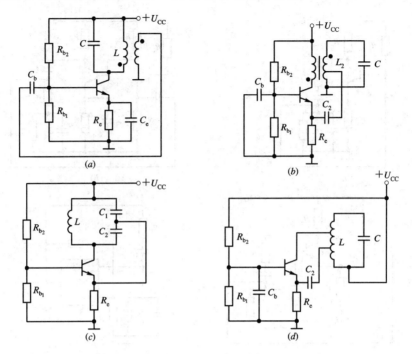

图 8 - 33   题 11 图

(1) 哪些电路可能产生正弦振荡？哪些不能？

(2) 对不能产生自激振荡的电路进行改接，使之满足相位平衡条件。

12. 为了使图 8 - 34 中各电路能产生正弦波振荡，请在图中将 j、k、m、n 各点正确地连接起来。

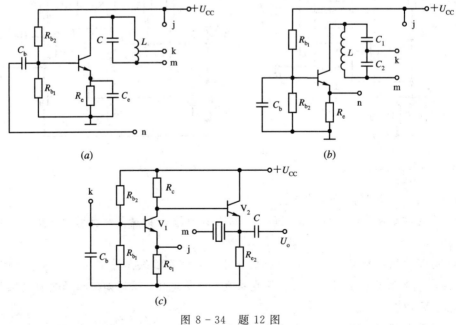

图 8 - 34   题 12 图

第九章

低频功率放大电路

    一个实用的放大器通常含有三个部分：输入级、中间级及输出级，其任务各不相同。一般地说，输入级与信号源相连，因此，要求输入级的输入电阻大，噪声低，共模抑制能力强，阻抗匹配等；中间级主要完成电压放大任务，以输出足够大的电压；输出级主要要求向负载提供足够大的功率，以便推动如扬声器、电动机之类的功率负载。功率放大电路的主要任务是放大信号功率。

9.1　低频功率放大电路概述

9.1.1　分类

    功率放大电路按放大信号的频率，可分为低频功率放大电路和高频功率放大电路。前者用于放大音频范围（几十赫兹到几十千赫兹）的信号，后者用于放大射频范围（几百千赫兹到几十兆赫兹）的信号。本课程仅介绍低频功率放大电路。

    功率放大电路按其晶体管导通时间的不同，可分为甲类、乙类、甲乙类和丙类等四种。

    甲类功率放大电路的特征是在输入信号的整个周期内，晶体管均导通，有电流流过；乙类功率放大电路的特征是在输入信号的整个周期内，晶体管仅在半个周期内导通，有电流流过；甲乙类功率放大电路的特征是在输入信号周期内，管子导通时间大于半周而小于全周；丙类功率放大电路的特征是管子导通时间小于半个周期。其中前三种的工作状态示意图如图 9-1 所示。

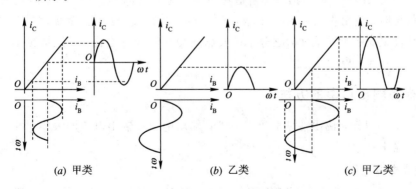

图 9-1　甲类、乙类、甲乙类功率放大电路的工作状态示意图

可查看甲类功放仿真

在甲类功率放大电路中，由于在信号全周期范围内管子均导通，故非线性失真较小，但是输出功率和效率均较低，因而在低频功率放大电路中主要用乙类或甲乙类功率放大电路。

9.1.2 功率放大器的特点

功率放大器的主要任务是向负载提供较大的信号功率，故功率放大器应具有以下三个主要特点。

1. 输出功率足够大

如输入信号是某一频率的正弦信号，则输出功率表达式为

$$P_\mathrm{o} = I_\mathrm{o} U_\mathrm{o} \tag{9-1}$$

式中，I_o、U_o 均为有效值。如用振幅值表示，$I_\mathrm{o} = I_\mathrm{om}/\sqrt{2}$、$U_\mathrm{o} = U_\mathrm{om}/\sqrt{2}$，代入公式（9-1），则

$$P_\mathrm{o} = \frac{1}{2} I_\mathrm{om} U_\mathrm{om} \tag{9-2}$$

式中，I_om、U_om 分别为负载 R_L 上的正弦信号的电流、电压的幅值。

2. 效率高

放大器实质上是一个能量转换器，它是将电源供给的直流能量转换成交流信号的能量输送给负载，因此，要求转换效率高。为定量反映放大电路效率的高低，引入参数 η，它的定义为

$$\eta = \frac{P_\mathrm{o}}{P_\mathrm{E}} \times 100\% \tag{9-3}$$

式中，P_o 为信号输出功率，P_E 是直流电源向电路提供的功率。在直流电源提供相同直流功率的条件下，输出信号功率愈大，电路的效率愈高。

3. 非线性失真小

为使输出功率大，由式（9-2）可知 I_om、U_om 也应大，故功率放大器采用的三极管均应工作在大信号状态下。由于三极管是非线性器件，在大信号工作状态下，器件本身的非线性问题十分突出，因此，输出信号不可避免地会产生一定的非线性失真。当输入是单一频率的正弦信号时，输出将会存在一定数量的谐波。谐波成分愈大，表明非线性失真愈大，通常用非线性失真系数 γ 表示，它等于谐波总量和基波成分之比。一般情况下，输出功率愈大，非线性失真就愈严重。

9.1.3 提高输出功率的方法

由式（9-2）可知，输出功率取决于三极管输出电压和输出电流的大小，可通过如下两条途径提高输出功率。

1. 提高电源电压

选用耐压高、容许工作电流和耗散功率大的器件。集电极与发射极之间的击穿电压要大于管子实际工作电压的最大值，即

$$\mathrm{BU_{CEO}} > U_\mathrm{ce\,max}$$

集电极最大允许的电流要大于管子实际工作电流的最大值，即

$$I_{cm} > I_{c\,max}$$

集电极允许的耗散功率要大于集电极实际耗散功率的最大值，即

$$P_{cm} > P_{c\,max}$$

随着大功率 MOS 管的发展，也可选用 VMOS 管作功率管。由于它在相应的电源电压下可以输出更大的功率，因而目前使用得愈来愈多。

2. 改善器件的散热条件

直流电源提供的功率，有相当多的部分消耗在放大器件上，使器件的温度升高，如果器件的散热条件不好，极易烧坏放大器件。为此，需采取散热或强迫冷却的措施，比如对器件加散热片或加风扇进行冷却。

普通功率三极管的外壳较小，散热效果差，所以允许的耗散功率低。当加上散热片，使得器件的热量可及时散去后，则输出功率可以提高很多。例如低频大功率管 3AD6 在不加散热片时，允许的最大功耗 P_{cm} 仅为 1 W，加了 120 mm×120 mm×4 mm 的散热片后，其 P_{cm} 可达到 10 W。在实际功率放大电路中，为了提高输出信号功率，一般在功放管中加有散热片。加多大体积的散热片，可在器件手册中查出。

9.1.4 提高效率的方法

功率放大器的效率主要取决于功放管的工作状态。下面用图解法进行分析。

图 9-2 所示是三极管放大电路的输出特性和交流负载线。假设图中特性曲线是理想曲线，直线 MN 为交流负载线，Q 为静态工作点。在最佳情况下，由图 9-2 可看出，$ON \approx 2I_{cm} = 2I_{CQ}$ 为输出电流的峰—峰值，$OM \approx 2U_{cem} = U_{CC}$ 为输出电压的峰—峰值。放大电路输出功率为

$$P_o = \frac{1}{2} I_{CQ} U_{CC}$$

即为 $\triangle M'MQ$ 的面积。

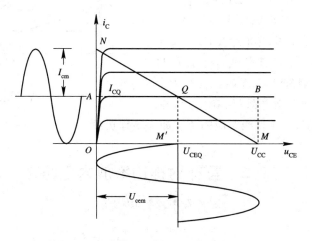

图 9-2 功放的图解法（甲类放大状态）

电源提供的直流功率为

$$P_E = U_{CC} I_{CQ}$$

即为 $\square OMBA$ 的面积值，故效率

$$\eta = \frac{P_\text{o}}{P_\text{E}} = \frac{\triangle M'MQ \text{ 面积}}{\square OMBA \text{ 面积}}$$

其最大效率 $\eta \leqslant 50\%$。如图 9-2 所示状态，三极管在信号的整个周期内（导通角 $\theta = 360°$）都处于导通状态，工作在甲类放大状态。为了提高效率，应提高输出功率 P_o，降低电源供给功率 P_E，通常采用如下方法。

1. 改变功放管的工作状态

将静态工作点 Q 下移，如图 9-3 所示，这时三极管只在半个信号周期内导通，另半个周期处于截止状态，即导通角 $\theta = 180°$，管子工作在乙类放大状态。

在乙类功率放大电路中，功放管静态电流几乎为零，因此直流电源功率为零。当输入信号逐渐加大时，电源提供的直流功率也逐渐增加，输出信号功率随之增大，所以乙类的功率放大效率比甲类的要高。但是由于乙类放大状态的导通角为 $180°$，故输出电压

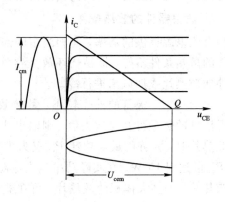

图 9-3 乙类放大状态

波形将产生严重失真。为减小失真，可以采用互补对称电路，使两管轮流导通，以保证负载上获得完整的正弦波形。

2. 选择最佳负载

功放三极管若工作在乙类放大状态下（电路工作状态如图 9-4 所示），当负载改变时，交流负载线的斜率也改变，输出的电流 I_cm 将随之变化，故输出功率也改变。从图 9-4 中可以看出，负载线为 MA 时的输出功率比为 MB 时的大。但负载线为 MC 时，已超过最大功率损耗线，管耗将大于 P_cm，管子将被烧坏，故存在一个最佳负载 R_L。该图显然表明，当交流负载线为 MA 时，负载为最佳负载。一般情况下，当电源 U_CC 确定后，过

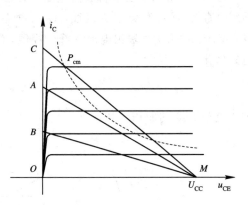

图 9-4 最佳负载的确定

U_CC 点做 P_cm 线的切线，该切线对应的负载即为最佳负载。

9.2 互补对称功率放大电路

可查看甲乙类功放仿真

单管甲类功率放大电路虽然简单，只需要一个功率管便可工作，但由于它的效率低，而且为了实现阻抗匹配，需要用变压器，而变压器具有体积大、重量大、频率特性差、耗费金属材料、加工制造麻烦等缺点，因而，目前一般不采用单管功率放大电路，而采用互补

对称功率放大电路。

单管功率放大电路效率之所以低，是因为要保证管子在信号全周期内均导通，因此静态工作点较高，具有较大的直流工作电流 I_{CQ}，电源供给的功率 $P_E (= I_{CQ} U_{CC})$ 值大，效率低。为了提高效率，可设想降低工作点，使 I_{CQ} 为零，工作在乙类放大状态下，这样不仅可使静态时晶体管不消耗功率，而且在工作时管子的集电极电流减小，使效率提高。但是，此时管子仅有半周导通，非线性失真太大，这是不容许的。为解决非线性失真问题，我们可在器件和电路上想办法。采用两个导电特性相反的管子（NPN 和 PNP），一个管子在正半周导电，另一个管子则在负半周导电，即两管交替工作，各自产生半个周期的信号波形，但在负载上合成一个完整的信号波形，这就是互补对称功率放大电路。

9.2.1 双电源互补对称电路(OCL 电路)

1. 电路组成和工作原理

双电源互补对称电路如图 9 - 5 所示，图中 V_1 为 NPN 型三极管，V_2 为 PNP 型三极管。为保证工作状态良好，要求该电路具有良好的对称性，即 V_1、V_2 管特性对称，并且正负电源对称。当信号为零时，偏流为零，它们均工作在乙类放大状态。

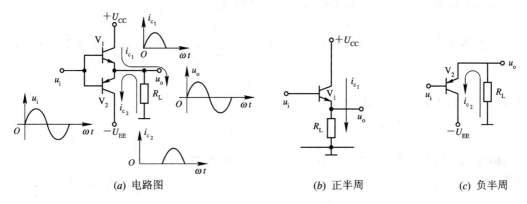

图 9 - 5　双电源互补对称电路

(a) 电路图　　　　(b) 正半周　　　　(c) 负半周

为便于说明工作过程，设两管的门限电压均等于零。当输入信号 $u_i = 0$，则 $I_{CQ} = 0$，两管均处于截止状态，故输出 $u_o = 0$。当输入端加一正弦信号，在正半周时，由于 $u_i > 0$，因此 V_1 导通、V_2 截止，i_{c_1} 流过负载电阻 R_L；在负半周时，由于 $u_i < 0$，因此 V_1 截止、V_2 导通，电流 i_{c_2} 通过负载电阻 R_L，但方向与正半周相反。即 V_1、V_2 管交替工作，流过 R_L 的电流为一完整的正弦波信号，波形如图 9 - 2 所示。由于该电路中两个管子导电特性互为补充，电路对称，因此该电路称为互补对称功率放大电路。

2. 指标计算

双电源互补对称电路工作图解分析如图 9 - 6 所示。图 9 - 6(a) 为 V_1 管导通时的工作情况。图 9 - 6(b) 是将 V_2 管的导通特性倒置后与 V_1 特性画在一起，让静态工作点 Q 重合，形成两管合成曲线，图中交流负载线为一条通过静态工作点的斜率为 $-\dfrac{1}{R_L}$ 的直线 AB。由图上可看出输出电流、输出电压的最大允许变化范围分别为 $2I_{cm}$ 和 $2U_{cem}$，I_{cm} 和 U_{cem} 分别为集电极正弦电流和电压的振幅值。

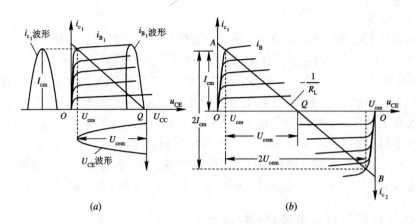

(a)   (b)

图 9 - 6   双电源互补对称电路的图解分析

有关指标计算如下：

(1) 输出功率 P_o：

$$P_o = \frac{U_{cem}}{\sqrt{2}}\ \frac{I_{cm}}{\sqrt{2}} = \frac{1}{2}I_{cm}U_{cem} = \frac{1}{2}\frac{U_{cem}^2}{R_L} \qquad (9-4)$$

当考虑饱和压降 U_{ces} 时，输出的最大电压幅值为

$$U_{cem} = U_{CC} - U_{ces} \qquad (9-5)$$

一般情况下，输出电压的幅值 U_{cem} 总是小于电源电压 U_{CC} 之值，故引入电源利用系数 ξ

$$\xi = \frac{U_{cem}}{U_{CC}} \qquad (9-6)$$

将式(9-6)代入式(9-4)得

$$P_o = \frac{1}{2}\frac{U_{cem}^2}{R_L} = \frac{1}{2}\frac{\xi^2 U_{CC}^2}{R_L} \qquad (9-7)$$

当忽略饱和压降 U_{ces} 时，即 $\xi=1$，输出功率 P_{om} 可按下式估算：

$$P_{om} = \frac{1}{2}\frac{U_{CC}^2}{R_L} \qquad (9-8)$$

输出功率 P_o 与 ξ 的关系曲线如图 9-7 所示。

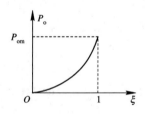

图 9 - 7 P_o 与 ξ 关系曲线

(2) 效率 η：η 由式(9-3)确定。为此，应先求出电源供给功率 P_E。

在乙类互补对称放大电路中，每个晶体管的集电极电流的波形均为半个周期的正弦波形。其波形如图 9-8 所示，其平均值 I_{av1} 为

$$I_{av1} = \frac{1}{2\pi}\int_0^{2\pi} i_{c_1}\,\mathrm{d}(\omega t) = \frac{1}{2\pi}\int_0^{\pi} I_{cm}\sin\omega t\,\mathrm{d}(\omega t)$$

$$= \frac{1}{\pi}I_{cm} \qquad (9-9)$$

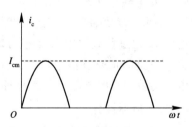

图 9 - 8   集电极电流 i_c 波形

因此，直流电源 U_{CC} 供给的功率为

$$P_{E1} = I_{av1}U_{CC} = \frac{1}{\pi}I_{cm}U_{CC} = \frac{1}{\pi}\frac{U_{cem}}{R_L}U_{CC} = \frac{\xi}{\pi}\frac{U_{CC}^2}{R_L} \qquad (9-10)$$

因考虑是正负两组直流电源，故总的直流电源的供给功率为

$$P_E = 2P_{E1} = \frac{2\xi}{\pi} \frac{U_{CC}^2}{R_L}$$ (9 - 11)

显然，直流电源供给的功率 P_E 与电源利用系数成正比。当静态时，$U_{cem}=0$，$\xi=0$，故 $P_E=0$。当 $\xi=1$ 时，P_E 也为最大。P_E 与 ξ 的关系曲线如图 9 - 9 所示。

将式(9 - 7)、(9 - 11)代入式(9 - 3)中则得

$$\eta = \frac{P_o}{P_E} = \frac{\dfrac{1}{2} \dfrac{\xi^2 U_{CC}^2}{R_L}}{\dfrac{2}{\pi} \dfrac{\xi U_{CC}^2}{R_L}} = \frac{\pi}{4}\xi$$ (9 - 12)

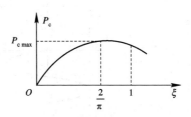

图 9 - 9 P_E 与 ξ 的关系曲线

当 $\xi=1$ 时，效率 η 最高，即

$$\eta_{max} = \frac{\pi}{4} \approx 78.5\%$$ (9 - 13)

（3）集电极功率损耗 P_c：

$$P_c = P_E - P_o = \frac{U_{CC}^2}{R_L}\left(\frac{2}{\pi}\xi - \frac{1}{2}\xi^2\right)$$

(9 - 14)

P_c 与 ξ 的关系是一抛物线方程，其曲线如图 9 - 10 所示，当 $\xi=0$ 时，$P_c=0$；当 ξ 为某一特定值时，P_c 最大，将式(9 - 14)求导，可求得极值坐标。

图 9 - 10 P_c 与 ξ 的关系曲线

$$\frac{dP_c}{d\xi} = \frac{U_{CC}^2}{R_L}\left(\frac{2}{\pi} - \xi\right) = 0$$

解得

$$\xi = \frac{2}{\pi} \approx 0.636$$ (9 - 15)

将此值代入式(9 - 14)中，得最大集电极功率损耗值 $P_{c\,max}$：

$$P_{c\,max} = \frac{2}{\pi^2} \frac{U_{CC}^2}{R_L}$$

考虑式(9 - 8)得

$$P_{c\,max} = \frac{4}{\pi^2} P_{om} \approx 0.4 P_{om}$$ (9 - 16)

此式是两管总的集电极功率损耗，而在互补对称电路中，每管仅工作半个周期，所以每管的功率损耗为

$$P_{1c\,max} = \frac{1}{2} P_{c\,max} \approx 0.2 P_{om}$$

由上得出在互补对称功率放大电路中选择功率管的原则：

$$P_{cm} \geqslant 0.2 P_{om}$$ (9 - 17)

$$BU_{CEO} \geqslant 2U_{CC}$$ (9 - 18)

$$I_{cm} \geqslant I_{om}$$ (9 - 19)

3. 存在问题

1）交越失真

图 9-5 所示的波形关系是假设门限电压为零，且认为是线性关系。而实际中晶体管输入特性门限电压不为零，且电压、电流关系也不是线性关系，在输入电压较低时，输入基极电流很小，故输出电流也十分小。因此输出电压在输入电压较小时存在一小段死区，此段输出电压与输入电压不存在线性关系，产生了失真。由于这种失真出现在零值处，故称为交越失真。交越失真波形如图 9-11 所示。

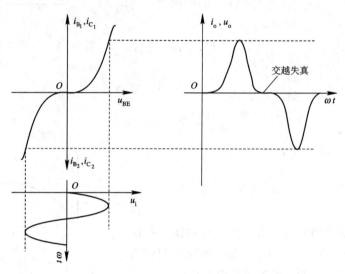

图 9-11　互补对称功率放大电路的交越失真

克服交越失真的措施就是避开电压死区，使每一个晶体管处于微导通状态。当输入信号一旦加入，晶体管立即进入线性放大区。而当静态时，虽然每一个晶体管处于微导通状态，由于电路对称，两管静态电流相等，流过负载的电流为零，从而消除了交越失真。

消除交越失真的电路如图 9-12 所示。图 9-12(a) 是利用 V_3 管的静态电流 I_{C_3Q} 在电阻 R_1 上的压降来提供 V_1、V_2 管所需的偏压，即

$$U_{BE_1} + U_{EB_2} = I_{C_3Q}R_1 \qquad (9-20)$$

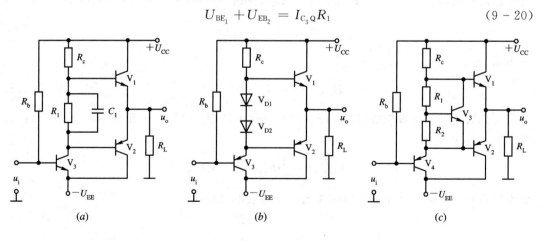

图 9-12　克服交越失真的几种电路

图 9-12(b)是利用二极管的正向压降为 V_1、V_2 提供所需的偏压，即

$$U_{BE_1} + U_{EB_2} = U_{D1} + U_{D2} \qquad\qquad (9-21)$$

图 9-12(c)是利用了 V_3 管的 U_{BE_3} 倍压电路向 V_1、V_2 管提供所需的偏压，其关系推导如下：

$$U_{BE_3} = \frac{R_2}{R_1 + R_2}U_{BB'} = \frac{R_2}{R_1 + R_2}(U_{BE_1} + U_{EB_2})$$

所以

$$U_{BE_1} + U_{EB_2} = \frac{R_1 + R_2}{R_2}U_{BE_3} = \left(1 + \frac{R_1}{R_2}\right)U_{BE_3} \qquad (9-22)$$

此电路只需调整电阻 R_1 与 R_2 的比值，即可得合适的偏压值。

2）用复合管组成互补对称电路

功率放大电路的输出电流一般很大。例如当有效值为 12 V 的输出电压加至 8 Ω 的负载上时，将有 1.5 A 的有效值电流流过功率管，其振幅值约为 2.12 A。而一般功率管的电流放大系数均不大，若设 $\beta=20$，则要求基极推动电流为 100 mA 以上，这样大的电流由前级（又称为前置级）供给是十分困难的，为此需要进行电流放大。一般通过复合管来解决此问题，即将第一管的集电极或发射极接至第二管的基极，就能起到电流放大作用。具体的接法如图 9-13 所示。它们的等效电流放大系数均近似为

$$\beta = \frac{I_{c_2}}{I_{b_1}} \approx \beta_1\beta_2 \qquad\qquad (9-23)$$

如果 $\beta_1=20$，$\beta_2=50$，则 $\beta=1000$，此时只需要 2 mA 推动电流即可。

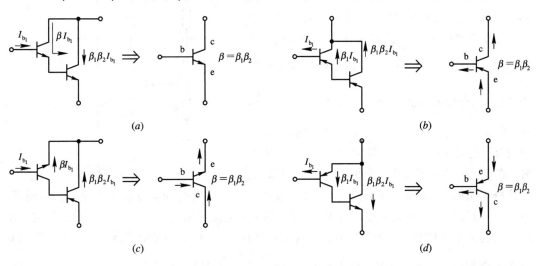

图 9-13　复合管的几种接法

由复合管组成的互补功率放大电路如图 9-14 所示，图中，要求 V_3 和 V_4 既要互补又要能对称，这对于 NPN 型和 PNP 型两种大功率管来说，一般是比较难以实现的（尤其一个是硅管，而另一个是锗管时）。为此最好选 V_3 和 V_4 是同一种型号的管子，通过复合管的接法来实现互补，这样组成的电路称为准互补电路。如图 9-15 所示，调节图中的 R_b 和 R_c 可使 V_3 和 V_4 有一个合适的工作点。

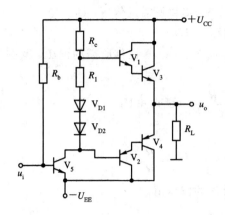

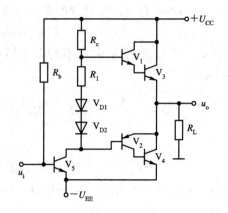

图 9 - 14　复合管互补对称电路　　　　　　　图 9 - 15　准互补对称电路

　　由上所述,复合管不仅解决了大功率管 β 低的困难,而且也解决了大功率管难以实现互补对称的困难,故在功率放大电路中广泛采用了复合管。

9.2.2　单电源互补对称电路(OTL 电路)

　　双电源互补对称电路需要两个正负独立电源,有时使用起来不方便。当仅有一路电源时,可采用单电源互补对称电路,如图 9 - 16 所示。图中,V_1、V_3 和 V_2、V_4 组成准互补对称功率放大电路,两管的射极通过一个大电容 C_2 接到负载 R_L 上。二极管 V_{D1}、V_{D2} 用来消除交越失真,向复合管提供一个偏置电压。当静态时,调整电路使 U_A 电位为 $\frac{1}{2}U_{CC}$,则 C_2 两端直流电压为 $\frac{1}{2}U_{CC}$。当加入交流信号正半周时,V_1、V_3 导通,电流通过电源 U_{CC}、V_1 和 V_3 管的集电极和发射极、电容 C_2、负载电阻 R_L,故得正半周信号;在负半周时,V_2、V_4 导通,电容 C_2 上的电

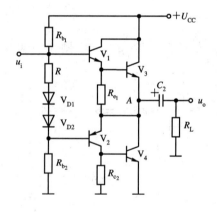

图 9 - 16　单电源互补对称电路

压代替电源向 V_4 提供电流,由于 C_2 容量很大,C_2 的放电时间常数远大于输入信号周期,故 C_2 上电压可视为恒定不变。当 V_2、V_4 导通时,电流通路为 C_2、V_2、V_4、地、负载电阻 R_L,故得负半周信号。由上可以看出,其工作过程除 C_2 代替一组电源外,其工作过程与双电源电路相同,功率、效率计算也相同,只需将公式中的 U_{CC} 用 $\frac{1}{2}U_{CC}$ 代替即可。

　　一般双电源互补对称电路又称为无输出电容(C_2)电路、OCL 电路(Output Capacitor Less)。而单电源互补对称电路又称为无输出变压器电路、OTL 电路(Output Transformer Less)。

9.2.3　实际功率放大电路举例

　　图 9 - 17 为 OCL 准互补对称电路,它由输入级、中间级、输出级及偏置电路组成。输

入级是由 V_1、V_2 和 V_3 组成的单端输入、单端输出的共射组态恒流源式差动放大电路，并从 V_1 的集电极处取出输出信号加至中间级。中间级是由 V_4、V_5 组成的共射组态放大电路，V_5 是恒流源，作为 V_4 的有源负载。输出级是由 V_7、V_8、V_9、V_{10} 组成的准互补对称电路，其中 V_7、V_9 为由 NPN - NPN 组成的 NPN 型复合管；V_8、V_{10} 为由 PNP - NPN 组成的 PNP 型复合管，各管的电阻 R_{e_7}、R_{e_8}、R_{e_9}、$R_{e_{10}}$ 的作用是改善温度特性。V_6、R_{e_4}、R_{e_5} 组成了 U_{BE} 倍压电路，为输出级提供所需的静态工作点，以消除交越失真。由 R_1、V_{D1}、V_{D2}、V_3、V_5 组成恒流源电路，R_1、V_{D1}、V_{D2} 提供基准电流，V_3、V_5 的作用前面已叙述。R_f、C_1、R_{b_2} 构成交流串联电压负反馈，用来改善整个放大电路的性能。

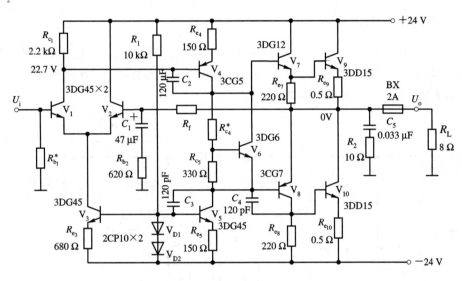

图 9 - 17 OCL 准互补对称功率放大电路

图 9 - 18 是用集成运放作为前置级的功率放大电路，其中 V_{D1}、V_{D2}、V_{D3} 用于消除交越失真；R_3 引入串联电压负反馈，以改善放大器的性能。

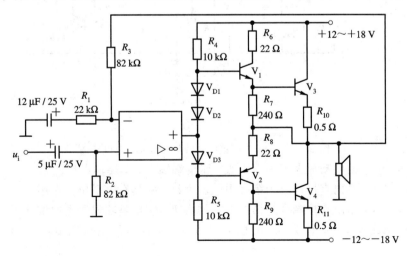

图 9 - 18 集成运放作为前置级的 OCL 电路

9.3 集成功率放大器

我国已成批生产各种系列的单片集成功率放大器，它是低频功率放大器的发展方向。下面以收录机等设备中采用的 DG4100 系列单片集成功放电路为例来讲述集成功率放大器。当电源电压 $U_{CC} = 9$ V，$R_L = 4$ Ω（扬声器）时，该器件输出功率大于 1 W。

图 9 - 19 为 DG4100 集成功放的内部电路及外部元件的连接总图。

9.3.1 内部电路组成简介

图 9 - 19 中虚线框内为 DG4100 系列单片集成功放内部电路。它由三级直接耦合放大电路和一级互补对称放大电路构成，并由单电源供电，输入及输出均通过耦合电容与信号源和负载相连，是 OTL 互补对称功率放大电路。

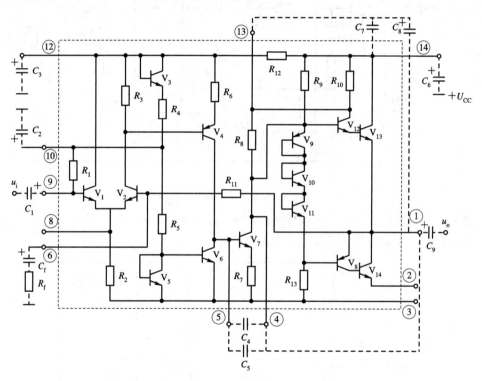

图 9 - 19 DG4100 集成功放与外接元件总电路图

V_1 和 V_2 组成的差动放大器为输入级，属单端输入、单端输出型。

V_4 输入与 V_2 输出直接耦合为第一中间放大级，并具有电平位移作用。

V_7 输入与 V_4 输出直接耦合为第二中间放大级，它也是功放输出的推动级。

V_5、V_6 组成恒流源，作为 V_4 的恒流源负载，提高该级电压增益，V_1 通过 V_3 取得偏置。

V_{12}、V_{13} 复合等效为 NPN 型管，V_8、V_{14} 等效为 PNP 型管。

V_9～V_{11} 为 V_{12}、V_{13}、V_8 设置正向偏置，以消除输出波形的交越失真。

放大器从输出端经 R_{11} 引至 V_2 输入端，实现直流电压串联负反馈，使放大器在静态时，①脚的电位稳定在 $\frac{1}{2}U_{cc}$。交流电压负反馈则由 R_{11}、C_f 和 R_f 引入输入端，并通过调节⑥脚外接的 R_f 来改变反馈深度。

因为反馈由输出端直接引至输入端，且放大器的开环增益很高（三级电压放大），整个放大电路为深度负反馈放大器，所以，放大器的闭环电压增益约为 $1/F$，即

$$A_{uf} \approx \frac{R_f + R_{11}}{R_f} \qquad (9-24)$$

当信号 u_i 正半周输入时，V_2 输出也为正半周，经两级中间放大后，V_7 输出仍为正半周，因此 V_{12}、V_{13} 复合管导通，V_8、V_{14} 管截止，在负载 R_L 上获得正半周输出信号；当 u_i 负半周输入时，经过相应的放大过程，在 R_L 上取得负半周输出信号。

9.3.2 DG4100 集成功放的典型接线法

DG4100 集成单片功放共有 14 个引脚，外部的典型接线法如图 9-20 所示。

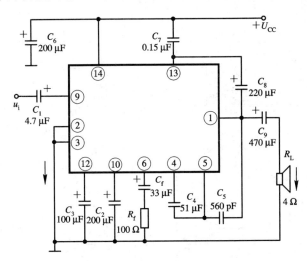

图 9-20 DG4100 集成功放的典型接线法

⑭脚接电源 U_{cc} 正极，电源两端接有滤波电容 C_6。

②、③脚接电源负极，也是整个电路的公共端。

⑨脚经输入耦合电容 C_1 与输入信号相连。

①脚为输出端，经输出耦合电容 C_9 和负载相接。

④、⑤脚接消振电容 C_4 和 C_5，消除寄生振荡。

⑥脚外接反馈网络，调节 R_f 可以调节交流负反馈深度。

⑫脚接电源滤波电容 C_3。

⑬脚接电容 C_7、C_8，C_7 通过 C_6、C_8、C_9 与输出端负载 R_L 并接，消除高频分量，改善音质。C_8 电容跨接在①脚和⑬脚之间，通过 C_8 可以把输出端的信号电位（非静态电位）耦合到⑬脚，使 V_7 放大管的集电极供电电位自动地跟随输出端信号电位的变化而改变。如果输出幅度增加，则 V_7 管的线性动态范围也随之增大，也就进一步提高了功放的输出幅度，故常称电容 C_8 为"自举电容"。

⑩脚接去耦电容 C_2，以保证 V_1 管偏置电流稳定。

思考题和习题

1. 什么是功率放大器？与一般电压放大器相比，对功率放大器有何特殊要求？

2. 如何区分晶体管是工作在甲类、乙类还是甲乙类？画出在三种工作状态下的静态工作点及与之相应的工作波形示意图。

3. 对于甲类功率放大器，信号幅度越小，失真就越小；对于乙类功率放大器，当信号幅度小时，失真反而明显。说明理由。

4. 何谓交越失真？如何克服交越失真？

5. 功率管为什么有时用复合管代替？复合管组成原则是什么？

6. 指出图 9－21 所示电路的组合形式哪些是正确的，哪些是错误的。组成的复合管是 NPN 型还是 PNP 型？标出复合三极管的电极。

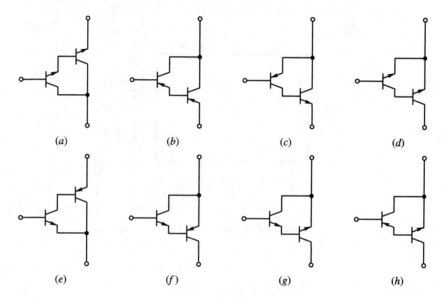

(a)　　　　(b)　　　　(c)　　　　(d)

(e)　　　　(f)　　　　(g)　　　　(h)

图 9－21　题 6 图

7. 电路如图 9－22 所示，设输入信号足够大，晶体管的 P_{cm}、BU_{CEO} 和 I_{cm} 足够大，问

(1) u_i 极性如图所示，i_{B_1} 和 i_{B_2} 是增加还是减小？

(2) 若晶体管 V_1 和 V_2 的 $|U_{ces}| \approx 3$ V，计算此时的输出功率 P_o 和 η。

(3) 在上述情况下每只晶体管的最大管耗各是多少？

8. 互补对称电路如图 9－23 所示，三极管均为硅管。当负载电流 $i_o = 0.45 \sin\omega t$（A）时，估算（用乙类工作状态，设 $\xi = 1$）：

(1) 负载获得的功率 $P_o = ?$

(2) 电源供给的平均功率 $P_E = ?$

(3) 每个输出管管耗 $P_c = ?$

(4) 每个输出管可能产生的最大管耗 $P_{c\,max} = ?$

（5）输出级效率 $\eta=$？

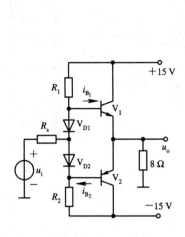

图 9 - 22 题 7 图

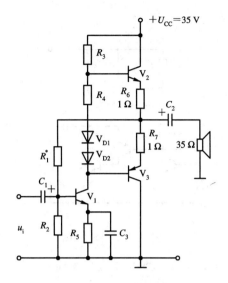

图 9 - 23 题 8 图

9. 如负载电阻 $R_L=16\ \Omega$，要求最大输出功率 $P_{o\,max}=5\ W$，若采用 OCL 功率放大电路，设输出级三极管的饱和管压降 $U_{ces}=2\ V$，则电源电压 $U_{CC}=U_{EE}$ 应选多大？若改用 OTL 功率输出级，其它条件不变，则 U_{CC} 又应选多大？

10. 电路如图 9 - 24 所示。

（1）设 V_3、V_4 的饱和管压降 $U_{ces}=1\ V$，求最大输出功率 $P_{o\,max}=$？

（2）为了提高负载能力，减小非线性失真，应引入什么类型的级间负反馈？请在图上画出来。

（3）如要求引入负反馈后的电压放大倍数 $A_{uf}=\left|\dfrac{U_o}{U_i}\right|=100$，反馈电阻 R_f 应为多大？

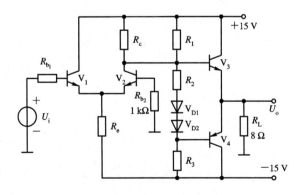

图 9 - 24 题 10 图

11. 某人设计了一个 OTL 功放电路如图 9 - 25 所示。

（1）为实现输出最大幅值正负对称，静态时 A 点电位应为多大？若不合适应调节哪一个元件？

（2）若 U_{ces_3} 和 U_{ces_5} 的值为 3 V，电路的最大不失真输出功率 $P_{om}=$？效率 $\eta=$？

（3）三极管 V_3、V_5 的 P_{cm}、BU_{CEO} 和 I_{cm} 应如何选择？

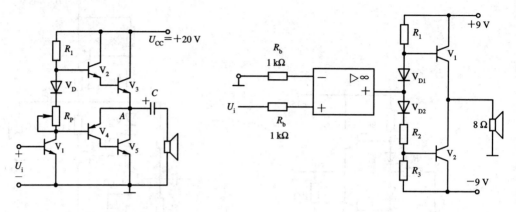

图 9 - 25　题 11 图　　　　　　　　图 9 - 26　题 12 图

12. 图 9 - 26 所示为扩音机的简化电路。

（1）为了实现互补对称功率放大电路，V_1 和 V_2 应分别是什么类型的三极管（PNP，NPN）？在图中画出发射极箭头的方向。

（2）若运放的输出电压幅度足够大，是否有可能在输出端得到 8 W 的交流输出功率？设 V_1 和 V_2 的饱和压降 U_{ces} 均为 1 V。

（3）若运放的最大输出电流为 ± 10 mA，则为了得到最大输出电流，V_1 和 V_2 的 β 值应不低于什么数值？

（4）为了提高输入电阻，降低输出电阻并使放大性能稳定，应通过 R_f 引入何种类型的负反馈？并在图上画出来。

（5）在（4）的情况下，当要求 $U_i = 100$ mV 时，$U_o = 5$ V，$R_f = ?$

第十章

直 流 电 源

　　任何电子设备都需要用直流电源供电。获得直流电源的方法较多，如干电池、蓄电池、直流电机等。但比较经济实用的办法是，把交流电源变换成直流电源。本章主要讨论后一种直流电源。

　　一般直流电源的组成如图 10-1 所示。

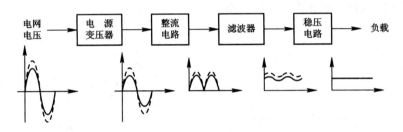

图 10-1　直流电源的组成方框图

　　电源变压器的作用是把 220 V 电网电压变换成所需要的交流电压。整流电路的作用是利用二极管的单向导电特性，将正负交替的正弦交流电压变换成单方向的脉动电压。滤波器的作用是将脉动电压中的脉动成分滤掉，使输出电压成为比较平滑的直流电压。稳压电路的作用是使输出的直流电压在电网电压或负载电流发生变化时保持稳定。

10.1　单相整流电路

　　整流电路是利用二极管的单向导电特性，将正负交替的正弦交流电压变换成单方向的脉动电压。在小功率直流电源中，经常采用单相半波、单相全波和单相桥式整流电路。单相桥式整流电路用得最为普遍。

10.1.1　单相半波整流电路

1. 电路工作原理

图 10-2(a)所示电路为纯电阻负载的单相半波整流电路。为了突出主要问题，认为二

极管均为理想二极管，即正向电阻为零，管压降为零；反向电阻为无穷大，且忽略变压器内阻。

在变压器次级绕组电压 u_2 为正半周时，二极管导通，则负载上的电压 u_O、二极管的管压降 u_D、流过负载的电流 i_O 和二极管的电流 i_D 为

$$u_O = u_2$$
$$u_D = 0$$
$$i_O = i_D = \frac{u_2}{R_L}$$

在负半周时，二极管截止，则

$$u_O = 0$$
$$u_D = u_2$$
$$i_O = i_D = 0$$

整流波形如图 10-2(b) 所示。由于这种电路只在交流的半个周期内二极管才导通，也才有电流流过负载，故称为单相半波整流电路。

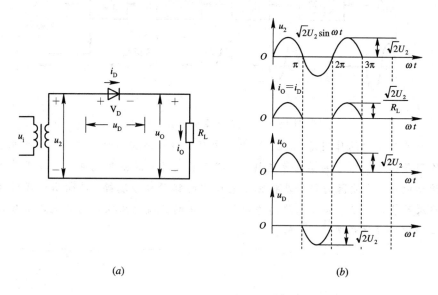

(a)   (b)

图 10-2　单相半波整流电路

可查看半波整流电路仿真

2. 直流电压 U_O 和直流电流 I_O 的计算

直流电压 U_O 是输出电压瞬时值 u_O 在一个周期内的平均值，即

$$U_O = \frac{1}{2\pi} \int_0^{2\pi} u_O \, \mathrm{d}(\omega t) \tag{10-1}$$

在半波整流情况下

$$u_O = \begin{cases} \sqrt{2}U_2 \ \sin\omega t & 0 \leqslant \omega t < \pi \\ 0 & \pi \leqslant \omega t \leqslant 2\pi \end{cases}$$

其中 U_2 是变压器次级绕组电压的有效值。将 u_O 代入式(10-1)得

$$U_O = \frac{1}{2\pi} \int_0^\pi \sqrt{2} U_2 \ \sin\omega t \ \mathrm{d}(\omega t)$$

则

$$U_O = \frac{\sqrt{2}}{\pi} U_2 \approx 0.45 U_2 \qquad (10-2)$$

此式说明,在半波整流情况下,负载上所得的直流电压只有变压器次级绕组电压有效值的45%。如果考虑二极管的正向电阻和变压器等效电阻上的压降,则 U_O 数值还要低。

在半波整流电路中,二极管的电流等于输出电流,所以

$$I_O = I_D = \frac{U_O}{R_L} = 0.45 \frac{U_2}{R_L} \qquad (10-3)$$

3. 脉动系数 S

整流输出电压的脉动系数,定义为输出电压的基波最大值 U_{O1m} 与输出直流电压值 U_O 之比,即

$$S = \frac{U_{O1m}}{U_O} \qquad (10-4)$$

其中 U_{O1m} 可通过半波输出电压 u_O 的富氏级数求得

$$U_{O1m} = \frac{U_2}{\sqrt{2}} \qquad (10-5)$$

所以

$$S = \frac{U_{O1m}}{U_O} = \frac{\dfrac{U_2}{\sqrt{2}}}{\dfrac{\sqrt{2}}{\pi} U_2} = \frac{\pi}{2} \approx 1.57 \qquad (10-6)$$

即半波整流电路的脉动系数为157%,所以脉动成分很大。

4. 选管原则

一般选管时是根据二极管的电流 I_D 和二极管所承受的最大反向峰值电压 U_{RM} 进行选择,即二极管的最大整流电流 $I_F \geqslant I_D$,二极管的最大反向工作电压 $U_R \geqslant U_{RM} = \sqrt{2} U_2$。

半波整流电路的优点是结构简单,使用的元件少。但是也存在明显的缺点:只利用了电源的半个周期,所以电源利用率低,输出的直流成分比较低;输出波形的脉动大;变压器电流含有直流成分,容易饱和。故半波整流只用在要求不高,输出电流较小的场合。

10.1.2 单相全波整流电路

1. 电路与工作原理

为提高电源的利用率,可将两个半波整流电路合起来组成一个全波整流电路,如图10-3(a)所示。二极管 V_{D1}、V_{D2} 在正、负半周轮流导电,且流过负载 R_L 的电流为同一方向,故在正、负半周,负载上均有输出电压。

当 u_2 为正半周时,V_{D1} 导通,V_{D2} 截止,i_{D1} 流过负载 R_L,产生上正下负的输出电压;当 u_2 为负半周时,V_{D1} 截止,V_{D2} 导通,i_{D2} 流过负载 R_L,产生输出电压的方向仍然是上正下负,故在负载上得到一个单方向的脉动电压,其整流波形如图10-3(b)所示。

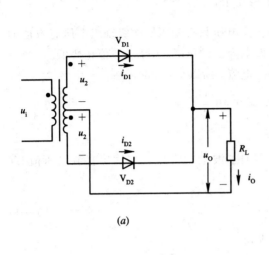

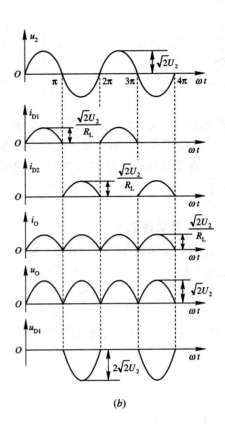

(a)

(b)

图 10 - 3 全波整流电路

2. 直流电压 U_O 和直流电流 I_O 的计算

由输出波形可看出，全波整流输出波形是半波整流时的两倍，所以输出直流电压也为半波时的两倍，即

$$U_O = \frac{2\sqrt{2}}{\pi}U_2 \approx 0.9\,U_2 \tag{10-7}$$

$$I_O = \frac{U_O}{R_L} = 0.9\,\frac{U_2}{R_L} \tag{10-8}$$

3. 脉动系数 S

全波整流电路输出电压的基波频率为 2ω，求得基波最大值为

$$U_{O1m} = \frac{4\sqrt{2}}{3\pi}U_2$$

故脉动系数为

$$S = \frac{\dfrac{4\sqrt{2}}{3\pi}U_2}{\dfrac{2\sqrt{2}}{\pi}U_2} = \frac{2}{3} \approx 0.67 \tag{10-9}$$

显然脉动系数下降到 67%。

4. 选管原则

由于 V_{D1}、V_{D2} 轮流导电，故流过每个管子的平均电流为输出平均电流的一半，即

$$I_D = \frac{1}{2} I_O \qquad (10-10)$$

选择管子时要求

$$I_F \geqslant I_D = \frac{1}{2} I_O$$

全波整流电路每管承受的反向峰值电压 U_{RM} 为 u_2 的峰值电压的两倍，即

$$U_{RM} = 2\sqrt{2} U_2 \qquad (10-11)$$

因为无论正半周还是负半周，均是一管截止，而另一管导通，故变压器次级两个绕组的电压全部加至截止二极管的两端。选管时应满足

$$U_R \geqslant 2\sqrt{2} U_2 \qquad (10-12)$$

全波整流电路的优点是：电源利用率高，输出电压提高了一倍。每个管子仅提供输出电流 I_O 的一半。但是，要求管子耐压要高，且需要一个具有中心抽头的变压器，工艺复杂，成本高。为此常采用全波整流的另一种形式——桥式整流。

10.1.3　单相桥式整流电路

1. 电路与工作原理

桥式整流电路只用一个无中心抽头的次级绕组同样可达到全波整流的目的。桥式整流电路如图 10-4(a)、(b)所示，电路中采用了四只二极管，接成桥式。电路也可画成如图 10-4(c)所示的简化形式。

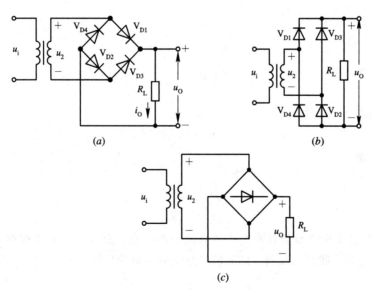

图 10-4　桥式整流电路

可查看桥式全波整流仿真

当 u_2 为正半周时，V_{D1}、V_{D2} 导通，V_{D3}、V_{D4} 截止；当 u_2 为负半周时，V_{D1}、V_{D2} 截止，

V_{D3}、V_{D4} 导通。而流过负载的电流的方向是一致的。其波形图如图 10 - 5 所示。

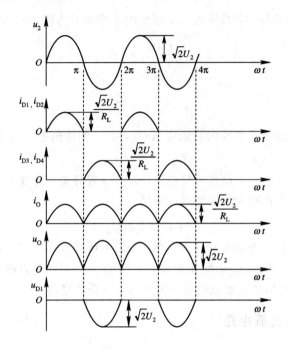

图 10 - 5 桥式整流电路波形图

由上述可见,除管子所承受的最大反向电压不同于全波整流外,其它参数均与全波整流相同。

2. 直流电压 U_O 和直流电流 I_O 的计算

$$U_O = 0.9 U_2 \qquad (10-13)$$

$$I_O = 0.9 \frac{U_2}{R_L} \qquad (10-14)$$

$$I_D = \frac{1}{2} I_O = 0.45 \frac{U_2}{R_L} \qquad (10-15)$$

3. 脉动系数 S

$$S = 0.67 \qquad (10-16)$$

4. 选管原则

$$I_F \geqslant \frac{1}{2} I_O \qquad (10-17)$$

$$U_R \geqslant \sqrt{2} U_2 \qquad (10-18)$$

由上述可看出,桥式整流具有全波整流的全部优点,而且避免了全波整流的缺点。桥式整流的缺点是需要四只二极管。目前桥式整流应用最为广泛。

10.2 滤 波 电 路

无论哪种整流电路,它们的输出电压都含有较大的脉动成分,这远不能满足我们的要求，因此需要采取措施，尽量降低输出电压中的脉动成分，同时还要尽量保留其中的直流成分，使输出电压更加平滑，接近直流电压。滤波电路即能完成此工作。

电容和电感是基本的滤波元件，主要利用电容器两端电压不能突变和流过电感器的电流不能突变的特点，将电容和负载电阻并联或将电感器与负载电阻串联，即可达到输出波形平滑的目的。

10.2.1 电容滤波电路

图 10-6 所示为单相桥式整流电容滤波电路。下面分空载和负载两种情况讨论。

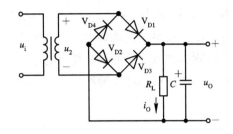

1. 空载时的情况

空载时 $R_L \rightarrow \infty$，设电容 C 两端的初始电压 u_C 为零。接入交流电源后，当 u_2 为正半周时，V_{D1}、V_{D2} 导通，则 u_2 通过 V_{D1}、V_{D2} 对电容充电。当 u_2 为负半周时，V_{D3}、V_{D4} 导通，u_2 通

图 10-6　桥式整流、电容滤波电路

可查看桥式全波整流电容滤波仿真

过 V_{D3}、V_{D4} 对电容充电。由于充电回路等效电阻很小，所以充电很快，电容 C 迅速被充到交流电压 u_2 的最大值 $\sqrt{2}U_2$。此时二极管的正向电压始终小于或等于零，故二极管均截止，电容不可能放电，故输出电压 U_O 恒为 $\sqrt{2}U_2$，其波形如图 10-7(a)所示。

由此可看出空载时电容滤波效果很好，不仅 u_O 无脉动，而且输出直流电压由 $0.9U_2$（半波整流为 $0.45U_2$）上升到 $\sqrt{2}U_2 = 1.4U_2$。但需注意，当电源接通时，正好对应 u_2 的峰值电压，这将有很大的瞬时冲击电流流过二极管。因此，选择二极管时其参数应留有余地，且电路中还应加限流电阻，以防止二极管损坏。

2. 带电阻负载时的情况

图 10-7(b)波形表示了电容滤波在带电阻负载后的工作情况。当 $t=0$ 时电源接通，u_2 在正半周，u_2 通过 V_{D1}、V_{D2} 对电容充电。由于等效电阻小，故这一段时间 $u_O = u_2$，当 $t=t_1$ 时，$u_2 = \sqrt{2}U_2$，电容电压也达到最大值。之后 u_2 下降，由于电容电压不能突变，$V_{D1} \sim V_{D4}$ 均反向偏置，故电容 C 通过 R_L 放电。由于 R_L 较大，故放电时间常数 $R_L C$ 较大。放电过程直至下一个周期 u_2 上升到和电容上电压 u_C 相等的 t_2 时刻，u_2 通过 V_{D3}、V_{D4} 对 C 充电，直至 $t=t_3$，二极管又截止，电容再次放电。如此循环，形成周期性的电容器充放电过程。

由以上分析，可得到以下几个结论：

（1）电容滤波以后，输出直流电压提高

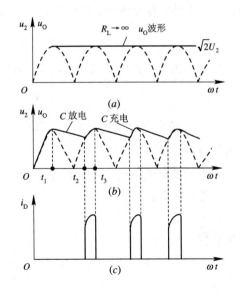

图 10-7　电容滤波波形

了，同时输出电压的脉动成分也降低了，而且输出直流电压与放电时间常数有关。当

$R_LC \to \infty$ 时(相当开路),输出电压最高,$U_O = \sqrt{2}U_2 \approx 1.4U_2$,$S=0$,滤波效果最佳,为此,应选择大容量的电容作为滤波电容。这里因为要求负载电阻 R_L 也要大,所以,电容滤波适用于在大负载场合下运用。R_LC 变化对电容滤波的影响如图 10-8 所示。

(2)电容滤波的输出电压 U_O 随输出电流 I_O 而变化。当负载开路,即 $I_O = 0$($R_L \to \infty$)时,电容充电达到最大值 $\sqrt{2}U_2$ 后不再放电,故 $U_O = \sqrt{2}U_2$。当 I_O 增大(即 R_L 减小)时,电容放电加快,使 U_O 下降。忽略整流电路的内阻,桥式整流、电容滤波电路的输出电压 U_O 值在 $\sqrt{2}U_2 \sim 0.9U_2$ 范围内变化。若考虑内阻,则 U_O 值将下降。输出电压与输出电流的关系曲线称为整流电路的外特性。电容滤波电路的外特性如图 10-9 所示。由图可看出,电容滤波电路的输出电压随输出电流的增大而下降很快,所以电容滤波适用于负载电流变化不大的场合。

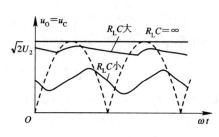

图 10-8 R_LC 对电容滤波的影响

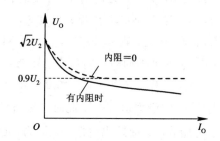

图 10-9 电容滤波电路的外特性

(3)由电容滤波工作过程和波形可看出,电容滤波电路中整流二极管的导电时间缩短了,导电角小于 $180°$,且电容放电时间常数愈大,则导电角愈小。由于电容滤波后,输出直流电流提高了,而导电角却减小了,故整流管在短暂的导电时间内将流过一个很大的冲击电流,这样易损坏整流管,所以应选择 I_F 较大的整流二极管。一般应选二极管

$$I_F \geqslant (2 \sim 3)\frac{1}{2}\frac{U_O}{R_L}$$

为了获得较好的滤波效果,实际工作中按下式选择滤波电容的容量:

$$R_LC \geqslant (3 \sim 5)\frac{T}{2} \tag{10-19}$$

其中 T 为交流电网电压的周期。一般电容值较大(几十至几千微法),故选用电解电容器,其耐压值应大于 $\sqrt{2}U_2$。

电容滤波整流电路,其输出电压 U_O 在 $\sqrt{2}U_2 \sim 0.9U_2$ 之间。当满足式(10-19)时,可按下式进行估算:

$$U_O \approx 1.2U_2 \tag{10-20}$$

脉动系数

$$S = \frac{U_{O1m}}{U_O} \approx \frac{1}{4\dfrac{R_LC}{T} - 1} \tag{10-21}$$

电容滤波电路结构简单,使用方便,但是当要求输出电压的脉动成分非常小时,则要求电容器的容量很大,这样不但不经济,甚至不可能。当要求输出电流较大或输出电流变化较大时,电容滤波也不适用。此时,应考虑其它形式的滤波电路。

10.2.2　其它形式的滤波电路

为提高滤波性能，降低脉动系数，可采用 RC - π 型滤波电路或 LC - π 型滤波电路，如图 10 - 10 所示。

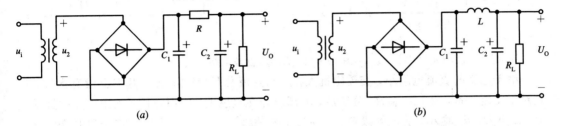

$$(a) \qquad\qquad\qquad\qquad (b)$$

图 10 - 10　π 型滤波电路

RC - π 型滤波过程如下：经过第一次电容滤波后，电容 C_1 两端的电压含有直流分量和交流分量。设直流分量为 U_O'，交流分量的基波成分的幅值为 U_{O1m}'。通过 R 和 C_2 再滤波一次后，显然会使脉动系数进一步降低。设第二次滤波后，负载上得到的直流分量和基波分量的幅值分别为 U_O 和 U_{O1m}，且存在如下关系：

$$U_O = \frac{R_L}{R + R_L} U_O' \qquad\qquad (10 - 22)$$

$$U_{O1m} = \frac{R_L}{R + R_L} \frac{1/(\omega C_2)}{\sqrt{R'^2 + (1/(\omega C_2))^2}} U_{O1m}' \qquad\qquad (10 - 23)$$

式中 $R' = R /\!/ R_L$，ω 是整流输出脉冲电压的基波角频率，在电网频率是 50 Hz 全波整流情况下，$\omega = 2\pi f = 628$ rad/s。若 $\dfrac{1}{\omega C_2} \ll R'$，则式(10 - 23)简写为

$$U_{O1m} \approx \frac{R_L}{R + R_L} \frac{1}{\omega C_2 R'} U_{O1m}' \qquad\qquad (10 - 24)$$

由式(10 - 22)、(10 - 24)可求得输出电压的脉动系数

$$S = \frac{U_{O1m}}{U_O} \approx \frac{1}{\omega C_2 R'} \frac{U_{O1m}'}{U_O'} = \frac{1}{\omega C_2 R'} S' \qquad\qquad (10 - 25)$$

式中，S' 为 C_1 两端电压的脉动系数。

C_2、R' 愈大，滤波效果愈好。但由于电阻 R 存在，也会使输出直流电压降低。为了得到与电容滤波同样的输出直流电压，就必须提高变压器次级输出电压 u_2。为此，可将 R 用电感 L 替换，组成 LC - π 型滤波电路。由于电感对直流呈现电阻小而对交流呈现阻抗大，这样就更进一步提高了滤波效果。当 $\dfrac{1}{\omega C_2} \ll R_L$ 时，

$$S \approx \frac{S'}{\omega^2 L C_2} \qquad\qquad (10 - 26)$$

π 型滤波电路，其输出直流电压 U_O 的估算均与电容滤波相同，即

$$U_O \approx 1.2 U_2$$

如果需要大电流输出，或输出电流变化范围较大，则可采用 L 滤波或 LC 滤波电路，如图 10 - 11 所示。

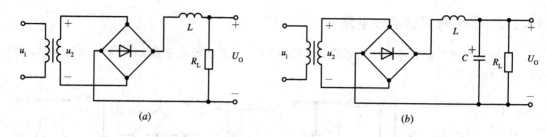

图 10 - 11 L、LC 滤波电路

由于电感的直流电阻小，交流阻抗大，因此直流分量经过电感后基本上没有损失，但是对于交流分量，经 $j\omega L$ 和 R_L 分压后，大部分降在电感上，因而降低了输出电压的脉动成分。L 愈大，R_L 愈小，滤波效果愈佳，所以电感滤波适用于负载电流比较大和电流变化较大的场合。

为了提高滤波效果，可在输出端再并上一个电容 C，组成 LC 滤波电路，它在负载电流较大时或较小时均有较佳的滤波特性，故 LC 对负载的适应力较强，特别适合于电流变化较大的场合。

对于 L 滤波和 LC 滤波电路，如忽略电感上的压降，则直流输出电压等于全波整流的输出电压，即

$$U_O = 0.9 U_2 \tag{10 - 27}$$

各种滤波电路的特点列表比较，如表 10-1 所示。表中 $U_O^{'}$ 指整流电路的输出电压。

表 10 - 1 各种滤波器性能比较

外特性序号	性能类型	$U_O^{'}/U_2$（小电流）	适用场合	整流管的冲击电流	外　特　性
①	电容滤波	≈ 1.2	小电流	大	
②	$RC - \pi$ 型滤波	≈ 1.2	小电流	大	
③	$LC - \pi$ 型滤波	≈ 1.2	小电流	大	
④	L 滤波	0.9	大电流	小	
⑤	LC 滤波	0.9	适应性较强	小	

10.3 倍压整流电路

为了得到高的直流电压输出，上述各种电路都可以用升高变压器次级电压 u_2 的方法实现，但变压器体积太大，且要求二极管和电容的耐压性能也高，所以，当输出高的直流

电压,且输出电流较小时,经常采用倍压整流。

10.3.1 二倍压整流电路

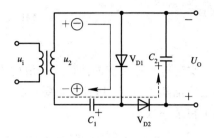

二倍压整流电路如图 10 - 12 所示,其工作原理如下:在 u_2 的正半周时,V_{D1} 导通,V_{D2} 截止,电容器 C_1 充电,极性如图 10 - 12 所示,其值可达 $\sqrt{2}U_2$;在 u_2 的负半周时,V_{D1} 截止,V_{D2} 导通,此时变压器次级电压 u_2 和电容 C_1 上的电压对电容 C_2 充电,极性如图 10 - 12 所示,其值可达

图 10 - 12 二倍压整流电路

$2\sqrt{2}U_2$,输出电压从 C_2 两端输出,因输出电压值可达电容滤波输出电压的二倍,所以该电路为二倍压整流电路。为得到更高倍数的输出电压,可采用多倍压整流电路。

10.3.2 多倍压整流电路

多倍压整流电路如图 10 - 13 所示,其工作过程如下:在 u_2 的第一个正半周时,电源电压通过 V_{D1} 将电容 C_1 上的电压充电到 $\sqrt{2}U_2$;在 u_2 的第一个负半周时,V_{D2} 导通,u_2 和 C_1 上的电压共同将 C_2 上的电压充至 $2\sqrt{2}U_2$。在 u_2 的第二个正半周时,电源对电容 C_3 充电,通路为 $u_2 \rightarrow C_2 \rightarrow V_{D3} \rightarrow C_3 \rightarrow C_1$,$u_{C_3} = u_2 + u_{C_2} - u_{C_1} \approx 2\sqrt{2}U_2$;在 u_2 的第二个负半周时,对电容 C_4 充电,通路为 $u_2 \rightarrow C_1 \rightarrow C_3 \rightarrow V_{D4} \rightarrow C_4 \rightarrow C_2$,$u_{C_4} = u_2 + u_{C_1} + u_{C_3} - u_{C_2} \approx 2\sqrt{2}U_2$。依次类推,电容 C_5、C_6 也充至 $2\sqrt{2}U_2$,它们的极性如图 10 - 13 所示。只要将负载接至有关电容组的两端,就可得到相应多倍压直流电压输出。

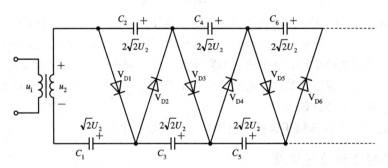

图 10 - 13 多倍压整流电路

上述分析均在理想情况下,即电容器两端电压可充至变压器次级电压的最大值。实际上由于存在放电回路,所以达不到最大值,且电容充放电时,电容器两端电压将上下波动,即有脉冲成分。由于倍压整流是从电容两端输出,当 R_L 较小时,电容放电快,输出电压降低,且脉冲成分加大,故倍压整流只适合于要求输出电压较高,负载电流小的场合。

由上可看出倍压整流、管子的耐压和电容的耐压均为 $2\sqrt{2}U_2$。

高电压、小电流的电源也可通过振荡器产生一个高频电压,然后经过一个提升变压器将电压提高到所需电压值,再对此高电压进行整流。因为高频时,变压器铁芯小,可使整个设备简单,体积也较小。

10.4 稳 压 电 路

交流电经过整流滤波可得平滑的直流电压,但当输入电网电压波动和负载变化时,输出电压也随之而变。因此,需要一种稳压电路,使输出电压在电网波动、负载变化时基本稳定在某一数值。

10.4.1 稳压电路的主要指标

稳压电路的主要指标指稳压系数 S_r 和稳压电路的输出电阻 r_O。

1. 稳压系数 S_r

稳压系数是在负载固定不变的前提下,输出电压的相对变化量 $\Delta U_O/U_O$ 与稳压电路输入电压的相对变化量 $\Delta U_I/U_I$ 之比,即

$$S_r = \frac{\Delta U_O/U_O}{\Delta U_I/U_I} \bigg|_{R_L=常数} \tag{10-28}$$

该指标反映了电网波动对输出电压的影响。此处稳压电路输入电压 U_I 就是整流滤波以后的直流电压。

2. 稳压电路的输出电阻 r_O

输出电阻可以衡量稳压电路受负载电阻的影响程度,即

$$r_O = \frac{\Delta U_O}{\Delta I_O} \bigg|_{U_I=常数} \tag{10-29}$$

除了上述两个指标外,有时还用其它指标:电压调整率,指当电网电压(u_2)变化 10% 时,输出电压的相对变化量;电流调整率,指当输出电流 I_O 从零变到最大时,输出电压的相对变化量;最大波纹电压,指在输出端存在的 50 Hz 或 100 Hz 的交流分量,通常以有效值或峰—峰值表示;温度系数,指电网电压和负载都不变时,由于温度变化而引起的输出电压漂移等。本节主要讨论 S_r、r_O。

常用的稳压电路有硅稳压管稳压电路和串联型稳压电路。

10.4.2 硅稳压管稳压电路

稳压管的工作原理在第一章已介绍过,其电路如图 10-14(a)所示,稳压管的伏安特性如图 10-14(b)所示。

硅稳压管稳压是利用其反向击穿时的伏安特性。从图 10-14 可看出,在反向击穿区,当流过稳压管的电流在一个较大的范围内变化时,稳压管两端相应的电压变化量 ΔU 很小,所以稳压管和负载并联,就能在一定条件下稳定输出电压。

稳压管工作时应在规定电流范围内。由伏安特性可见,若工作电流太小,电压随电流变化大,不能稳压。但工作电流太大,会使管子的功耗太大,故工作电流应小于 $I_{z\,max} = P_z/U_z$。小功率稳压管的工作电流范围大致是 5～40 mA,大功率稳压管的工作电流可达几安培到十几安培。

稳压管稳压性能的好坏取决于稳压管的动态电阻 r_z。动态电阻愈小，稳压性能愈好。对同一只管子，当工作电流大时，动态电阻小，稳压特性好。

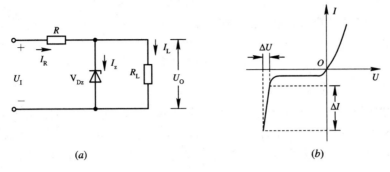

(a)　　　　　　　　　　(b)

图 10 - 14　稳压管稳压电路

1. 稳压原理

图 10 - 14(a)中，U_I 是整流滤波后的电压，稳压管 V_{Dz} 与负载电阻 R_L 并联。为保证稳压，V_{Dz} 应工作在反向击穿区。限流电阻 R 一方面保证流过 V_{Dz} 的电流不超过 $I_{z\,max}$，另一方面当电网电压波动时，通过调节 R 上的压降，保持输出电压基本不变。

稳压原理如下：

(1) 输入电压 U_I 保持不变，当负载电阻 R_L 减小，I_L 增大时，由于电流在电阻 R 上的压降升高，输出电压 U_O 将下降。由于稳压管并联在输出端，由伏安特性可看出，当稳压管两端的电压略有下降时，电流 I_z 将急剧减小，而 $I_R = I_L + I_z$，所以 I_R 基本维持不变，R 上的压降也就维持不变，从而保证输出电压 U_O 基本不变，即

$$R_L \downarrow \rightarrow I_L \uparrow \rightarrow I_R \uparrow \rightarrow U_O \downarrow \rightarrow I_z \downarrow \rightarrow I_R \downarrow = I_L + I_z \longrightarrow$$
$$U_O \uparrow \longleftarrow$$

(2) 负载电阻 R_L 不变，当电网电压升高时，将使 U_I 增加，随之输出电压 U_O 也增大，由稳压管伏安特性可见，I_z 将急剧增加，则电阻 R 上的压降增大，$U_O = U_I - U_R$，从而使输出电压基本保持不变，即

$$U_I \uparrow \rightarrow U_O \uparrow \rightarrow I_z \uparrow \rightarrow I_R \uparrow \rightarrow U_R \uparrow \longrightarrow$$
$$U_O \downarrow \longleftarrow$$

综上所述，稳压管稳压是利用稳压管调节自身的电流大小来满足负载电流的变化，它和限流电阻 R 配合，可以将电流的变化转换成电压的变化以适应电网电压和负载的波动。

2. 指标计算

(1) 稳压系数。按式(10 - 28)，考虑 $\Delta U_O / \Delta U_I$ 时，可利用图 10 - 15 所示的等效电路（仅考虑变化量）计算，则

$$\frac{\Delta U_O}{\Delta U_I} = \frac{r_z \mathbin{/\mkern-5mu/} R_L}{R + r_z \mathbin{/\mkern-5mu/} R_L} \approx \frac{r_z}{R + r_z} \quad (R_L \gg r_z)$$

故

$$S_r = \frac{\Delta U_O}{\Delta U_I} \frac{U_I}{U_O} \approx \frac{r_z}{R + r_z} \frac{U_I}{U_z} \qquad (10 - 30)$$

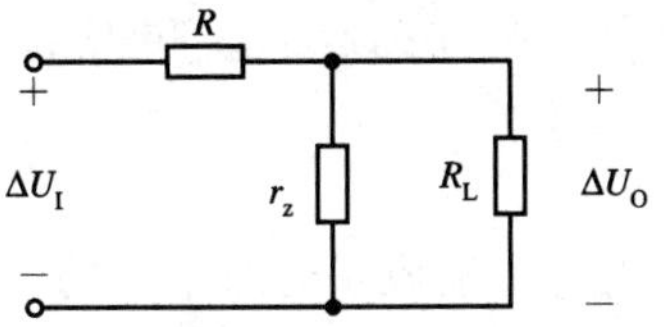

图 10 - 15　稳压电路的交流等效电路

当 $R \gg r_z$ 时

$$S_r \approx \frac{r_z}{R} \frac{U_I}{U_z} \qquad (10-31)$$

可见，如果 r_z 愈小，R 愈大，则稳压系数愈小。

（2）输出电阻 r_O。从图 $10-15$ 可求得输出电阻为

$$r_O = r_z /\!/ R \approx r_z \qquad (10-32)$$

3. 限流电阻 R 的选择

由前所述限流电阻 R 的主要作用就是当电网电压波动或负载电阻变化时，使稳压管的工作状态始终在稳压工作区内，即 $I_{z\,min} \leqslant I_z \leqslant I_{z\,max}$。当电网电压变化时，整流滤波电路输出电压（即稳压电路的输入电压）U_I 变化范围为 $U_{I\,min}$ 至 $U_{I\,max}$，负载电流最大时的值为 $\frac{U_z}{R_{L\,min}}$，最小时的值为 $\frac{U_z}{R_{L\,max}}$。

（1）当电网电压最高，即为 $U_{I\,max}$，且负载电流最小为 $\frac{U_z}{R_{L\,max}}$ 时，流过稳压管的电流最大，其值不应超过 $I_{z\,max}$，即

$$\frac{U_{I\,max}-U_z}{R} - \frac{U_z}{R_{L\,max}} < I_{z\,max} \qquad (10-33)$$

$$R > \frac{U_{I\,max}-U_z}{R_{L\,max}I_{z\,max}+U_z}R_{L\,max} \qquad (10-34)$$

（2）当电网电压最低，即为 $U_{I\,min}$，且负载电流最大为 $\frac{U_z}{R_{L\,min}}$ 时，流过稳压管的电流最小，其值不应低于允许的最小值，即

$$\frac{U_{I\,min}-U_z}{R} - \frac{U_z}{R_{L\,min}} > I_{z\,min} \qquad (10-35)$$

$$R < \frac{U_{I\,min}-U_z}{R_{L\,min}I_{z\,min}+U_z}R_{L\,min} \qquad (10-36)$$

限流电阻 R 可在式 $(10-34)$ 和式 $(10-36)$ 范围内选取。如不能同时满足式 $(10-34)$ 和式 $(10-36)$，则说明在给定的条件下已超出稳压管的稳压范围了，需要限制使用条件或选用参数余量较大的稳压管。

【例1】 稳压电路如图 $10-14(a)$ 所示，稳压管为 2CW14，其参数是 $U_z=6$ V，$I_z=10$ mA，$P_z=200$ mW，$r_z<15$ Ω。整流滤波输入电压 $U_I=15$ V。

（1）试计算当 U_I 变化 $\pm10\%$，负载电阻在 $0.5\sim2$ kΩ 范围变化时，限流电阻 R 的值。

（2）按所选定的电阻 R 值，计算该电路的稳压系数及输出电阻。

解 首先确定 $I_{z\,max}$ 和 $I_{z\,min}$，即

$$I_{z\,max} = \frac{P_z}{U_z} = \frac{200}{6} \approx 33 \text{ mA}$$

$I_{z\,min}$ 一般取手册所给定的稳压电流值，即

$$I_{z\,min} = I_z = 10 \text{ mA}$$

其次确定 $U_{I\,max}$ 和 $U_{I\,min}$，即

$$U_{I\,max} = U_I + U_I 10\% = U_I(1 + 10\%) = 16.5 \text{ V}$$
$$U_{I\,min} = U_I - U_I 10\% = U_I(1 - 10\%) = 13.5 \text{ V}$$

（1）由式(10-34)和式(10-36)可得

$$R > \frac{16.5 - 6}{2 \times 33 + 6} \times 2 \approx 0.29 \text{ k}\Omega$$

$$R < \frac{13.5 - 6}{0.5 \times 10 + 6} \times 0.5 \approx 0.34 \text{ k}\Omega$$

即 $0.29 \text{ k}\Omega < R < 0.34 \text{ k}\Omega$，可选 $R = 320\ \Omega$，电阻的额定功率为

$$P_R = \frac{(16.5 - 6)^2}{320} \approx 0.34 \text{ W}$$

选取 1 W 的碳膜电阻或金属膜电阻。

（2）由式(10-30)和式(10-32)可求得

$$S_r \approx \frac{r_z}{R + r_z} \frac{U_I}{U_z} = \frac{15}{320 + 15} \times \frac{15}{6} \approx 0.11 = 11\%$$

$$r_O = R /\!/ r_z = 320 /\!/ 15 = 14.3\ \Omega$$

硅稳压管稳压电路在输出电压不需调节，负载电流比较小的情况下，稳压效果较好，所以在小型电子设备中经常采用它。但这种稳压电路输出电压不可调节，输出电压就是稳压管的稳压值 U_z。当电网电压或负载电流变化太大时，此电路也不适应，这时可采用串联型稳压电路。

10.4.3　串联型稳压电路

串联型稳压电路通常由调整元件、基准电压、取样网络、比较放大以及过载或短路保护、辅助电源等辅助环节组成，其基本原理框图如图 10-16 所示。

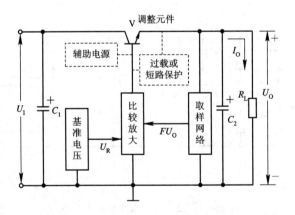

图 10-16　串联型稳压电路原理框图

一般情况下，取样网络及过载或短路保护电路的电流比负载电流小得多，所以调整元件 V 的电流与负载电流 I_O 近似相等，可将 V 与负载电阻 R_L 看成串联关系，故该电路称为串联型稳压电路。

该电路的核心部分是调整元件 V 组成的射极输出器，负载电阻作为射极电阻，整流滤波电路的输出电压作为电源。射极输出器是电压串联负反馈电路，它本身就具有稳定输出

电压的特点。调整元件的工作点必须设置在放大区，方能起到电压调整作用。输出电压 U_O 是输入电压 U_I 与管压降 U_{CE} 之差，即 $U_O = U_I - U_{CE}$。

其稳压过程如下：由于输入电压或负载变化等原因而使输出电压 U_O 发生变化，这时通过取样网络，取样电压 FU_O 也作相应变化，FU_O 与基准电压 U_R 比较后，由放大环节对其差值进行放大，所放大的差值信号对调整元件进行负反馈控制，使其管压降 U_{CE} 作相应的变化，从而将输出电压 U_O 拉回到接近变化前的数值。可见，这是一个环路增益足够大的自动调节系统。

取样网络通常由一个电阻分压器组成。为使取样网络所流过的电流远远小于额定负载电流，取样网络的电阻值应远远大于额定负载电阻。同时为了使取样分压比 F 与比较放大电路无关，要求取样电阻远远小于比较放大电路的输入电阻。因此，选择取样电阻时，应考虑上述两个因素。

基准电压 U_R 通常由硅稳压管稳压电路提供。

比较放大电路可以是单管放大电路、差动放大电路或集成运算放大电路，要求有尽可能小的零点漂移和足够的放大倍数，出于此种考虑，后两种放大电路组成的稳压电路性能较好。按图 10 - 16 所示的方框图，可画出如图 10 - 17 所示的几种具体稳压电路。

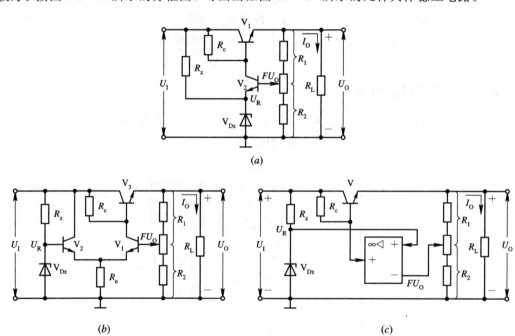

图 10 - 17　几种串联型稳压电路

在这些电路中，基准电压 U_R 均由硅稳压电路提供，取样网络由分压电阻 R_1、R_2 组成，调整元件均由三极管 V 担任，所不同的是比较放大环节分别由单级放大电路、差动放大电路、集成运算放大电路来担负。

上述各种电路中，比较放大环节的电源都是未经稳压的输入电压 U_I。由于 U_I 的变化将直接影响比较放大器的输出电位，故不利于稳压电路的输出电压的稳定。因此，在一些对稳压性能要求较高的稳压电路中，常常另外建立一组辅助稳压电源，作为比较放大环节的电源。如图 10-18 所示，由 R_5 和稳压管 V_{Dz2} 组成辅助稳压电源，比较放大环节的集电极负载 R_c 接到 V_{Dz2} 上，使其获得电源电压为 $V_{Dz2}+U_O$。因 V_{Dz2} 和 U_O 都是稳定的，从而使比较放大环节不受不稳定电压 U_I 的影响。

1. 输出电压 U_O 的计算及调节范围

以图 10-18 所示的电路为例，从分压关系可求得

$$U_{B_3} = \frac{R_2}{R_1+R_2} U_O \tag{10-37}$$

而由 V_2、V_3 及 V_{Dz1} 回路又可得

$$U_{B_3} = U_{BE_3} - U_{BE_2} + U_R = U_R \tag{10-38}$$

故

$$U_R = \frac{R_2}{R_1+R_2} U_O \tag{10-39}$$

$$U_O = \frac{R_1+R_2}{R_2} U_R \tag{10-40}$$

改变 R_1、R_2 可改变 U_O 之值，即调节电位器可达此目的。电位器调至最下端时，输出电压最大；电位器调至最上端时，输出电压最小。

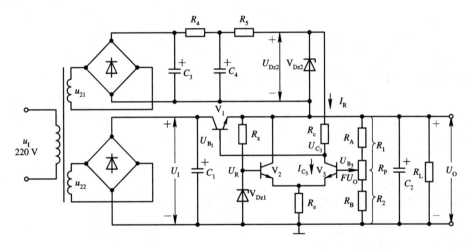

图 10-18 具有辅助电源的稳压电路

【例 2】 在图 10-18 中，V_{Dz1} 稳压电压 $U_{Dz1}=U_R=7\ V$，采样电阻 $R_A=1\ k\Omega$，$R_B=680\ \Omega$，$R_P=200\ \Omega$，试估算输出电压的调节范围。

解 根据式(10-40)

$$U_{O\,max} = \frac{R_A+R_B+R_P}{R_B} U_z = \frac{1+0.2+0.68}{0.68} \times 7 = 19.35\ V$$

$$U_{O\,min} = \frac{R_A+R_B+R_P}{R_B+R_P} U_z = \frac{1+0.2+0.68}{0.2+0.68} \times 7 = 14.95\ V$$

2. 最大负载电流额定值的估算

在输出电压稳定的条件下，电路可能向负载提供最大额定电流 $I_{O\,max}$。以图 10-18 为例，输出电压

$$U_O = U_{B_1} - 0.7\ V = U_{C_3} - 0.7\ V$$

要求 U_O 稳定，意味着流过 R_c 的电流 I_R 必须稳定，而 $I_R = I_{B_1} + I_{C_3}$。当负载电流 I_O 增大时，要求 $I_{B_1} \approx I_O/\beta_1$ 相应增大，为保持 I_R 基本不变，V_3 集电极电流 I_{C_3} 应相应减小。而 I_{C_3} 的减小是有限度的，当 $I_{C_3} \approx 0$ 时，V_3 已无法再起调节作用，所以 $I_{C_3} = 0$ 时，$I_O = I_{O\,max}$，故

$$I_{B_1} \approx \frac{I_{O\,max}}{\beta_1} \approx I_R$$

而

$$I_R = \frac{U_{Dz2} - 0.7}{R_c}$$

所以

$$I_{O\,max} \approx \beta_1 I_R = \beta_1 \frac{U_{Dz2} - 0.7}{R_c} \tag{10-41}$$

3. 调整管的考虑

串联型稳压电路中，调整管承担了全部负载电流，为了考虑调整管的安全工作问题，一般调整管选用大功率晶体管。

1）对 I_{CM} 的考虑

调整管中流过的最大集电极电流为

$$I_{CM} > I_{C\,max} = I_{O\,max} + I' \tag{10-42}$$

式中，$I_{O\,max}$ 为负载电流最大额定值，I' 为取样、比较放大和基准电源等环节所消耗的电流。

2）对 P_{CM} 的考虑

调整管可能承受的最大集电极功耗为

$$P_{C\,max} = U_{CE1\,max} I_{C\,max} = (U_{I\,max} - U_{O\,min}) I_{C\,max}$$

式中，$U_{I\,max}$ 是电网电压波动上升 10% 时，稳压电路的输入电压最大值，$U_{O\,min}$ 是稳压电源的最小额定输出电压，$I_{C\,max} = I_{O\,max} + I'$，选管时要求：

$$P_{CM} > (U_{I\,max} - U_{O\,min})(I_{O\,max} + I') \tag{10-43}$$

3）对击穿电压 BU_{CE} 的考虑

当输出短路时，输入最大电压 $U_{I\,max}$ 将全加在调整管 c、e 间，所以

$$BU_{CE} \geqslant U_{I\,max} \tag{10-44}$$

4）采用复合调整管

当要求负载电流较大时，调整管的基极电流也很大，靠放大器来推动有时十分困难。与功率放大相似，可用复合管组成调整管，如图 10-19 所示。图中 R' 的接入是为了减小 V_2 管的穿透电流流入 V_1 管的基极。因为当不接 R' 时，V_2 管的穿透电流将全部流入 V_1 管的基极，并经放大以后，成为 V_1 的工作电流，使调整管 V_1 的管耗增加，温度特性变坏。R' 愈小，对穿透电流的分流作用愈大，但对工作电流分流也大，故 R' 不能选得太小。

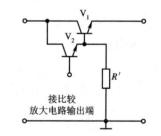

图 10-19 采用复合调整管

10.5 集成稳压电路

随着集成工艺的发展，稳压电路也制成了集成器件。它具有体积小、重量轻、使用方

便、运行可靠和价格低等一系列优点，因而得到广泛的应用。目前集成稳压电源的规格种类繁多，具体电路结构也有差异。最简便的是三端集成稳压电路，它只有三个引线端：不稳定电压输入端（一般与整流滤波电路输出相连）、稳定电压输出端（与负载相连）和公共接地端。如 W78$\times\times$ 系列，可提供 1.5 A 电流和输出为 5 V、6 V、9 V、12 V、15 V、18 V、24 V 等各挡正的稳定电压输出，其型号的后两位数字表示输出电压值。例如 W7805，表示输出电压为 5 V，其它依此类推。同类产品有 W78M$\times\times$ 系列和 W78L$\times\times$ 系列，它们的输出电流分别为 0.5 A 和 0.1 A。输出负压的系列为 W79$\times\times$。

三端集成稳压电源使用十分方便，只要按需要选定型号，再配上适当的散热片，就可接成稳压电路。下面列举一些具体应用电路的接法，以供使用时参考。

10.5.1 基本应用电路

基本应用电路如图 10-20 所示，其输出为固定电压。其中，电容 C_1 是在输入引线较长时抵消其电感效应以防止产生自激；C_2 用来减小输出脉动电压并改善负载的瞬态效应，即瞬时增减负载电流时不致引起输出电压有较大的波动。

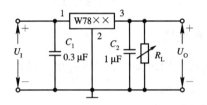

图 10-20　W78$\times\times$ 系列基本应用电路

使用时应防止公共端开路，因为当公共端开路时，其输出电位接近于不稳定的输入电位，有可能使负载过压而损坏。

如需用负压，改用 W79$\times\times$ 系列即可。

10.5.2 扩大输出电流的电路

W78$\times\times$ 或 W79$\times\times$ 系列组件，最大输出电流为 1.5 A，当需要大于 1.5 A 的输出电流时，可采用外接功率管来扩大电流输出范围，其电路如图 10-21 所示。

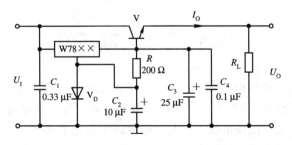

图 10-21　扩大输出电流的电路

10.5.3 扩大输出电压的电路

当所需电压大于组件的输出电压时，可采用升压电路，如图 10-22 所示。图中 R_1 上

的电压为 W78××的标称输出电压 $U_{××}$，输出端对地的电压为

$$U_{\mathrm{O}} = U_{××} + \frac{U_{××}}{R_1}R_2 + I_{\mathrm{Q}}R_2 = \left(1 + \frac{R_2}{R_1}\right)U_{××} + I_{\mathrm{Q}}R_2$$

式中 I_{Q} 为 W78××的静态工作电流，通常 $I_{\mathrm{Q}}R_2$ 较小，输出电压近似为

$$U_{\mathrm{O}} \approx \left(1 + \frac{R_2}{R_1}\right)U_{××} \tag{10-45}$$

由于电阻支路 R_1、R_2 的接入，因而输出电压的稳定度降低。

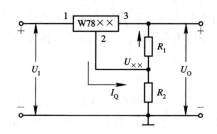

图 10-22　扩大输出电压的电路

10.5.4　输出电压可调的电路

当要求稳压电源输出电压范围可调时，可以应用集成稳压器与集成运放接成输出电压可调的稳压电路，如图 10-23 所示。

在图 10-23 中，集成运放 F007 接成电压跟随器形式，电阻 R_1 上的电压近似等于集成稳压器的标称输出电压 $U_{××}$，因此输出电压值为

$$U_{\mathrm{O}} = \left(1 + \frac{R_2}{R_1}\right)U_{××} \tag{10-46}$$

所以改变 R_2/R_1 值即可改变输出电压值。

有关三端稳压电路的内部电路，读者可参阅有关书籍。

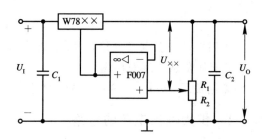

图 10-23　输出电压可调电路

10.6　开关型稳压电路

前面介绍的晶体管稳压电源属于串联线性调整型稳压电路，它具有输出稳定度高、输出电压可调、波纹系数小、线路简单、工作可靠等优点，而且已经有多种集成稳压器供选用，是目前应用最广泛的稳压电路。但是，这种稳压电路的调整管总是工作在放大状态，一直有电流流过，故管子的功耗较大，电路的效率不高，一般只能达到 30%～50%。开关型稳压电路能克服上述缺点。在开关型稳压电路中，调整管工作在开关状态，管子交替工作在饱和与截止两种状态中。当管子饱和导通时，流过管子的电流虽然大，可是管压降很小；当管子截止时，管压降大，可是流过的电流接近于零。所以调整管在开关工作状态下本身的功耗很小。在输出功率相同的条件下，开关型稳压电源比串联型稳压电源的效率

高，一般可达 80%～90%。由于电路自身消耗的功率小，有时连散热片都不用，因此体积小、重量轻。

　　开关型稳压电源也有不足之处，主要表现在：输出波纹系数大；调整管不断在导通与截止状态之间转换，从而对电路产生射频干扰；电路比较复杂且成本高。随着微电子技术的迅猛发展，大规模集成技术日臻完善。近年来已陆续生产出开关电源专用的集成控制器及单片集成开关稳压电源，这对提高开关电源的性能，降低成本，以及在使用维护等方面起到了明显效果。目前开关稳压电源已在计算机、电视机、通信和航天设备中得到了广泛的应用。

　　开关型稳压电源种类繁多，按开关信号产生的方式可分为自激式、它激式和同步式三种；按所用器件可分为双极型晶体管、功率 MOS 管、场效应管、晶闸管等开关电源；按控制方式可分为脉宽调制(PWM)、脉频调制(PFM)和混合调制三种方式；按开关电路的结构形式可分为降压型、反相型、升压型和变压器型等；从开关调整管与负载 R_L 的连接方式上可分为串联型和并联型。

10.6.1　串联型开关稳压电源

　　串联型开关稳压电源是最常用的开关稳压电源。图 10-24 为串联它激式单端降压型开关稳压电源的方框图(图(a))和电路原理图(图(b))。

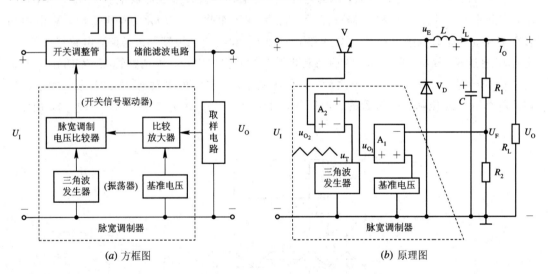

图 10-24　串联型开关稳压电源的方框图及电路原理图

1. 电路组成

　　从图 10-24(a)所示方框图可看出，它同前述的线性调整型串联稳压电路相比，其中取样电路、比较放大器和基准电压与前述的串联型稳压电路相同，不同的是开关脉冲发生器(由振荡器和脉宽调制电压比较器组成)、开关调整管和储能滤波电路三部分。这三部分的功能分别如下所述。

　　(1) 开关脉冲发生器：一般由振荡器和脉宽调制电压比较器组成，产生开关脉冲。脉冲的宽度受比较放大器输出电压的控制。由于取样电路、基准电压和比较放大器构成的是负反馈系统，故输出电压 U_O 升高时，比较放大器输出的控制电压降低，使开关脉冲变窄；反之，U_O 下降时，控制电压升高，开关脉冲增宽。

(2) 开关调整管：一般由功率管组成，在开关脉冲的作用下，使其导通或截止，工作在开关状态。开关脉冲的宽窄控制调整管导通与截止的时间比例，从而输出与之成正比的断续脉冲电压。

(3) 储能滤波电路：一般由电感 L、电容 C 和二极管 V_D 组成。它能把调整管输出的断续脉冲电压变成连续的平滑直流电压。当调整管导通时间长、截止时间短时，输出直流电压就高，反之则低。

2. 工作原理和稳压过程

在图 10-24(b) 中，U_I 为开关电源的输入电压，即整流滤波的输出电压。U_O 为开关电源的输出电压。R_1 和 R_2 组成采样电路并接在输出两端，采样电压即反馈电压 $U_F = \dfrac{R_2}{R_1+R_2} U_O$。$A_1$ 为比较放大器，同相输入端接基准电压 U_R，反相输入端与 U_F 相连。A_2 为脉宽调制电压比较器，同相端接 A_1 输出电压 u_{O_1}，反相端与三角波发生器输出电压 u_T 相连，A_2 输出的矩形波电压 u_{O_2} 是驱动调整管通、断的开关信号。

由电压比较器的特点可知，当 $u_{O_1} > u_T$ 时，$u_+ > u_-$，u_{O_2} 为高电平，反之 u_{O_2} 为低电平。当 u_{O_2} 为高电平时，V 饱和导通，输入电压 U_I 经滤波电感 L 加在滤波电容 C 和负载 R_L 两端，在此期间 i_L 增大，L 和 C 储存能量，V_D 因偏压而截止。当 u_{O_2} 为低电平时，V 由饱和转换为截止，此时电感电流 i_L 不能突变，i_L 经 R_L 和续流二极管形成通路，电感释放能量，电容 C 通过 R_L 放电，因而 R_L 两端仍能获得连续的输出电压。当调整管在 u_{O_2} 的作用下又进入饱和导通，L 和 C 再次充电之后，V 再次截止，L 和 C 再次放电，如此反复。如不计晶体管的饱和导通压降和二极管的正向压降，可画出 u_E、i_L 及 u_O 的波形如图 10-25 所示。

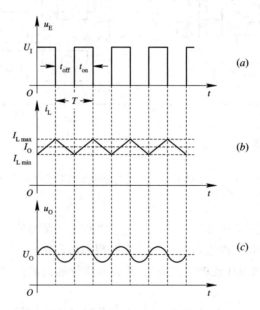

图 10-25 u_E、i_L 和 u_O 波形

图 10-25 中 T 为周期，它由三角波发生器输出电压 u_T 的周期决定。$T=t_{on}+t_{off}$，t_{on} 是 u_{O_2} 为高电平时的脉宽，也是调整管导通时间；t_{off} 是 u_{O_2} 为低电平时的脉宽，也是调整管截止时间。显然在不计晶体管和二极管的管压降以及电感 L 的直流压降时，输出电压的平均值（即直流电压）U_O，由下式计算：

$$U_O = \frac{t_{on}}{T} U_I$$

式中 t_{on}/T 即为占空比，用 D 表示。故只要改变占空比即可改变输出直流电压 U_O。具体稳压过程如下：

（1）正常情况下，输出电压 U_O 恒定不变，即为该稳压器的标称值，此时 U_F 与 U_R 应相等，$u_{O_1}=0$，A_2 比较器即为过零比较器，此时 u_{O_2} 波形的占空比 $D=50\%$，波形如图 10-26(a)所示。

（2）当输入电压 U_I 或负载电流 I_O 变化时，将引起输出电压 U_O 偏离标称值。由于负反馈的作用，电路将自动调整而使 U_O 基本上维持在标称值不变。稳压过程表示如下：

$$U_O\uparrow \to U_F\uparrow (U_F>U_R) \to u_{O_1}<0 \to t_{on}<t_{off}$$
$$U_O\downarrow \longleftarrow U_O=\frac{t_{on}}{T}U_I \longleftarrow D<50\% \longleftarrow$$

其波形如图 10-26(b)所示；如果 $U_O\downarrow$，则通过反馈作用可使 $U_O\uparrow$，使 U_O 稳定，其波形如图 10-26(c)所示。

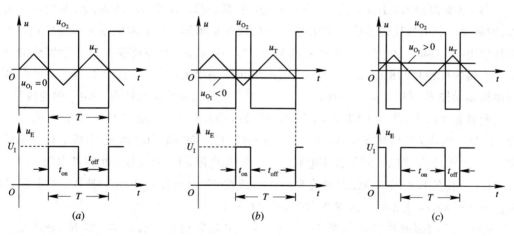

图 10-26 U_O 变化引起占空比 D 变化的自动稳压过程

3. 采用集成控制器的开关直流稳压电源

采用集成控制器是开关稳压电源发展趋势的一个重要方面。它可使电路简化，使用方便，工作可靠，性能稳定。我国已经生产出系列开关电源的集成控制器，它将基准电压源、三角波电压发生器、比较放大器和脉宽调制电压比较器等电路集成在一块芯片上，称为集成脉宽调制器。其型号有 SW3520、SW3420、CW1524、CW2524、CW3524、W2018、W2019 等，现以 CW3524 集成控制器的开关稳压电源为例介绍其工作原理及使用方法。

图 10-27 即为采用 CW3524 集成控制器的单端输出降压型开关稳压电源实用电路。该稳压电源 $U_O=+5$ V，$I_O=1$ A。

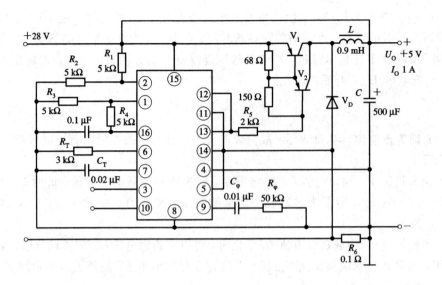

图 10 - 27　用 CW3524 的开关稳压电源

CW3524 集成电路共有 16 个引脚。其内部电路包含基准电压器、三角波振荡器、比较放大器、脉宽调制电压比较器、限流保护等主要部分。振荡器的振荡频率由外接元件的参数来确定。

⑮、⑧脚接输入电压 U_I 的正、负端；⑫、⑪脚和⑭、⑬脚为驱动调整管基极的开关信号（即脉宽调制电压比较器的输出信号 u_{O_2}）的两个输出端，两个输出端可单独使用，亦可并联使用，连接时一端接开关调整管的基极，另一端接⑧脚（即地端）；①、②脚分别为比较放大器的反相和同相输入端；⑯脚为基准电压源输出端；⑥、⑦脚分别为三角波振荡器外接振荡元件 R_T 和 C_T 的连接端；⑨脚为防止自激的相位校正元件 R_φ 和 C_φ 的连接端。

调整管 V_1、V_2 均为 PNP 硅功率管，V_1 为 3CD15，V_2 选用 3CG14。V_D 为续流二极管。L 和 C 组成 LC 储能滤波器，选 $L=0.9$ mH，$C=500$ μF。R_1 和 R_2 组成取样分压器电路，R_3 和 R_4 是基准电压源的分压电路。R_5 为限流电阻，R_6 为过载保护取样电阻。

R_T 一般在 1.8~100 kΩ 之间选取，C_T 一般在 0.001~0.1 μF 之间选取。控制器最高频率为 300 kHz，工作时一般取在 100 kHz 以下。

CW3524 内部的基准电压源 $U_R=+5$ V，由⑯脚引出，通过 R_3 和 R_4 分压后，以 $\frac{1}{2}U_R=2.5$ V 加在比较放大器的反相输入端①脚；输出电压 U_O 通过 R_1 和 R_2 的分压后，以 $\frac{1}{2}U_O=2.5$ V 加至比较放大器的同相输入端②脚，此时，比较放大器因 $U_+=U_-$，其输出 $u_{O_1}=0$。调整管在脉宽调制器作用下，开关电源输入 $U_I=28$ V 时，输出电压为标称值 +5 V。

10.6.2　并联型开关稳压电源

除串联型开关稳压电源外，常用的还有并联型开关稳压电源。在并联型开关稳压电路中，开关管与输入电压和负载是并联的。下面简单分析这种电路的工作原理和典型电路。

1. 并联型开关稳压电路的工作原理

图 10 - 28(a)画出了并联开关稳压电路的开关管和储能滤波电路。

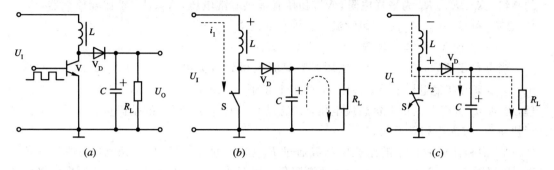

图 10 - 28 并联型开关稳压电路简化图

当开关脉冲为高电平时,开关管 V 饱和导通,相当于开关闭合,输入电压 U_I 通过 i_1 向电感 L 储存能量,如图 10 - 28(b)所示。这时因电容已充有电荷,极性是上正下负,所以二极管 V_D 截止,负载 R_L 依靠电容 C 放电供给电流。

当开关脉冲为低电平时,开关管 V 截止,相当于开关断开。由于电感中电流不能突变,这时电感两端产生自感电动势,极性是上负下正。它和输入电压相叠加使二极管 V_D 导通,产生电流 i_2,并向电容充电,向负载供电,如图 10 - 28(c)所示。当电感中释放的能量逐渐减小时,就由电容 C 向负载放电,并很快转入开关脉冲高电平状态,再一次使 V 饱和导通,由输入电压 U_I 向电感 L 输送能量。用这种并联型开关电路可以组成不用电源变压器的开关稳压电路。

2. 不用电源变压器的开关稳压电路

图 10 - 29 是电视机中常用的一种开关稳压电路,它没有电源变压器,直接由市电 220 V 整流得到 300 V 的直流电压,然后通过带脉冲变压器的并联型开关稳压电路的变换,得到+6.5 V、+100 V 和+35 V 的直流电压输出。

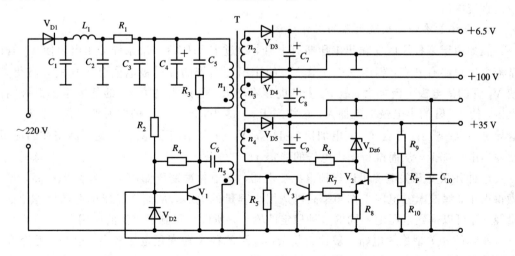

图 10 - 29 并联开关稳压电路

图 10 - 29 中 V_1 是开关管，T 是脉冲变压器，n_1 为初级绕组（相当于储能电感），n_2、n_3、n_4 三个次级绕组得到数值不同的输出电压，n_5 为开关管作间歇振荡时提供正反馈电压的绕组，R_9、R_P、R_{10} 为采样电阻，V_{D6} 稳压管提供基准电压，V_2、V_3 是比较放大器，V_{D3}、V_{D4}、V_{D5} 和 C_7、C_8、C_9 是三级续流二极管和滤波电容。

1) 开关管 V_1 的工作过程

当电路接通后，220 V 交流电压经整流滤波得到直流电压并通过 R_2 加到 V_1 的基极上，产生基流和集电极电流。绕组 n_1 产生上正下负感应电压，根据同名端极性一致的原理，次级 n_5 也产生上正下负感应电压，并通过 C_6 和 R_4 加到 V_1 的基极构成正反馈，因此很快使 V_1 进入饱和导通状态。

V_1 饱和导通后，n_5 的感应电动势通过 R_4 和 V_1 的发射极向 C_6 充电，极性为左负右正。所以随着 C_6 充电，其左端电位逐渐降低，从而使 V_1 基极电流开始减小，集电极电流也随之减小。由于电感绕组有抵制电流变化的特性，n_5 两端产生自感电动势为上负下正，因此，其负端通过 C_6、R_4 加在 V_1 基极，使基极电流进一步减小，这种正反馈过程又很快使 V_1 由饱和导通进入截止状态。

V_1 截止后，C_6 停止充电，并经过 n_5、V_{D2} 和 R_4 放电，使 C_6 两端电压减小，C_6 左端电位相应提高，从而使 V_1 的基极电位也随之提高，当升到一定数值时，V_1 重新产生基极电流，重复开始时的正反馈过程，又使 V_1 饱和导通。可见，V_1 从饱和到截止，又由截止到饱和，循环往复，起着开关作用。

2) 储能滤波电路的工作原理

电路中三个次级绕组 n_2、n_3 和 n_4 所连接的二极管和电容构成了储能滤波电路。现以 n_2、V_{D3} 和 C_7 为例分析其工作原理。

当开关管 V_1 饱和导通时，绕组 n_2 上的感应电压按同名端的规定应是上负下正，V_{D3} 截止，变压器储存能量，负载电流由 C_7 放电供给，相当于图 10 - 28(b)所示电路。当开关管 V_1 截止时，n_2 上感应电压是上正下负，续流二极管 V_{D3} 导通，变压器释放能量，由 n_2 提供的电流向 C_7 充电并向负载供电，相当于图 10 - 28(c)所示电路。这样负载上可以得到平滑的直流电压。

3) 采样电路和比较放大器的工作过程

假如由于某种原因使输出电压略有上升，通过 R_9、R_P 和 R_{10} 采样分压电阻使 V_2 管的基极电位也略有升高，但因有稳压管 V_{D6} 的作用，V_2 管的发射极电位要比基极升高得多，使 V_2 管的集电极电流加大，故 R_8 上的电压降增大，从而提高了 V_3 的基极至发射极间的电压，使 V_3 管的集电极电流加大；这相当于 r_{ce_3} 减小，r_{ce_3} 与 V_1 的发射极并联，结果使 V_1 管导通时 r_{be_1} 减小；于是 C_6 充电加快，缩短了 V_1 的导通时间，减小了变压器储存的能量，使输出电压降低，从而维持输出电压的稳定。

这种并联型开关电源可以省掉电源变压器，其中脉冲变压器由于工作频率较高，可以做得很小，滤波电容也因工作频率高可选用小容量的电容，从而使稳压电源的体积小、重量轻，并可以得到电压值不同的多种稳定的输出，所以它得到了广泛的应用。

实际的开关型稳压电路一般比较复杂，电路的种类和变化也比较多。但是，无论哪种电路其基本原理都是一样的，只要掌握了电路的基本工作原理，对各种不同的开关型稳压电路就不难理解了。

思考题和习题

1. 直流电源通常由哪几部分组成？各部分的作用是什么？

2. 分别列出单相半波、全波和桥式整流电路中以下几项参数的表达式，并进行比较。

(1) 输出直流电压 U_O。

(2) 脉动系数 S。

(3) 二极管正向平均电流 I_D。

(4) 二极管最大反向峰值电压 U_{RM}。

3. 电容和电感为什么能起滤波作用？它们在滤波电路中应如何与 R_L 连接？

4. 画出半波整流电容滤波的电路图和波形图，说明滤波原理，以及当电容 C 和负载电阻 R_L 变化时对直流输出电压 U_O 和脉动系数 S 有何影响。

5. 串联型稳压电路主要由哪几部分组成？它实质上依靠什么原理来稳压？

6. 在串联型直流稳压电路中，为什么要采用辅助电源？为什么要采用差动放大电路或运放作为比较放大电路？

7. 串联型稳压电路为何采用复合管作为调整管？为了提高温度稳定性，组成复合管时采取了什么措施？

8. 桥式整流电路如图 10-30 所示，要求输出直流电压 U_O 为 25 V，输出直流电流为 200 mA。回答下列问题：

(1) 输出电压是正压还是负压？电解电容 C 的极性如何连接？

(2) 变压器次级绕组输出电压 u_2 的有效值为多大？

(3) 电容 C 至少应选多大数值？

(4) 整流管的最大平均整流电流和最高反向电压如何选择？

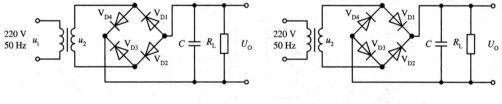

图 10-30 题 8 图   图 10-31 题 9 图

9. 桥式整流电路如图 10-31 所示，$U_2 = 20$ V（有效值），$R_L = 40\ \Omega$，$C = 1000\ \mu F$。回答下列问题：

(1) 正常时，直流输出电压 $U_O = ?$

(2) 如果电路中有一个二极管开路，U_O 是否为正常值的一半？

(3) 当测得直流输出电压 U_O 为下列数值时，可能出了什么故障？

    (a) $U_O = 18$ V；

    (b) $U_O = 28$ V；

    (c) $U_O = 9$ V。

10. 在稳压管稳压电路中，如果已知负载电阻的变化范围，如何确定限流电阻？如果已知限流电阻的数值，如何确定负载电阻允许变化的范围？

11. 稳压管稳压电路如图 10-32 所示，如果稳压管选用 2DW7B，已知其稳定电压 $U_z=6$ V，$I_{z\,max}=30$ mA，$I_{z\,min}=10$ mA，而且选定限流电阻 $R=200$ Ω。回答下列问题：

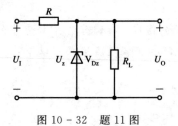

图 10-32　题 11 图

(1) 假设负载电流 $I_L=15$ mA，则允许输入直流电压(即整流滤波电路的输出直流电压)U_I 的变化范围为多大，才能保证稳压电路正常工作？

(2) 假设给定输入直流电压 $U_I=13$ V，则允许负载电流 I_L 变化范围为多大？

(3) 如果负载电流也在一定范围内变化，设 $I_L=10\sim20$ mA，此时输入直流电压 U_I 的最大允许变化范围为多大？

12. 在图 10-33 的稳压电路中，要求输出电压 $U_O=10\sim15$ V，负载电流 $I_L=0\sim100$ mA。基准电压的稳压管为 2CW1，已知其稳定电压 $U_{z_1}=7$ V，最小电流 $I_{z\,min}=5$ mA，最大电流 $I_{z\,max}=33$ mA。选定调整管为 3DD2C，其主要参数为：$I_{cm}=0.5$ A，$BU_{CEO}=45$ V，$P_{cm}=3$ W，并设其电流放大系数 $\beta_1=20$，辅助电源电压 $U_{z_2}=9$ V。回答下列问题：

(1) 假设取样电阻总的阻值选定为 2 kΩ 左右，则 R_1、R_2 和 R_3 三个电阻分别为多大？

(2) 估算基准稳压管的限流电阻 R 的阻值。

(3) 当负载电流变化时，要求放大管的集电极电流 I_{c_2} 在任何时候都不小于 0.5 mA，则集电极电阻 R_{c_2} 应选多大？

(4) 估算电源变压器次级电压的有效值 U_2。

(5) 验算稳压电路中的调整管是否安全。

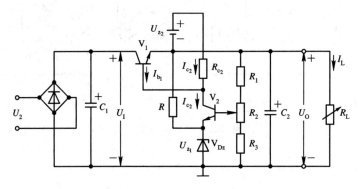

图 10-33　题 12 图

13. 串联型稳压电路如图 10-34 所示，图中 $U_z=6$ V，$R_1=R_2=6$ kΩ，$R_P=10$ kΩ。回答下列问题：

(1) 输出电压 U_O 的调节范围为多大？

(2) 如果把 V_2 管的集电极电阻 R_c 由 U_I 处 A 端接至 U_O 处的 B 端，电路能否工作？为什么？

14. 电路如图 10 - 35 所示，已知 $U_z=6$ V，$R_1=2$ kΩ，$R_2=1$ kΩ，$R_3=0.9$ kΩ，$U_I=30$ V，复合管电流放大系数 $\beta_1=10$，$\beta_2=8$。试求：

(1) 输出电压的调节范围。

(2) 当 $U_O=15$ V，$R_L=150$ Ω 时，运算放大器的输出电流 I。

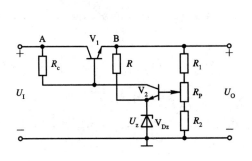

图 10 - 34　题 13 图

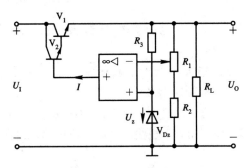

图 10 - 35　题 14 图

15. 用一个三端集成稳压器 W7812 组成直流稳压电路，说明各元件的作用，并指出电路正常工作时的输出电压值。

16. 用 W7819 和 W7912 组成输出正、负电压的稳压电路，画出整流、滤波和稳压电路图。

17. 如图 10 - 36 所示稳压电路，已知 W7805 输出电压为 5 V，$I_w=50$ μA，试求 U_O。

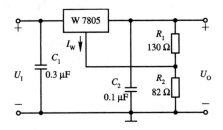

图 10 - 36　题 17 图

参 考 文 献

［1］　清华大学电子学教研组，童诗白．模拟电子技术基础．2 版．北京：高等教育出版社，
　　　　1988.

［2］　清华大学电子学教研室．模拟电子技术基础简明教程．北京：高等教育出版社，
　　　　1985.

［3］　陈秀中．模拟集成电路的应用．北京：高等教育出版社，1988.

［4］　周铜山，李长法．模拟集成电路原理及应用．北京：科学技术文献出版社，1991.